微信小程序开发从入门到实战

微课视频版

李睿琦 梁博◎编著

中国水利水电出版社
www.waterpub.com.cn
·北京·

内 容 提 要

　　《微信小程序开发从入门到实战（微课视频版）》全面系统地介绍了微信小程序与云开发技术。全书共10章，内容循序渐进。第1章介绍如何申请小程序账号与如何使用微信开发者工具；第2章介绍小程序的项目结构和开发基础；第3章以一个投票小程序作为样例介绍如何从零开始开发一个完整的小程序；第4章完整介绍小程序的云开发技术，并使用云开发技术完成了投票小程序的服务端功能；第5章介绍如何将开发完成的小程序上传并发布；第6章和第7章全面介绍小程序的API与基础组件；第8章介绍与小程序相关的参考资料、样式库、组件库与开发框架，为开发小程序提供了更进一步的指导；第9章和第10章介绍两个小程序综合案例实战，再次演示了微信小程序开发的全过程。

　　《微信小程序开发从入门到实战（微课视频版）》知识体系完善，结构明晰，讲解通俗易懂；配备了完整实战案例演示和大量的图文解析，并附赠了基础教学视频和源文件，最大限度地降低学习难度。读者可以对照视频边学边操作，快速入门微信小程序与云开发技术。

　　《微信小程序开发从入门到实战（微课视频版）》主要面向小程序开发初学者，既包括从未学习过编程技术的零基础人士，又包括掌握了一定的编程语言基础但从未接触过小程序开发的编程新手。本书亦可作为高等院校或者培训机构计算机相关专业的教材使用。

图书在版编目（CIP）数据

微信小程序开发从入门到实战（微课视频版）/ 李睿琦，梁博
编著 . — 北京：中国水利水电出版社，2020.5

ISBN 978-7-5170-8176-0

Ⅰ.①微… Ⅱ.①李… ②梁… Ⅲ.①移动终端—应用程序—程序设计 Ⅳ.① TN929.53

中国版本图书馆 CIP 数据核字 (2019) 第 241975 号

书　　名	微信小程序开发从入门到实战（微课视频版） WEIXIN XIAO CHENGXU KAIFA CONG RUMEN DAO SHIZHAN
作　　者	李睿琦　梁博　编著
出版发行	中国水利水电出版社 （北京市海淀区玉渊潭南路 1 号 D 座 100038） 网址：www.waterpub.com.cn E-mail：zhiboshangshu@163.com 电话：（010）62572966-2205/2266/2201（营销中心）
经　　售	北京科水图书销售中心（零售） 电话：（010）88383994、63202643、68545874 全国各地新华书店和相关出版物销售网点
排　　版	北京智博尚书文化传媒有限公司
印　　刷	三河市龙大印装有限公司
规　　格	190mm×235mm　16 开本　20.5 印张　479 千字
版　　次	2020 年 5 月第 1 版　2020 年 5 月第 1 次印刷
印　　数	0001—5000 册
定　　价	79.80 元

前　言

为什么要写这本书？

随着微信、支付宝、头条和百度相继推出自家的小程序平台，小程序开发越来越流行。其中微信推出小程序的时间最早，各家公司在推出小程序平台时为了保持开发体验的一致性，减少开发者的学习成本，均借鉴了微信小程序的开发方式。因此，只要掌握了微信小程序开发技术，就不难掌握各大互联网公司推出的小程序的开发技术。

小程序的开发方式实际上借鉴了Web前端开发，即类似于使用HTML + CSS + JavaScript的方式开发程序。如果未接触过相关技术，则会难以理解相关的概念，很难通过阅读小程序文档学会如何开发小程序。本书对小程序的开发基础进行了简要介绍，并通过一个完整的案例对小程序的开发过程进行细致的讲解，手把手带领读者学习小程序开发。本书全面覆盖了小程序架构知识、小程序API、小程序基础组件和云开发技术等内容，同时还提供了两个完整的综合案例实战，帮助读者快速学习并完整掌握小程序的开发技术。

本书有何特色？

1. 从语言基础讲起，零基础入门

本书默认读者不了解Web前端开发技术，从小程序开发所必须掌握的WXML、WXSS与JavaScript语言基础讲起，循序渐进地介绍小程序的开发技术知识，真正做到了零基础入门。

2. 以案例作为指导，手把手教学

本书通过一个完整的案例对小程序的开发过程进行细致地讲解，手把手带领读者学习小程序开发，便于从未接触过实战项目开发的读者快速掌握小程序项目的开发技能。

3. 以完整章节介绍云开发技术，不用后端工程师也可以实现服务端功能

本书以一个完整的章节对小程序的云开发技术进行了全面的介绍。通过云开发技术，开发人员无须掌握服务端开发技术，使用JavaScript即可方便、快捷地实现服务端的功能。

4. 全面覆盖小程序开发技术知识

本书全面覆盖小程序架构知识、小程序API、小程序基础组件和云开发技术的相关内容，读者不仅可以通过本书学习小程序开发技术，也可以将本书作为工具书来使用，随时查询小程

序开发相关的内容。

5. 提供完善的技术支持和售后服务

本书提供完善的技术支持和售后服务。读者在阅读本书过程中有任何疑问都可以通过邮箱 zhiboshangshu@163.com或QQ 838120974联系获得帮助。

本书内容及知识体系

第1章 开发前的准备

在开发微信小程序前，需要做一些准备工作。例如，需要在微信公众平台申请一个账号，用于发布和管理小程序；需要安装微信提供的开发者工具，用于搭建开发环境、上传小程序代码等。为了让读者能够快速进行小程序开发，本章将用较短的篇幅介绍这些准备工作。

第2章 小程序的项目结构和开发基础

本章将借用微信开发者工具自动生成的样例小程序介绍小程序的项目结构，帮助读者从整体了解一个小程序项目的构成。同时，本章还将介绍小程序项目中最主要的四种类型的文件和它们的语法规则，这四种类型的文件分别是JSON、WXML、WXSS和JavaScript（简称JS）。

第3章 开发第一个小程序

本章将深入介绍小程序开发的技术细节，以一个投票小程序的案例来讲解如何从零开始开发一个完整的小程序。在讲解样例的同时，将介绍小程序的表单组件、事件处理、数据传递、列表渲染、条件渲染和页面分享等功能。

第4章 云开发

服务端开发技术与小程序开发技术是完全不同的两个技术方向，开发者通常需要掌握更多的技术才能实现服务端的功能。为了降低开发人员的学习成本，云开发技术为小程序开发者提供了一种全新的服务端开发方法，弱化了很多服务端的概念，使开发者可以通过非常简单的JS函数调用实现服务端功能。本章将介绍云开发技术的功能和使用方法，并通过云开发技术完成第3章的小程序案例的服务端功能。

第5章 小程序的上传和发布

小程序开发完毕后，还需要经过上传代码、提交审核与发布等几个步骤才能够在微信的小程序页面中被搜索到。本章将介绍如何上传和发布已经完成的小程序项目，同时还将介绍小程序的开发版、体验版与正式版的概念。

第6章 小程序API

API的全称为Application Programming Interface，即应用程序编程接口，通常简称为API或接口。对于小程序而言，API是一系列预定义好的函数，它们都被封装在wx对象中，这个对象可以在页面js文件或app.js文件中直接使用。开发者调用API中的函数，可以方便地调用微信提供的功能。本章将对小程序API进行系统的介绍。

第7章　小程序组件

组件是小程序视图层的基本组成单元。小程序为开发者提供了一系列基础组件，开发者通过组合这些基础组件可以进行快速开发。当基础组件不能满足使用需求时，开发者也可以自定义组件，或使用第三方开发的自定义组件来实现功能需求。本章将对小程序的组件进行详细的介绍。

第8章　更进一步的指导

本章将继续介绍与小程序开发相关的一些参考资料和技术指导。这些内容将以概述为主，希望通过本章的讲述能了解到什么时候可以用到这些资料和技术，以及它们可以帮助开发者解决什么样的问题。其主要内容有小程序官方参考资料、样式库、组件库和开发框架。

第9章　综合案例实战——任务清单

本章将通过前面学到的微信小程序与云开发技术制作一个小程序——任务清单。

第10章　综合案例实战——跑步达人

本章将介绍另一个小程序案例——跑步达人。这个小程序的主要功能是记录使用者的跑步轨迹，开发时会使用map组件及与定位相关的API。

适合阅读本书的读者

- 零基础想要全面学习小程序开发技术的人员。
- 计算机相关专业的学生。
- Web前端开发工程师。
- 产品经理。
- 需要一本案头必备查询手册的开发人员。

阅读本书的建议

- 本书第1章介绍如何申请小程序账号和如何使用微信开发者工具，读者可以按照书中的介绍进行操作，快速完成小程序开发前的准备工作。
- 没有Web前端开发基础的读者，建议从第1章顺次阅读并演练每一个实例。
- 有一定Web前端开发基础的读者，对2.3节、2.4节和第3章的内容可以有选择地阅读，主要了解小程序开发与Web前端开发的异同点。
- 一定要多写代码才能够快速掌握编程技术，建议在阅读本书的同时，将书中的各个案例实际尝试操作一遍。

本书资源的获取及联系方式：

（1）本书提供视频和代码源文件的下载服务，读者可以扫描下面的二维码或在微信公众号中搜索"人人都是程序猿",关注后输入"WX81760"并发送到公众号后台,获取本书资源的下载链接。将该链接复制到计算机浏览器的地址栏中(一定要复制到计算机浏览器地址栏,通过计算机下载,手机不能下载,也不能在线解压,没有解压密码),按提示下载。

(2)加入QQ群838120974(请注意加群时的提示,根据提示加入对应的群),与作者及广大技术爱好者在线交流学习。

致谢

本书能够顺利出版,是作者、编辑和所有审校人员共同努力的结果,在此表示深深的感谢。同时,祝福所有读者在职场一帆风顺。

编 者

目　录

第1章　开发前的准备 1

　　📹 视频讲解：3集

1.1　申请小程序账号 1

　　1.1.1　使用邮箱注册小程序 1

　　1.1.2　登记主体信息和绑定微信 3

　　1.1.3　完善小程序信息并获取AppID 4

1.2　微信开发者工具 6

　　1.2.1　安装微信开发者工具 6

　　1.2.2　创建小程序项目 6

　　1.2.3　认识微信开发者工具 8

1.3　在手机中查看效果 8

　　1.3.1　上传开发版小程序 9

　　1.3.2　vConsole简介 9

第2章　小程序的项目结构和开发基础 11

　　📹 视频讲解：14集

2.1　项目结构概述 11

　　2.1.1　项目中的文件类型 11

　　2.1.2　目录结构 12

2.2　JSON文件——小程序的配置 13

　　2.2.1　认识JSON格式 13

　　2.2.2　全局配置 15

　　2.2.3　低版本兼容 16

　　2.2.4　pages属性 18

　　2.2.5　window属性 19

　　2.2.6　tabBar属性 21

　　2.2.7　networkTimeout属性 23

　　2.2.8　debug属性 24

　　2.2.9　其他属性 25

2.2.10　页面配置 25

2.3　WXML和WXSS文件——小程序的视图 26

2.3.1　认识WXML 26

2.3.2　认识第一个组件——text组件 28

2.3.3　认识WXSS 31

2.3.4　容器组件view与弹性布局 33

2.3.5　盒模型 38

2.3.6　块级元素与行内元素 39

2.3.7　尺寸单位 40

2.3.8　平台差异和样式补全 41

2.4　JS文件——小程序的逻辑 41

2.4.1　认识JavaScript 42

2.4.2　JavaScript基础 42

2.4.3　App注册 47

2.4.4　Page注册 49

2.4.5　将数据显示在视图中 50

2.4.6　页面组件事件处理 51

2.4.7　小程序API 51

第3章　开发第一个小程序 53

　　视频讲解：2集

3.1　认识开发需求：投票小程序 53

3.1.1　投票小程序首页 53

3.1.2　创建投票页面 54

3.1.3　参与投票页面 54

3.1.4　我的投票页面 55

3.2　开发投票小程序的首页 56

3.2.1　小程序的初始配置 56

3.2.2　开发初始页面布局 58

3.2.3　使用image图片组件 60

3.2.4　使用text文本组件 62

3.3　开发创建投票页面 62

3.3.1　创建小程序的第二个页面 62

3.3.2　修改模拟器中的启动页面 64

3.3.3　使用form表单组件 65

3.3.4　使用input输入框组件 65

3.3.5　数据的双向传递 69

3.3.6　使用textarea多行输入框组件 71

3.3.7　wx:for列表渲染 73

3.3.8　使用icon图标组件 77

3.3.9　使用picker选择器组件 79

3.3.10　使用switch开关组件 83

3.3.11　使用button按钮组件 84

3.3.12　开发创建多选投票页面 87

3.3.13　使用页面路径参数 88

3.4　开发参与投票页面 96

3.4.1　如何获取投票信息 96

3.4.2　借用伪造数据开发功能 98

3.4.3　使用radio单项选择器组件 100

3.4.4　使用label组件扩大单击区域 103

3.4.5　wx:if条件渲染 104

3.4.6　使用checkbox多项选择器组件 104

3.4.7　获取用户信息 106

3.4.8　实现分享投票功能 107

3.4.9　显示投票结果 109

3.5　开发我的投票页面与使用tab栏切换页面 112

3.5.1　开发我的投票页面 113

3.5.2　使用tab栏切换页面 114

第4章　云开发 116

视频讲解：2集

4.1　初识云开发能力 116

4.1.1　云开发简介 116

4.1.2　开通云开发 117

4.1.3　云开发控制台 118

4.1.4　云开发的API 119

4.2　云开发JSON数据库 120

4.2.1　JSON数据库基本概念 120

4.2.2　字段的数据类型 121

4.2.3　权限控制 122

4.2.4　在控制台中管理数据库 123

4.2.5　数据库、集合与记录的引用 125

4.2.6　在集合中插入数据 126

4.2.7　查询数据 128

4.2.8　分页查询 130

4.2.9　条件查询与查询指令 132

4.2.10　查询数组和对象 134

4.2.11　更新数据 136

4.2.12　更新指令 138

4.2.13　删除数据 141

4.3　云开发文件存储 142

4.3.1　在控制台中管理文件存储 142

4.3.2　上传文件 143

4.3.3　下载文件 144

4.3.4　删除文件 146

4.3.5　获取文件临时URL 146

4.4　云函数 147

4.4.1　云函数简介 147

4.4.2　创建第一个云函数 148

4.4.3　获取小程序用户信息 150

4.4.4　在云函数中使用服务端API 151

4.4.5　云函数的定时触发 152

4.5　实现投票小程序服务端功能 153

4.5.1　完成创建投票功能 153

4.5.2　完成获取投票信息功能 156

4.5.3　完成用户投票功能 159

4.5.4　获取我的投票信息 162

第5章　小程序的上传和发布 164

视频讲解：1集

5.1　小程序的版本类型 164

5.1.1　开发版、体验版和正式版 164

5.1.2　上传开发版 165

5.1.3　上传体验版 165

5.1.4　发布正式版 166

5.1.5　成员管理 167

5.2　小程序的迭代更新 168

5.2.1　迭代更新 168

5.2.2　用户反馈与客服 169

第6章　小程序API 171

视频讲解：1集

6.1　基础API 171

　　6.1.1　系统信息API 172

　　6.1.2　兼容性检查API 174

　　6.1.3　版本更新API 174

　　6.1.4　调试API 176

　　6.1.5　定时器API 177

　　6.1.6　授权API 178

6.2　账号信息API 179

　　6.2.1　登录API 179

　　6.2.2　用户信息API 180

　　6.2.3　小程序账号信息API 182

6.3　路由API 182

　　6.3.1　页面栈 182

　　6.3.2　路由API 183

　　6.3.3　页面切换时的生命周期 185

　　6.3.4　小程序跳转API 185

6.4　交互API 187

　　6.4.1　提示框API 187

　　6.4.2　对话框API 188

　　6.4.3　操作菜单API 189

　　6.4.4　下拉刷新API 190

　　6.4.5　页面滚动 API 190

　　6.4.6　导航栏加载动画API 191

6.5　界面API 191

　　6.5.1　导航栏API 191

　　6.5.2　导航栏菜单API 192

　　6.5.3　tab栏API 193

6.6　网络API 194

　　6.6.1　服务器域名配置 194

　　6.6.2　网络请求API 195

　　6.6.3　下载文件API 196

　　6.6.4　上传文件API 197

　　6.6.5　WebSocket API 199

　　6.6.6　网络状态API 200

6.7 数据缓存API 201
    6.7.1 缓存数据API 201
    6.7.2 获取数据API 202
    6.7.3 查询缓存信息API 202
    6.7.4 删除数据API 203
    6.7.5 清空缓存API 203
6.8 文件API 204
    6.8.1 选择文件API 204
    6.8.2 保存文件API 205
    6.8.3 文件列表API 205
    6.8.4 删除文件API 206
    6.8.5 文件信息API 206
    6.8.6 打开文档API 207
6.9 图片API 207
    6.9.1 保存图片API 207
    6.9.2 预览图片API 208
    6.9.3 选择图片API 208
    6.9.4 图片信息API 208
    6.9.5 压缩图片API 209
6.10 录音API 209
    6.10.1 录音API 209
    6.10.2 音频输入源API 211
    6.10.3 录音事件监听API 211
6.11 内部音频API 212
    6.11.1 内部音频API 212
    6.11.2 内部音频事件监听API 214
6.12 背景音频API 215
    6.12.1 背景音频API 215
    6.12.2 背景音频事件监听API 216
    6.12.3 监听音频中断API 218
6.13 视频API 218
    6.13.1 保存视频API 218
    6.13.2 选择视频API 218
    6.13.3 video组件 219
6.14 位置API 219
    6.14.1 获取位置API 219
    6.14.2 查看位置API 220

      6.14.3 选择位置API 221

      6.14.4 map组件 222

  6.15 设备API 222

      6.15.1 拨打电话API 222

      6.15.2 添加联系人API 222

      6.15.3 电量API 224

      6.15.4 剪贴板API 224

      6.15.5 屏幕亮度API 224

      6.15.6 屏幕常亮API 225

      6.15.7 加速计API 225

      6.15.8 罗盘API 226

      6.15.9 设备方向API 227

      6.15.10 陀螺仪API 228

      6.15.11 震动API 228

      6.15.12 扫码API 229

  6.16 事件监听API 230

      6.16.1 监听窗口尺寸变化API 230

      6.16.2 监听键盘高度变化API 231

      6.16.3 监听用户截屏API 231

      6.16.4 监听内存不足API 231

第7章 小程序组件 232

  7.1 视图容器组件 232

      7.1.1 view组件 232

      7.1.2 scroll-view组件 234

      7.1.3 swiper与swiper-item组件 236

      7.1.4 movable-view与movable-area组件 238

      7.1.5 cover-view和cover-image组件 239

  7.2 基础内容组件 240

      7.2.1 text组件 240

      7.2.2 icon组件 240

      7.2.3 image组件 240

      7.2.4 progress组件 240

  7.3 表单组件 241

      7.3.1 picker-view与picker-view-column组件 241

      7.3.2 slider组件 244

  7.4 视频组件 245

7.4.1 video组件 245

7.4.2 视频上下文对象与相关API 248

7.5 相机组件 249

7.5.1 camera组件 249

7.5.2 相机上下文对象与相关API 250

7.6 地图组件 251

7.6.1 map组件 251

7.6.2 地图上下文对象与相关API 257

7.7 画布组件 258

7.7.1 canvas组件 258

7.7.2 绘图上下文对象与相关API 259

7.7.3 canvas组件相关API 262

7.8 广告组件 263

7.8.1 创建广告位 263

7.8.2 Banner广告组件 265

7.8.3 激励视频广告组件 266

7.8.4 插屏广告组件 267

7.9 其他组件 268

7.9.1 web-view组件 268

7.9.2 navigator组件 269

7.9.3 official-account组件 270

7.9.4 live-pusher与live-player组件 271

7.9.5 自定义组件 271

第8章 更进一步的指导 274

8.1 小程序官方参考资料 274

8.1.1 开发者文档 274

8.1.2 微信开放社区 275

8.2 样式库、组件库和开发框架 275

8.2.1 样式库与组件库 275

8.2.2 小程序开发框架 276

第9章 综合案例实战——任务清单 278

视频讲解：2集

9.1 界面和功能设计 278

9.1.1 任务列表页 278

9.1.2 编辑任务页 279

9.2　编写代码 279

　9.2.1　创建项目 279

　9.2.2　实现任务列表页 281

　9.2.3　实现编辑任务页 284

9.3　云端持久化数据 288

　9.3.1　创建数据库集合与云函数 288

　9.3.2　实现云同步功能 291

第10章　综合案例实战——跑步达人 294

10.1　界面和功能设计 294

　10.1.1　轨迹绘制页 294

　10.1.2　跑步记录列表页 294

　10.1.3　跑步记录详情页 294

10.2　编写代码 295

　10.2.1　创建项目 295

　10.2.2　实现地理位置授权和轨迹绘制页样式 297

　10.2.3　实现跑前倒计时功能 302

　10.2.4　实现跑步轨迹绘制功能 303

　10.2.5　实现暂停跑步功能 305

　10.2.6　实现数据上传功能 306

　10.2.7　实现轨迹绘制页面的其他功能 307

　10.2.8　实现跑步记录列表页 308

　10.2.9　实现跑步记录详情页 310

第1章　开发前的准备

扫一扫，看视频

在开发微信小程序前，需要做一些准备工作。例如，需要在微信公众平台申请一个账号，用于发布和管理小程序；需要安装微信提供的开发者工具，用于搭建开发环境、上传小程序代码等。

为了让读者能够快速进行小程序开发，本章将用较短的篇幅介绍这些准备工作，涉及的内容如下。

（1）在微信公众平台申请小程序账号。

（2）安装并使用微信开发者工具。

（3）创建小程序项目。

（4）在手机中预览微信小程序。

1.1　申请小程序账号

扫一扫，看视频

本节首先介绍如何在微信公众平台上申请小程序账号。在开发一个新的小程序项目之前，必须要为它申请一个小程序账号，这样才可以在公众平台上设置小程序的名称、图标和描述等信息。

成功申请小程序账号后，在管理后台可以查询到小程序的AppID。这个AppID能唯一确定一个小程序，可以看作小程序的"身份证号"。在本地的小程序项目中设置好AppID，就可以将写好的代码上传到这个小程序账号中。

注意： 此处要分清小程序账号和小程序项目两个概念。小程序账号是指在微信公众平台注册的账号；小程序项目是指在本地创建的开发项目，其实就是本地的一个文件夹，其中包含小程序的全部代码。

1.1.1　使用邮箱注册小程序

打开浏览器，输入网址https://mp.weixin.qq.com/，进入微信公众平台首页。在页面右上角单击"立即注册"按钮，跳转到注册页。微信公众平台目前有四种账号类型，选择左下角的"小程序"，如图1.1所示。

图1.1　选择账号类型

接下来，需要通过三个步骤注册小程序账号。第一步，填写一个邮箱作为登录账号，同时为小程序账号设置一个新的密码，并再次输入密码确认。然后按照图片提示填写验证码，并勾选"你已阅读并同意《微信公众平台服务协议》及《微信小程序平台服务条款》"后，单击"注册"按钮，如图1.2所示。

图1.2　填写账号信息

注册成功后，页面跳转到第二步——激活公众平台账号，如图1.3所示。根据页面上的提示，需要登录刚才填写的邮箱，查看邮件。收件箱中可以查看到一封由weixinteam发来的邮件，标题为"请激活你的微信小程序"。单击邮件中的链接，激活账号。

激活公众平台账号

感谢注册！确认邮件已发送至你的注册邮箱：********@xxx.com 。请进入邮箱查看邮件，并激活公众平台账号。

图1.3　邮箱激活提示

1.1.2　登记主体信息和绑定微信

激活邮箱后，页面会自动跳转到第三步，即信息登记。在这一步中，要为小程序选择主体类型。目前微信小程序支持个人、企业、政府、媒体和其他组织共五种主体类型，读者可以根据自己的需要自行选择相对应的主体。

注意：企业主体的小程序通常比个人主体的小程序享有更多的API能力，如微信支付等。

不同的主体类型需要登记不同的信息，本书以个人主体为例进行介绍。个人主体的小程序需要登记的信息有身份证姓名、身份证号码、管理员手机号码、短信验证码，如图1.4所示。

主体信息登记

身份证姓名

信息审核成功后身份证姓名不可修改；如果名字包含分隔号"·"，请勿省略。

身份证号码

请输入您的身份证号码。一个身份证号码只能注册5个小程序。

管理员手机号码　　　　　　　　　　　　　　　　　　获取验证码

请输入您的手机号码，一个手机号码只能注册5个小程序。

短信验证码　　　　　　　　　　　　　　　　无法接收验证码？

请输入手机短信收到的6位验证码

管理员身份验证　请先填写管理员身份信息

图1.4　个人主体信息登记

填写身份证姓名和身份证号码后，最后一项"管理员身份验证"处会显示一个二维码，如图1.5所示。用微信扫描二维码，在手机上会打开"微信小程序注册身份确认"页面。确认信息无误后单击"确定"按钮，即可将该微信账号绑定为小程序账号的管理员。以后每次在微信公众平台登录小程序账号时，需要用管理员微信扫描二维码进行认证才可以登录。

图1.5　管理员身份验证

接下来填写管理员手机号码并验证短信，单击"继续"按钮，页面会弹出一个提示框，读者确认信息后单击"确定"按钮，主体信息就登记完毕了，如图1.6所示。

图1.6　信息提交成功

1.1.3　完善小程序信息并获取AppID

此时可以单击"前往小程序"按钮，进入小程序账号管理后台。对于刚注册的小程序账号，管理后台首页会提示开发者小程序发布流程。单击step 1中小程序信息的填写按钮，可以根据提示填写小程序的名称、介绍，上传小程序图标，选择小程序服务类目等，如图1.7所示。

图1.7　单击"填写"按钮完善小程序信息

　　这里填写的信息比较简单，书中只介绍服务类目这一项。小程序服务类目是指小程序对外提供什么类型的服务，其选择界面如图1.8所示。这里要尽可能地选择准确，否则在小程序发布审核阶段，有可能会被微信审核人员驳回。

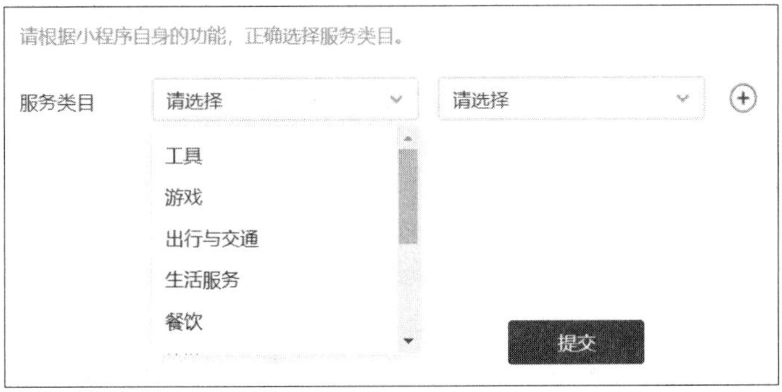

图1.8　选择小程序服务类目

　　必须要提醒读者，选择小程序类目时，不要选择游戏类目，游戏类目与其他类目是互斥的。游戏类目的小程序也称小游戏，它的开发比较特殊，和其他类目的小程序的开发接口不一样，本书主要介绍非游戏类目的小程序开发。

　　企业主体的小程序可以选择的服务类目比个人主体的小程序要丰富一些。在选择某些类目时，有可能需要提供一些资质证明材料，在互联网上可以很方便地查询如何申请这些资质材料，因此本书不做过多的说明。

　　信息填写完毕后单击"提交"按钮。开发者无须担心以后不能修改这里的信息，在小程序账号管理后台可以对这些信息随时进行修改。

　　注意：小程序信息的修改次数有限制，所以修改时需要谨慎一些。

　　最后，在小程序管理后台左侧导航栏中选择"开发"，然后选择"开发设置"选项卡，此时可以查询到小程序的AppID，如图1.9所示。后面创建小程序项目时会用到这个AppID，到时读者可以在这里查询。

图1.9　查询小程序的AppID

1.2　微信开发者工具

扫一扫，看视频

微信官方提供了一个小程序的开发工具，叫作"微信开发者工具"。开发者可以使用这个工具进行小程序的开发、预览和调试，实现代码的管理和上传功能。本节主要介绍微信开发者工具的安装和使用，帮助读者快速熟悉开发界面。

1.2.1　安装微信开发者工具

打开浏览器，输入以下网址，即可进入微信开发者工具下载页面。

https://developers.weixin.qq.com/miniprogram/dev/devtools/download.html

根据计算机的操作系统选择对应平台的最新版开发者工具进行下载，如图1.10所示。

> 最新版本下载地址 (1.02.1902010)
>
> Windows 64位 / Windows 32位 / Mac OS
>
> Windows 仅支持 Windows 7 及以上版本。

图1.10　下载最新版本的微信开发者工具

打开刚下载的文件，按照提示安装开发工具即可。

1.2.2　创建小程序项目

打开安装好的微信开发者工具，首先会显示登录界面。使用微信扫描界面中的二维码，在手机上单击"确认登录"按钮，微信开发者工具会进入项目列表界面，如图1.11所示。

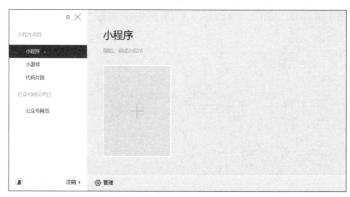

图1.11　微信开发者工具的项目列表界面

在左侧列表中，默认选中的是"小程序"类型的项目，这里无须修改。单击界面主要区域中的"+"号按钮，添加一个新的小程序项目。此时需要填写小程序项目信息，如项目名称、目录、AppID等，如图1.12所示。

图1.12 新建小程序项目

项目名称可以理解为小程序的"代号",与小程序的名字无关,只是在本地用来区分不同的项目,通常将项目名称设置为英文。目录即代码的保存位置,读者可以自行选择。在申请小程序账号时已经提及如何获取AppID,填写在这里即可。填写了AppID以后,新建的小程序项目就与刚申请的小程序账号绑定在一起了。

开发模式分为"小程序"和"插件"两种,此处选择"小程序"。后文会简要介绍小程序的插件能力,读者如果有兴趣也可以自行搜索相关资料。在"后端服务"中暂时先选择"不使用云服务",后文会对小程序的"云开发"能力进行细致的讲解。在"语言"中选择JavaScript,关于JavaScript与TypeScript的联系与区别此处不做过多介绍,读者如果有兴趣可以自行搜索相关资料。

单击"新建"按钮,项目即创建成功,此时进入微信开发者工具主界面,如图1.13所示。

图1.13 微信开发者工具的主界面

1.2.3　认识微信开发者工具

微信开发者工具的主界面可以划分为四个主要区域，分别为菜单栏与工具栏、模拟器、编辑器、调试器，如图1.14所示。

图1.14　微信开发者工具主界面

在工具栏区域可以看到"模拟器""编辑器"和"调试器"三个绿色的按钮，单击按钮可以隐藏或显示主界面中对应的模块，三个模块中至少需要有一个是显示的。

模拟器可以模拟小程序在微信手机客户端中的表现。新创建的项目中包含微信提供的小程序样例代码，所以此时模拟器中显示的是该样例小程序。编辑器是开发者用来编写代码的主要区域，在这里可以新建、删除和修改项目中的文件。调试器模块包含许多调试工具，可以帮助开发者测试小程序的功能和定位代码中的问题。

1.3　在手机中查看效果

微信开发者工具中的模拟器是一个非常好用的功能，通过它可以快速预览小程序。但是仅仅依赖模拟器预览小程序是不够的，在一些非常特殊的情况下，模拟器模拟出来的效果可能与小程序在手机端显示的效果不一致。因此在开发过程中，也需要在手机中预览小程序的效果。

注意： 由于Android和iOS中小程序的执行环境和渲染环境也不相同，如果读者有条件，建议在两个系统中都进行测试。不过在绝大多数情况下，小程序在两个平台中的运行是没有任何差异的，因此读者也无须对此过多担忧。

1.3.1　上传开发版小程序

在手机中预览小程序十分简单。单击工具栏中的"预览"按钮，如果代码中没有语法错误，就可以编译当前的小程序代码，并上传为开发版小程序。等待几秒钟后会弹出一个二维码，使用微信扫描该二维码即可在手机中打开开发版小程序，如图1.15所示。

图1.15　预览小程序开发版

小程序的开发版只有小程序管理员和小程序项目成员中的开发者可以打开。在注册小程序账号时，已经为小程序绑定了一个管理员，此时只有管理员有权限打开小程序的开发版。如果希望多人合作开发小程序，需要登录微信公众平台，在小程序账号的管理后台选择"成员管理"，然后添加其他微信账号为开发者，如图1.16所示。

图1.16　管理小程序项目成员

1.3.2　vConsole简介

在手机中预览微信小程序开发版时，有一个类似于调试器的工具，叫作vConsole。这个工具默认是关闭的，下面我们开启它。在开发版小程序中，单击右上角的三个点，弹出菜单栏，单击菜单中的"打开调试"，如图1.17所示。

打开调试后，小程序会自动退出，可以通过微信开发者工具的预览按钮再次打开小程序开发版。这时小程序的界面中会显示一个悬浮的vConsole按钮，如图1.18所示。

图1.17　开启vConsole调试器　　　　图1.18　显示vConsole按钮

单击vConsole按钮，就可以打开开发版小程序的调试工具，如图1.19所示。

图1.19　开发版小程序的调试工具

第2章　小程序的项目结构和开发基础

完成第1章的准备工作后，本地已经有了一个小程序项目。这个项目是微信开发者工具提供的小程序样例，包含两个页面。本章将借用该样例介绍小程序的项目结构，帮助读者从整体了解一个小程序项目的构成。

小程序项目主要有四种类型的文件：JSON、WXML、WXSS和JavaScript（简称JS）。本章将了解这四种类型的文件，并学习它们的语法规则，这是小程序的开发基础。

本章主要包括以下内容。

（1）小程序项目中包含什么类型的文件，以及它们是如何组织起来的。

（2）什么是JSON，如何用它配置页面。

（3）什么是WXML和WXSS，如何用它们绘制页面内容和样式。

（4）什么是JavaScript，如何用它实现小程序的逻辑。

2.1　项目结构概述

想要了解小程序的项目结构可从以下两个方面开始。

第一，要了解项目中有哪几种类型的文件，它们的功能分别是什么。一个项目里包含了很多文件。根据后缀名不同，项目中的文件可以分为很多类型，不同类型的文件通常有不同的用处，而同样类型的文件通常用来实现同一类功能。

第二，要了解如何设计项目的目录结构。对于开发者而言，仅仅通过后缀名区分不同类型的文件还不够，项目中的文件必须通过一定的逻辑关系组织起来，这种逻辑关系通常是通过目录结构的形式体现的。

下面就从这两个方面分别认识小程序的项目结构。

2.1.1　项目中的文件类型

一个小程序项目通常包含以下类型的文件。

（1）JSON配置文件：以.json作为扩展名，用来配置小程序的页面文件路径、界面表现、网络超时时间、底部tab等。

（2）WXML模板文件：以.wxml作为扩展名，主要用来描述小程序的页面结构。

（3）WXSS样式文件：以.wxss作为扩展名，主要用来描述页面的样式。

（4）JavaScript文件：简称JS文件，以.js作为扩展名，主要用来实现页面中的各种逻辑交互功能，如响应用户的单击、获取用户数据等。

（5）图片文件：以png、jpg、gif、svg等常见的图片格式作为扩展名，用来作为小程序的logo、背景图片、按钮icon等。

注意： 除了以上这些文件以外，小程序还可以包含一些其他类型的文件，如常见的音频和视频格式的文件。但是由于小程序项目有最大存储空间的限制（只有几兆字节大小），因此音频和视频文件通常不会直接放在小程序项目中，而是在小程序运行时通过网络请求去获取相应的内容。

以上就是小程序项目中常见的几种文件类型，开发者对JSON、WXML、WXSS和JavaScript文件编写代码，就可以实现小程序的各种功能了。在具体介绍这几个文件类型之前，先了解一下这些文件都保存在项目中的什么位置。

2.1.2　目录结构

小程序对项目中的目录结构没有太多的要求，除了最外层目录中需要有app.js、app.json、app.wxss和project.config.json这四个文件以外，其他的目录结构和文件路径都可以由开发者自己设计。一个清晰的目录结构可以帮助开发者更好地厘清开发时的逻辑思路。

对于初学者而言，如果不清楚应该如何安排小程序的目录结构，可以模仿样例小程序，样例小程序的目录结构如图2.1所示。

最外层目录包含pages、utils两个文件夹，以及app.js、app.json、app.wxss和project.config.json四个文件。

在pages文件夹中，有两个子文件夹index和logs。这两个文件夹分别对应着小程序中的两个页面。可以看到，一个小程序页面由四个文件组成，分别是JS、JSON、WXML和WXSS类型文件。它们分别负责实现页面逻辑、页面配置、页面结构和页面样式。根据小程序的开发规范，一个页面的四种类型的文件必须具有相同的文件名，并且必须保存在同一个目录中。

在utils文件夹中只有一个util.js文件。编程中util这个词很常见，它是工具的意思。开发者通常习惯于创建一个这样的目录，用来定义一些会被重复多次用到的代码段。这些代码段可能会在不同页面中多次用到，甚至也有可能在同一个页面中多次用到。

图2.1　样例小程序的目录结构

注意： 除了pages和utils以外，开发者也可以根据自己的习惯创建更多的文件夹。例如，可以创建一个img目录，用来保存项目中需要用到的图片文件等。

最外层目录中的project.config.json文件是项目配置文件，其中保存了项目名称、AppID等项目配置信息。通常不要直接修改这个文件，在微信开发者工具中单击右上角的"详情"按钮可以打开项目配置面板，一般在这里修改项目的配置，修改后项目配置信息会自动更新到project.config.json文件中。项目配置面板如图2.2所示。

最外层目录中的其他3个文件是用来描述小程序整体程序的主体文件，必须将它们放在项目的根目录中。刚才看到，小程序的一个页面由四个文件组成，而小程序的主体只由三个文件组成，少了一个WXML类型的文件。

主体文件中的app.js文件用来描述小程序的全局逻辑，例如，负责保存小程序的全局数据（多个页面共用的数据），在小程序启动或退出到后台时执行某种操作（如获取用户信息）等。相对来说，每个页面自己的JS文件只能描述页面自身的逻辑，例如，负责保存页面独有的数据，监听页面中的单击事件，在进入或退出页面时执行某种操作等。

主体文件中的app.wxss文件负责描述小程序的全局样式，在这个文件中设置的样式会在所有的页面中都生效。相对来说，每个页面自己的WXSS文件中设置的样式，只会在该页面中生效。

主体文件中的app.json文件负责设置小程序的全局配置，在这个文件中可以设置各个页面的路径、页面的窗口表现、网络超时时间等。相对来说，每个页面自己的JSON文件只能对该页面进行配置，并且没有那么多的配置功能，只能设置该页面的窗口表现。

图2.2　项目配置面板

下面就来详细介绍一下WXSS、JSON、WXML和JS这四种文件。

2.2　JSON文件——小程序的配置

JSON的全称是JavaScript Object Notation，它实际上是JavaScript中的一种数据格式。由于它的结构简洁清晰，易于阅读和编写，也易于在程序中解析和生成，因此它成为在数据传输和数据保存时通用的一种数据格式。现在绝大多数编程语言都支持JSON的数据格式。

本节首先认识JSON格式，然后来了解如何用JSON格式描述小程序的配置。

2.2.1　认识JSON格式

扫一扫，看视频

在JSON中，有以下几种数据类型。

（1）number：数字类型，可以是整数，也可以是小数；可以是正数，也可以是负数，如1、–2、3.4、0等。

（2）boolean：布尔类型，表示逻辑的"是"和"否"，只有true和false两种取值。

（3）string：字符串类型，是用单引号或双引号括起来的任意文本，如'abc'、"xyz"等。字符串可以是英文字母、汉字、数字、符号或以上任意类型文本的混合。请注意区分"123"和123这两个取值，前者是字符串类型，后者代表一个数字。另外，需要区分"true"和true这两个取值，前者是字符串类型，而后者是布尔类型。

（4）null：空类型，只有一个取值null，表示什么都没有。请注意区分0和null，0表示数字0，而null表示什么数字都没有。请注意区分空字符串""和null，""表示一个不包含任何字符的字符串，而null表示没有字符串。

（5）Array：数组类型，是一组按顺序排列的集合，其中的每个值称为元素。JSON中的数组可以包含任意数据类型，每个数据之间用英文的逗号分隔，数组的两端用中括号括起来。例如：

```
[1, -2, 3.4, "Hello", null, true]
```

数组类型中的元素是有顺序的，因此可以说上面的数组中的第一个值是1，最后一个值是true。虽然同一个数组中可以包含任意类型的数据，但是在实际使用时，同一个数组中包含的数据通常是同类型的。

（6）Object：对象类型，是一组由key-value组成的无序集合。下面是一个非常简单的对象的例子。

```
{
  "key1": "value",
  "key2": false
}
```

JSON中的对象由大括号括起来，其中可以包含零到多个key-value对。key和value总是成对出现，key表示的是对象中包含的属性，它对应的value表示的是这个属性的值。对象中的属性key是一个字符串类型的数据，而value可以是任意类型的数据。key和value之间用一个英文的冒号分开，每个key-value对用英文逗号分隔。通常对象中的每个属性都会单独写成一行，并缩进相同数量的空格，以增加数据的可读性。

下面看一个稍微复杂一些的JSON对象。

```
{
  "name": "张三",
  "age": 25,
  "online": true,
  "hobby": ["编程", "阅读"],
  "company": {
    "name": "某科技有限公司",
    "city": "北京"
  }
}
```

这个JSON对象表示一个人的信息，从中可以了解到这个人叫张三，年龄25岁，当前为在线状态，爱好是编程和阅读，他的公司是某科技有限公司，公司所在城市为北京。通过这个例子可以直观地看到，用JSON格式表示数据是十分清晰和方便的。

在上面的JSON对象中，hobby属性的值是数组类型的数据，company属性的值是对象类型的数据。实际上，由于数组和对象都可以包含任意类型的数据，因此它们是可以嵌套的。换句话说，数组中可以包含对象或者数组，对象中也可以包含对象或者数组。这样一来，JSON格式就可以表示出更加复杂的数据。

2.2.2　全局配置

在了解JSON数据格式之后，回到小程序的介绍。首先来看一下样例小程序中的全局配置文件app.json。其内容如下：

```
{
  "pages":[
    "pages/index/index",
    "pages/logs/logs"
  ],
  "window":{
    "backgroundTextStyle":"light",
    "navigationBarBackgroundColor": "#fff",
    "navigationBarTitleText": "WeChat",
    "navigationBarTextStyle":"black"
  }
}
```

显然，这个配置文件整体上是一个JSON对象。在小程序中，每一个配置文件都是一个JSON对象，对象中的每个属性表示一个配置项。

样例小程序的全局配置包含pages和window两个属性，而实际上小程序的全局配置中还有很多其他的属性。所有的属性都有自己的默认配置，因此如果在配置文件中没有特别声明，这些属性都会使用默认值。小程序当前支持的所有全局配置项如表2.1所示。

表2.1　app.json配置项

配置项名称	类　型	描　述	最低版本
pages	string[]	页面路径列表	
window	Object	全局的默认窗口表现	
tabBar	Object	底部 tab 栏的表现	
networkTimeout	Object	网络超时时间	
debug	boolean	是否开启 debug 模式，默认关闭	
functionalPages	boolean	是否启用插件功能页，默认关闭	2.1.0

续表

配置项名称	类 型	描 述	最低版本
subpackages	Object[]	分包结构配置	1.7.3
workers	string	Worker 代码放置的目录,多线程相关	1.9.90
requiredBackgroundModes	string[]	需要在后台使用的能力,如音乐播放	
plugins	Object	使用到的插件	1.9.6
preloadRule	Object	分包预下载规则	2.3.0
resizable	boolean	iPad 上是否支持屏幕旋转,默认关闭	2.3.0
navigateToMiniProgramAppIdList	string[]	可以跳转的小程序列表	2.4.0
usingComponents	Object	全局自定义组件配置	
permission	Object	小程序接口权限相关设置	7.0.0

注意: 表格中的string[ ]类型表示每个元素都是string类型的数组,Object[ ]是指每个元素都是Object类型的数组。它们本质上还是数组类型,而不是一个新的数据类型。

从表2.1中可以看出,小程序支持的配置项非常多。对于初学者而言,没有必要掌握全部的配置项内容。接下来会依次介绍全局配置中每一个常见的配置项,读者掌握这些配置项的内容就可以实现大部分小程序的功能。

2.2.3　低版本兼容

在表2.1中,可以看到有的配置项在最后一列有一个最低版本的信息。

微信团队在不断地改进微信小程序,随着微信App的升级,小程序支持的功能也越来越多。由于使用微信的用户数量巨大,总有一部分用户因为各种原因没有将微信升级到最新的版本。在这种情况下,如果用户使用的微信版本低于某个配置项的最低版本要求,这个配置项就会失效。

作为开发者,必须要考虑小程序开发时的兼容性问题。不过不用担心,这些兼容性问题解决起来并不是很困难的事情。解决兼容性问题有以下两种方法。

第一种方法,在小程序账号后台设置能让小程序运行的微信最低版本。首先在微信公众平台登录小程序账号,然后在"设置—基本设置"中找到"基础库最低版本设置",如图2.3所示。

图2.3　基础库最低版本设置

这个设置选项中的版本号是小程序基础库的版本,而不是微信的版本号。微信小程序的文档中https://developers.weixin.qq.com/miniprogram/dev/framework/client-lib/client.html页面提供了两者的对应表，可以查询两种版本的对应关系。

　　设置了基础库最低版本后，如果用户使用的微信低于该版本，当打开小程序时会看到如图 2.4 所示的提示。

图 2.4　用户的微信版本低于设置的最低版本

　　这种处理兼容性的方法属于"一刀切"，对于使用低版本微信的用户来说体验较差。用户很有可能会因为不想升级微信而直接退出该小程序，因此建议只在影响的用户数量较少时才使用这种方式。在设置基础库最低版本时，可以看到受影响的用户占总用户数量的百分比，如图 2.5 所示。

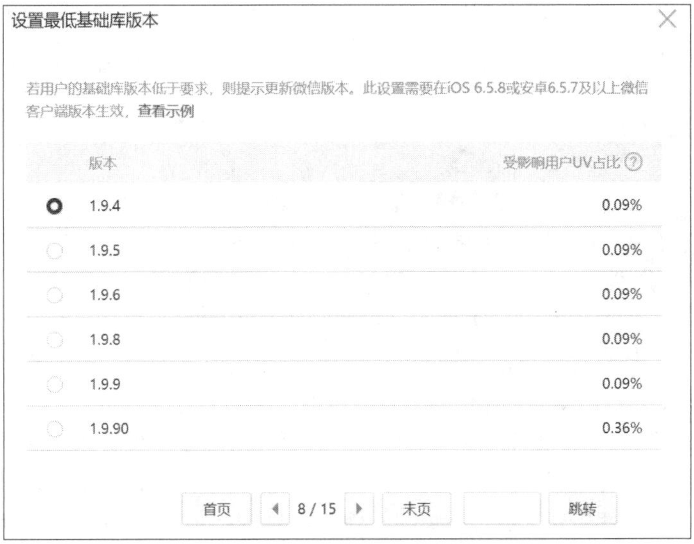

图 2.5　设置最低基础库版本时可以看到受影响的用户占比

　　例如，从图 2.5 中可以看到，如果设置最低基础库版本为 1.9.4（对应微信版本 6.6.0），会有0.09% 的用户无法打开该小程序。由于微信小程序用户总数量十分庞大，因此虽然比例很小，受影响的用户数量也是十分多的，此时就需要开发者去评估是否要这样做了。

注意： 这个占比数量是在不断地变化的，因此当你看到这个数据时，很可能和图中的数据不一致。

除了这种方法以外，还有第二种处理兼容性问题的方法。开发者可以在小程序中通过逻辑判断用户的微信版本，对低版本和高版本分别进行处理。如果用户使用的是低版本的微信，打开小程序时就不向用户提供新版本微信中才有的功能，以此保证所有的用户都可以正常使用小程序。由于这个处理方法涉及WXML和JS的内容，所以在这里不具体讲解它的实现。学习完后面的内容后，读者就知道该如何去处理。

在实际开发时，开发者首先要确定小程序需要支持的基础库最低版本，并在小程序账号后台进行设置。开发过程中，如果某些功能要求的最低版本低于或者等于开发者设置的基础库最低版本，那么就可以不对它进行兼容处理，因为低于这个版本的微信是打不开小程序的。如果某些功能要求的最低版本高于设置的基础库最低版本，就要用第二种方法对它进行兼容处理。

2.2.4　pages属性

接下来就要介绍全局配置中常见的配置项。第一个介绍的是pages属性，它是全局配置中唯一的一个必填的属性。

pages属性是一个数组，数组中的每一个元素都表示一个页面的路径。通过这个配置项，小程序可以知道项目中有哪些页面，以及这些页面的文件在什么路径下。在样例小程序中，pages属性的内容如下。

```
{
  "pages":[
    "pages/index/index",
    "pages/logs/logs"
  ]
}
```

pages数组中的第一个元素表示第一个页面保存在pages/index/目录中，并且页面的四个文件的名字是index，分别是index.js、index.json、index.wxml和index.wxss。

前面介绍过，一个页面的四种类型的文件必须具有相同的文件名，并且必须保存在同一个目录中。认识了这个属性之后就能够明白，这是因为在小程序的配置中，对四个文件是统一进行声明的，pages数组中的每一项都代表了一个页面的4个文件的名字及它们所在的路径。

在本例中，虽然index页面和logs页面的名字都与它们的上一级目录相同，但实际上这不是必需的，页面所在的目录名字可以和页面名字不同。另外，页面也不是必须放在pages目录下，开发者可以根据自己的想法修改pages属性的内容。例如，可以在pages中增加一项"test/testA/first/form"，这也是一个合法的页面路径配置，它表示项目中新增加一个页面，这个页面的四个文件位于test/testA/first/目录中，名字分别是form.js、form.json、form.wxml和form.wxss。

pages属性不仅仅声明了小程序项目中所有页面的路径，它还有一个隐含的功能——用来确定小程序的首页。一个小程序中通常有多个页面，当用户打开一个小程序时，应该首先打开哪个页面呢？微信小程序规定，在pages属性中声明的第一个页面是小程序的首页。例如，在样例小程序中，pages/index/index页面是pages中的第一个元素，因此这个页面就是样例小程序的首页。

2.2.5 window属性

全局配置中的window属性是一个JSON对象，它用来配置全局的窗口表现，如导航栏的背景颜色、导航栏的标题等。在全局配置中设置的window属性会在每个页面中都生效。样例小程序中的全局配置对window属性设置了四项内容，实际上window属性可以配置的内容不只四项。window属性的常用配置项如表2.2所示。

表2.2　全局配置中window属性的常用配置项

配置项名称	类　型	默认值	描　述	最低版本
navigationBarBackgroundColor	HexColor	#000000	导航栏背景颜色	
navigationBarTextStyle	string	white	导航栏标题文字颜色，仅支持 black 和 white 两个值	
navigationBarTitleText	string		导航栏标题文字内容	
navigationStyle	string	default	导航栏样式，仅支持 default 和 custom 两个值	6.6.0
backgroundColor	HexColor	#ffffff	页面的背景颜色	
backgroundTextStyle	string	dark	下拉 loading 的样式，仅支持 dark 和 light 两个值	
backgroundColorTop	string	#ffffff	顶部窗口的背景色，仅 iOS 支持	6.5.16
backgroundColorBottom	string	#ffffff	底部窗口的背景色，仅 iOS 支持	6.5.16
enablePullDownRefresh	boolean	false	是否开启下拉刷新	
onReachBottomDistance	number	50	页面上拉触底事件触发时距页面底部距离，单位为 px（像素）	
pageOrientation	string	portrait	屏幕旋转设置，支持 auto / portrait / landscape	2.4.0 (auto) 2.5.0 (landscape)

从表2.2中可以看到，每一个配置项都有一个默认值。当全局配置的window属性中不包含某个配置项时，这个配置项的值实际上就会取为默认值。当全局配置中不包含window属性时，window属性中的所有配置项都会取为默认值。

表2.2中有一个特殊的类型HexColor，在介绍JSON格式时并不包含这样一个数据类型。实际上HexColor类型是一个特殊的string类型，在配置文件中它的值需要由引号引起来。HexColor的含义为"用十六进制表示的颜色"，它拥有固定的格式：由"#"号开始，后面是6位十六进制数字。6位数字中，每2位为一组，一共3组，分别表示红、绿、蓝三种颜色的亮度

（ff为最亮，00为最暗），最终的颜色效果是由这三种颜色叠加而成的。当每组中的数字都是两个相同的数字时，如#112233、#ffffff，可以将其简写为#123、#fff。如果读者希望了解更多相关的知识，可以在互联网中用关键词RGB自行搜索，此处不再展开说明。

样例小程序的window属性如下：

```
{
  "window":{
    "backgroundTextStyle":"light",
    "navigationBarBackgroundColor": "#fff",
    "navigationBarTitleText": "WeChat",
    "navigationBarTextStyle":"black"
  }
}
```

通过查询表2.2，可以了解样例小程序的全局配置的含义如下。

（1）下拉loading的背景为浅色。

（2）导航栏背景颜色为#fff（白色）。

（3）导航栏标题文字为WeChat。

（4）导航栏标题文字颜色为黑色。

还可以从表2.2中知道，导航栏样式使用了默认值default，页面的背景颜色保持了默认值#ffffff，页面的下拉刷新功能保持了默认的关闭状态等。

表2.2中除了navigationStyle配置项，其他配置项应该都很容易理解，因此这里对它进行补充说明。

在小程序中，导航栏是非常常见的一个组件，因此微信为小程序提供了一个默认的导航栏，只需要通过设置配置文件就可以修改导航栏的样式。如果将navigationStyle属性设置为default，那么小程序就会为每个页面添加一个默认导航栏，这个导航栏的样式是由navigationBarBackgroundColor、navigationBarTextStyle和navigationBarTitleText三个属性决定的。在进入小程序的第二个页面后，在默认导航栏中还会自动添加一个返回按钮，如图2.6所示。

图2.6 导航栏样式设置为default，样例小程序logs页面的效果

通常情况下，默认导航栏是可以满足开发者的大多数需求的，但是它也有一定的局限性。默认导航栏的布局是微信小程序规定好的，如果开发者想在导航栏中增加更多的内容（如增加一个返回首页的按钮），则无法实现。

如果将navigationStyle设置为custom，那么默认的导航栏只会保留右上角的胶囊按钮，其余部分都会隐藏，如图2.7所示。这时navigationBarBackgroundColor、navigationBarTextStyle和navigationBarTitleText三个属性的设置失效，开发者可以像开发页面中的其他部分一样，通过编写WXML和WXSS的代码去开发导航栏的内容。

图2.7　将导航栏样式设置为custom，默认的导航栏被隐藏了

需要注意的是，navigationStyle属性有最低版本要求，因此开发者需要做好对兼容性问题的处理。

2.2.6　tabBar属性

tabBar是样例小程序中没有的属性，它可以在小程序的底部或者顶部增加tab栏。tab栏是App中很常见的一个组件，如微信的页面下方就有一个tab栏，如图2.8所示。

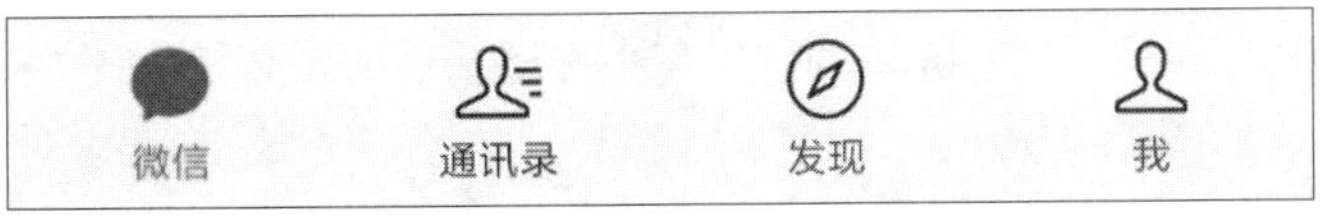

图2.8　微信底部的tab栏

tabBar属性的类型与window属性一样，也是一个JSON对象，这个对象包含的属性如表2.3所示。

表2.3　全局配置中tabBar属性的配置项

配置项名称	类　型	必　填	默认值	描　　　述
color	HexColor	是		tab上的文字默认的颜色
selectedColor	HexColor	是		tab上的文字选中时的颜色
backgroundColor	HexColor	是		tab的背景颜色
borderStyle	string	否	black	tabBar上边框的颜色，仅支持black和white两个取值
list	Array	是		tab的列表，最少两个、最多五个tab
position	string	否	bottom	tabBar的位置，仅支持bottom和top两个取值
custom	boolean	否	false	是否自定义tabBar

从表2.3中可以看到，tabBar中的有些属性是必填项，如果要设置tabBar，就必须提供这些属性的值。既然是必填，自然也就没有默认值。

表2.3中的custom配置项与window属性中的navigationStyle类似，利用它可以自定义tab栏的样式。这个属性也需要考虑兼容性问题，支持的最低基础库版本为2.5.0。通常默认的tabBar就可以满足开发者的大多数需求，因此这里不再对tabBar的自定义做过多的介绍，如果读者对

其感兴趣,可以自行阅读微信公众平台上面的小程序开发文档了解相关的内容。

表2.3中的color、selectedColor、backgroundColor、borderStyle和position都是很简单的属性,通过它们可以设置tab栏的文字颜色、文字选中时的颜色、背景颜色、边框颜色和位置。相对来说,list属性的设置要复杂一些。表格中的list属性是一个数组,数组中的每项元素是一个JSON对象,每个对象代表tab栏中的一个tab按钮的设置。该对象可以包含的属性如表2.4所示。

表2.4 tabBar中list属性的配置项

配置项名称	类 型	必 填	描 述
pagePath	string	是	tab按钮对应的页面路径,必须在 pages 中先定义
text	string	是	tab按钮的文字
iconPath	string	否	图片路径,icon 大小限制为40KB,建议尺寸为 81px×81px,
selectedIconPath	string	否	不支持网络图片(当 position 为 top 时,不显示 icon)

pagePath表示单击这个tab按钮时,小程序会跳转到哪个页面。这个页面路径同时也需要在全局配置的pages属性中声明,否则在单击tab按钮时是无法跳转到对应的页面的。iconPath和selectedIconPath分别表示未选中tab时tab上显示的图片和选中tab时tab上显示的图片。这两个图片需要保存在小程序的项目中,保存路径可以由开发者自行决定。

如果将以上两个表格中的属性对应到小程序的界面中,则如图2.9所示。

下面为样例小程序设置一个tabBar。首先在小程序项目的根目录创建一个icons文件夹,并放入准备好的图片,如图2.10所示。

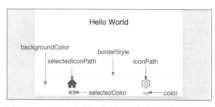

图2.9 tabBar属性在小程序中的直观展示　　图2.10 在小程序项目中放入tabBar需要的icon文件

接下来修改样例小程序的app.json文件,加入tabBar属性的设置。

```
{
  "pages":[
    "pages/index/index",
    "pages/logs/logs"
  ],
  "window":{
    // 这里省略了 window 属性的内容
  },
  "tabBar":{
```

```
    "color":"#888",                          // tab 默认的文字颜色
    "selectedColor":"#09bb07",               // tab 被选中时的文字颜色
    "backgroundColor":"#fff",                // tab 的背景颜色
    "list":[{
      "pagePath":"pages/index/index",        // 第一个 tab 对应 index 页面
      "text":" 首页 ",                        // 第一个 tab 上的文字
      "iconPath":"icons/home.png",           // 第一个 tab 上默认的图标
      "selectedIconPath":"icons/home-fill.png"  // 第一个 tab 被选中时显示的图标
    },{
      "pagePath": "pages/logs/logs",         // 第二个 tab 对应 logs 页面
      "text": "log",                         // 第二个 tab 上的文字
      "iconPath": "icons/setting.png",       // 第二个 tab 上默认的图标
      "selectedIconPath": "icons/setting-fill.png" // 第二个 tab 被选中时显示
                                                的图标
    }]
  }
}
```

注意:JSON文件中实际上不支持加入注释，上述代码中双斜线"//"开始的注释只是为了方便读者理解，实际开发中不可在JSON文件中加入注释。

修改完app.json文件后，按Ctrl + S组合键保存文件内容，小程序项目会自动编译并重启。这时可以在模拟器中看到修改后的效果，如图2.11所示。

图2.11　设置tabBar属性后的tab栏效果

2.2.7　networkTimeout属性

一个小程序项目通常需要与服务器进行交互，习惯上将小程序称为前端、客户端或小程序端，将服务器称作后端或服务端。小程序调用后端API（接口）时，会发起一个网络请求，然后得到后端的响应。由于小程序运行在手机上，当用户的手机信号较差时，网络请求会有非常大的延迟。如果小程序中的内容迟迟不能刷新出来，界面上又没有任何的提示，用户就会认为小程序本身存在问题。

networkTimeout属性可以用来设置网络超时时间，当网络请求超过设置的超时时间，就会触发一个错误事件，这时就可以在界面上提示用户手机网络信号较差，让用户主动去改善自己的网络环境。该属性的类型也是一个JSON对象，如表2.5所示。

表2.5　全局配置中networkTimeout属性的配置项

配置项名称	类　型	默认值	描　　述
request	number	60000	wx.request（HTTP请求）的超时时间，单位：毫秒
connectSocket	number	60000	wx.connectSocket（WebSocket请求）的超时时间，单位：毫秒
uploadFile	number	60000	wx.uploadFile（上传文件）的超时时间，单位：毫秒
downloadFile	number	60000	wx.downloadFile（下载文件）的超时时间，单位：毫秒

表2.5中的wx.request等是小程序端的API，用于向后端发起网络请求。后面会讲到这几个API，在这里读者只需要理解这些配置的含义就可以了。默认情况下的网络超时时间是60秒，这个时间太长，用户显然不会有耐心等待这么久。

同时要注意不要将时间设置得过短，否则当手机信号稍微差一点时，小程序会经常提示网络问题，也会降低用户体验。另外，如果需要在小程序中上传或下载大文件，那么肯定会需要更多的时间，因此与文件上传和下载有关的这两个超时时间需要根据实际情况设置。

建议可以将HTTP和WebSocket的超时时间设置为5s，代码如下。

```
{
  // 省略 pages 等配置
  "networkTimeout":{
    "request":5000,
    "connectSocket":5000
  }
}
```

2.2.8　debug属性

debug属性是布尔类型，默认设置为false。如果将它设置为true，就可以开启微信开发者工具的调试模式。开启调试模式后，在调试器区域的Console面板中能够看到page的注册、页面路由、数据更新和事件触发等信息，如图2.12所示，可以帮助开发者快速定位一些常见的问题。其代码如下：

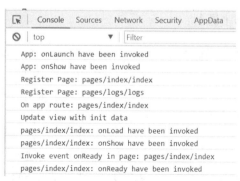

图2.12　开启调试模式后，在调试器的Console中可以查看调试信息

```
{
    // 省略其他配置
    "debug":true
}
```

2.2.9　其他属性

在全局配置中，上述的属性是一些常见的配置项。对于初学者而言，了解以上的全局配置属性就已经足够了。其实在app.json中还可以设置很多其他的内容，等读者掌握了小程序开发技术之后，如果想要详细了解这些功能，可以在微信公众平台的小程序开发文档中查阅这些配置项的相关资料，具体网址如下：

https://developers.weixin.qq.com/miniprogram/dev/framework/config.html

2.2.10　页面配置

全局配置可以很方便地对小程序的整体进行设置，每一个页面也可以使用JSON文件对本页面的窗口进行单独的设置。小程序规定，在页面单独的配置文件中，只能设置app.json文件中window配置项的内容，页面配置中设置的内容会覆盖全局配置中window属性设置的内容。

页面配置大多都是可选的，样例小程序的index页面就几乎没有任何配置。其代码如下：

```
{
    "usingComponents": {}
}
```

页面配置可以设置的属性如表2.6所示。需要注意的是，有一些属性只能在页面配置中设置，不能在全局配置的window属性中配置。

表2.6　页面配置可以设置的属性

配置项名称	类　型	默认值	描　述	最低版本
navigationBarBackgroundColor	HexColor	#000000	导航栏背景颜色	
navigationBarTextStyle	string	white	导航栏标题文字颜色，仅支持black和white两个值	
navigationBarTitleText	string		导航栏标题文字内容	
navigationStyle	string	default	导航栏样式，仅支持default和custom两个值	7.0.0
backgroundColor	HexColor	#ffffff	页面的背景颜色	
backgroundTextStyle	string	dark	下拉 loading 的样式，仅支持dark和light两个值	
backgroundColorTop	string	#ffffff	顶部窗口的背景色，仅 iOS 支持	6.5.16
backgroundColorBottom	string	#ffffff	底部窗口的背景色，仅 iOS 支持	6.5.16

续表

配置项名称	类 型	默认值	描 述	最低版本
enablePullDownRefresh	boolean	false	是否开启下拉刷新	
onReachBottomDistance	number	50	页面上拉触底事件触发时距页面底部的距离，单位为px（像素）	
pageOrientation	string	portrait	屏幕旋转设置，支持auto、portrait和landscape	2.4.0(auto) 2.5.0(landscape)
disableScroll	boolean	false	设置为true则页面整体不能上下滚动。只在页面配置中有效，无法在app.json中设置	
disableSwipeBack	boolean	false	禁止页面右滑手势返回	7.0.0
usingComponents	Object	否	页面自定义组件配置	1.6.3

表2.6中的配置项不再展开讲解，如果需要修改相关的配置，可以在微信公众平台的小程序开发文档中查询如何进行配置。

这里需要注意的是，全局配置中的navigationStyle属性最低版本要求是6.6.0，页面配置中的同名属性的最低版本要求是微信7.0.0，两个版本要求是不一样的。

扫一扫，看视频

2.3 WXML和WXSS文件——小程序的视图

开发一个小程序项目时，第一步需要设置它的全局配置，对导航栏样式、超时时间等做通用的配置，接下来就可以开发小程序中的各个页面。

每个小程序页面都可以划分为视图层和逻辑层两部分，视图层负责描述页面的结构和样式，逻辑层主要负责保管页面中的数据和实现交互逻辑。视图层的开发是由WXML和WXSS两个文件共同实现的，本节就来学习如何通过这两种文件开发小程序的界面。

2.3.1 认识WXML

扫一扫，看视频

WXML的全称是WeiXin Markup Language，翻译为"微信标记语言"，它用于描述页面的结构。如果读者对网页编程有一点了解，可以知道在网页中的页面结构是通过HTML实现的。在小程序中WXML充当的就是类似于HTML的角色。下面用一个简单的例子介绍WXML的语法。

在小程序的app.json文件中修改pages属性，在数组最开始的位置增加一个新的页面。代码如下：

```
{
  "pages":[
    "pages/wxml/introduce",
    "pages/index/index",
```

```
    "pages/logs/logs"
  ],
  // 省略其他设置
}
```

使用Ctrl + S组合键保存以后，微信开发者工具会自动为这个页面新建目录和四个对应的页面文件，如图2.13所示。

新创建的introduce.wxml文件内容如下。

```
<!-- pages/wxml/introduce.wxml -->
<text>pages/wxml/introduce.wxml</text>
```

代码的第一行是注释，没有任何实际功能。代码的第二行才是真正的内容，这是一段非常简单的WXML代码。

注意：在WXML文件中，只有<!--……-->格式的注释，不能使用双斜线//格式的注释，也不能使用/*……*/格式的注释。

在这段代码中，text是一个组件，它由三部分组成：第一部分是左侧的<text>，称为"开标签"；第二部分是右侧的</text>，称为"闭标签"；开标签和闭标签中间的文字pages/wxml/introduce.wxml是组件的内容。

开标签和闭标签的格式很像，不同的地方是闭标签的左尖括号右边多了一个斜线/。text组件中的内容是一个字符串（不需要用引号引起来），这个字符串可以显示在小程序的页面中，如图2.14所示。

图2.13　开发者工具自动创建出新页面的文件　　图2.14　新建的introduce页面的预览效果

组件是视图层的基本组成单元，每个页面都是由很多个组件组成的。一个组件由开标签、闭标签、属性和内容四部分组成。组件的通用格式如下。

```
<tagname property="value">
  Content goes here ...
</tagname>
```

一个组件由开标签开始，由闭标签结束，标签中的tagname是组件的名字，可以区分组件的类型。属性用于修饰组件，它位于开标签中，写在组件名字之后，格式为property="value"。

一个组件中可以有多个属性，也可以没有属性。

组件的内容位于开标签和闭标签之间。有时组件是没有内容的，这时开标签和闭标签可以合并成为一个单标签。格式如下：

```
<tagname property="value" />
```

2.3.2 认识第一个组件——text组件

下面来认识一下小程序中的第一个组件——text组件。希望读者在了解text组件的同时，对小程序的组件和组件属性形成更加清晰的认识。

text组件是小程序中十分常用的一个组件，它用于在页面中显示文本内容。text组件支持的属性如表2.7所示。

表2.7　text组件支持的属性

属性名	类　型	默认值	描　述	最低版本
selectable	boolean	false	文本是否可选	1.1.0
space	string		显示连续空格	1.4.0
decode	boolean	false	是否解码	1.4.0

1. selectable属性

selectable属性用于控制文本是否可选。默认情况下，页面中的文字是不能被选中的。将selectable属性设置为true后，长按页面中的文字，就可以对文字的内容进行选择了，如图2.15所示。

图2.15　将selectable属性设置为true后文本可选

注意： 微信开发者工具的模拟器对长按选择文字的支持不太好，这个例子需要在手机上测试验证。

在表2.7中可以看到，selectable属性的取值类型是布尔类型。WXML语法规定，属性的值必须写在双引号里面，并且双引号中的内容是一个string类型的值。如果将代码写成下面这样，属性值传入的类型不匹配，就有可能产生问题。

```
<text selectable="false">pages/wxml/introduce.wxml</text>
```

尽管将selectable属性赋值成了"false"，但实际上这是一个string类型的字符串，小程序会自动将这个值转换为布尔类型。

string类型的值转换为布尔类型的规则是：当字符串的值是空字符串""时，将它转换为布尔类型的false，而其他任意字符串都转换为布尔类型的true。因此，如果写selectable="false"，实际上是令selectable属性取值为true。

注意： 空字符串的引号中间不包含任何字符。哪怕字符串只包含一个空格，即" "，转换为布尔类型时也会转换为true。

那么如何才能为属性传入布尔类型的值呢？具体做法是在属性的引号中加入双大括号，双大括号中的内容会按照规则解析成number、string、boolean、Object、Array等类型的值。上面的代码在修正后实际应该写成下面这样：

```
<text selectable="{{false}}">pages/wxml/introduce.wxml</text>
```

2. space属性

space属性用于控制是否显示text组件中连续的空格。默认情况下，text组件内的连续空格会被压缩成一个空格，如以下代码所示。

```
<text>a                b</text>
```

尽管在字母a、b之间有很多的空格，但是在页面中的显示效果却只有一个空格，如图2.16所示。

图2.16 text组件中的多个空格被压缩成了一个

如果想在页面中显示这些连续的空格，就要用到space属性了。space属性支持以下三个取值。

（1）ensp：允许连续空格，每个空格占中文字符一半大小。

（2）emsp：允许连续空格，每个空格和中文字符一样大小。

（3）nbsp：允许连续空格，每个空格的大小与字体设置有关。

nbsp类型的空格是平时使用最多的空格，也就是按下space键产生的空格。而ensp和emsp的宽度刚好与中文字符成比例，因此适用于需要对齐文字的场景。加入space属性后代码如下。

```
<text space="ensp">a                b</text>
```

读者可以自己在微信开发者工具中尝试space的不同取值，在模拟器中看一看它们之间的区别。

3. decode属性

decode属性用于控制是否开启转义功能。什么是转义功能呢？读者不妨先来考虑这样一个问题：怎样才能在页面中显示字符串</text>呢？如果将introduce.wxml的代码修改为如下。

```
<text></text></text>
```

单击"保存"按钮后，模拟器页面和调试器Console都会提示错误，如图2.17所示。

图2.17   WXML文件编译错误

这是因为在组件的内容里是禁止出现左、右尖括号的，如果写出上面这样的代码，微信开发者工具无法分辨哪一个</text>才是text组件的闭标签，就会产生歧义。正确的做法是将内容中的左尖括号用"<"代替，将右尖括号用">"代替，同时开启转义功能。修改后的代码如下。

```
<text decode="{{true}}">&lt;/text&gt;</text>
```

保存后可以在模拟器中看到效果，如图2.18所示。

图2.18   成功在页面中显示</text>字符串

上述"<"和">"被称为转义字符，因为它们的实际意义与字面意义不同。"&"和";"标记了转义字符的开始和结尾，lt和gt分别是两个转义字符的名字。lt是less than的缩写，因为它实际上是转义了小于号(左尖括号)。同理，gt是greater than的缩写，转义的是大于号(右尖括号)。

如果在text组件中去掉decode属性，页面中会原样输出转义前的内容，如图2.19所示。

图2.19   如果没有decode属性，将原样输出转义前的内容

到这里读者就了解了text组件的全部功能。其实除了text组件以外，小程序还支持其他数

十种组件，后面的章节会通过更加丰富的例子对它们进行详细的介绍。

　　WXML中的每个组件都有自己的默认样式，但是大多数时都需要通过编写WXSS代码覆盖组件默认的样式，这样才能实现美观的界面效果。下面就来了解一下如何用WXSS修改组件的样式。

2.3.3　认识WXSS

扫一扫，看视频

　　WXSS的全称为WeiXin Style Sheets，翻译为"微信样式表"。它类似于网页编程中的CSS文件，用于描述WXML中组件的样式。WXSS的通用格式如下。

```
selector {
  property: value;
}
```

　　selector被称为"选择器"，表示希望修改页面中哪些组件的样式。在选择器后面是由大括号括起来的一组样式，这些样式在选择器指定的所有组件上都会生效。每个样式都由一个属性（property）和一个值（value）组成，属性和值之间用英文冒号分开，值的后面以英文分号结尾。与JSON对象不同，只有当值是若干单词时才需要给值加双引号，否则一般不需要用引号引起来。通常每个样式单独写成一行，便于阅读。

　　最简单的选择器是标签选择器，也就是用组件的标签名称作为选择器。例如，将text作为选择器，修改字体大小，则页面中所有的text组件的样式都会被更改。其代码如下：

```
text {
  font-size: 17pt;
}
```

　　这段代码的含义是将页面中所有的text组件的文字大小更改为17pt（pt为小程序中设置文字大小的常用单位）。在实际开发中，有的text组件作为标题，需要加粗显示，有的text组件作为页脚，需要缩小字号。而标签选择器影响的范围太大，显然不能满足开发需要。这时就需要使用另外一种常用的选择器——类选择器。先来看下面一段代码。

```
<text class="title">这是一个标题</text>
```

　　这个text组件有一个class属性，刚刚在介绍text组件时没有提到这个属性，是因为class是一个通用属性，即小程序中所有的组件都支持该属性。

　　class属性表示组件的"类"，是一个string类型的属性，它本身对页面的结构和样式没有任何的影响。class属性的值可以由开发者决定，开发时通常将class值写成有意义的英文单词，这样在阅读WXML代码时可以通过class的值了解这块代码的含义，增强代码的可读性。

　　注意：class属性的值通常为小写，如果是由多个单词组成的词语，一般用减号"-"分隔，如class="article-title"。如果希望给组件设置多个class，可以在class属性中填写多个词语，中间用空格分隔，如class="article-title main-title"。

　　有了class属性，就可以在WXSS文件中使用"类选择器"。类选择器使用class属性的值选择页面中的组件，属性值前以一个点"."号开始，如下面这段代码所示。

```
.title {                        /* 类选择器选择 class 为 title 的组件 */
  color: red;                   /* 文字颜色为红色 */
  font-size: 20pt;              /* 文字大小为 20pt */
  font-weight: bold;            /* 文字加粗 */
}
```

这段代码表示修改页面中class为title的组件的样式。color是设置文字颜色的样式，WXSS中支持一些常见的颜色，如red、blue、green、yellow等，也可以使用十六进制的HexColor颜色值，如#ff0000。font-size是设置文字大小的样式，通常用pt作为单位。font-weight用于设置文字的粗细，默认为normal，除了bold（加粗）以外，还可以设置为bolder（更粗）、lighter（更细）等。

同一个页面中的多个组件可以有相同的class，这样使用同一个类选择器就可以为这些组件同时添加样式。例如，下面这段代码，如果对title类选择器添加样式，则两个text组件都会修改样式。

```
<text class="title">这是一个标题</text>
<text class="title">这是第二个标题</text>
```

另外，如果一个组件设置了多个class，那么每个class的类选择器设置的样式都会在这个组件上生效。例如，先在WXML文件中为text组件设置两个class，代码如下：

```
<text class="article-title main-title">这是一个标题</text>
```

这个text组件的两个class分别为article-title和main-title，接下来就可以在WXSS文件中为这两个class分别设置不同的样式。代码如下：

```
/* pages/wxml/introduce.wxss */
.article-title {
  font-size: 20pt;
}
.main-title {
  font-weight: bold;
}
```

这样一来，WXSS中的两个类选择器设置的属性都会应用到这个text组件上，使这个text组件既更改了字体大小，又设置了加粗样式。

有了类选择器以后，开发样式就变得更加灵活，可以为拥有不同class的组件分别设置不同的样式。但同时这也带来了一个问题，如果多个选择器都可以匹配到某个组件，并且它们将某个样式设置成了不同的值，这时样式的设置是冲突的。

如果样式设置产生了冲突，小程序不会认为代码有问题，而是根据选择器的优先级匹配规则选择一个优先级最高的样式，作为最终生效的样式。将不同的选择器按照优先级从高到低进行排列是这样的：

（1）页面WXSS中的类选择器。

（2）全局WXSS中的类选择器。

（3）页面WXSS中的标签选择器。

（4）全局WXSS中的标签选择器。

这样一来，只需要根据选择器的类型及选择器所在的文件，就可以判断哪个样式的优先级更高了。另外，如果优先级相同的两个选择器产生样式冲突，这时在文件中靠后位置设置的样式会覆盖先设置的样式。需要特别注意的是，样式优先级规则与组件中class的顺序是无关的。

除了标签选择器和类选择器外，WXSS还支持很多其他的选择器，如ID选择器、属性选择器、后代选择器等。这些选择器与网页编程中CSS的选择器一样，读者如果有兴趣可以搜索相关的知识进行学习。

2.3.4　容器组件view与弹性布局

view组件是小程序中另一个常见的组件，它是一个视图容器组件。view组件不仅可以像text组件一样，在开标签和闭标签中加入字符串内容将文字显示在页面上，还可以在内容中包含其他的组件。

view组件中既可以包含text这样的非容器组件，也可以包含view组件自身这样的容器组件，被包含的容器组件还可以继续包含其他的组件，如下面这段代码。

```
<view class="container">
  <view class="item">item 1</view>
  <view class="item">
    <text class="txt">item 2</text>
  </view>
</view>
```

可以看出，使用容器组件后WXML代码中的组件开始有了层次关系。如果一个组件包含另外一个组件，通常称包含者是被包含者的"父元素"（或"父节点"），被包含者是包含者的"子元素"（或"子节点"）；如果一个组件包含另外多个组件，被包含的多个组件之间称为"兄弟元素"（或"兄弟节点"）。

在上面的代码中，可以将class为container的view组件简称为container，将class为item的view组件简称为item，将class为txt的text组件简称为txt。根据它们之间的层次关系，我们可以说container是两个item的父元素，两个item都是container的子元素；第二个item是txt的父元素，txt是第二个item的子元素；两个item又称为兄弟元素。

WXML代码中的这种层次关系对应着页面中的布局。如果把一个页面当作一个整体，可以对应到WXML中最外层的容器组件。通常一个页面在竖直方向上又可以划分成多个区域，这些区域对应了最外层容器组件的子元素。

每个区域又可以划分成更小的子区域，这些子区域可以是纵向排列的，也可以是横向排列的（划分方向由WXSS的样式决定）。但无论子区域按什么方向排列，都对应了更里面一层的子元素。不断划分页面区域，直到划分成不能再细分的文字、图片等基础内容，这时就对应到WXML中的text组件、image组件上。WXML就通过这种方式描述了一个页面的结构。

为了实现页面的布局效果，仅仅通过WXML的描述是不够的，还需要通过WXSS的样式去控制布局。弹性布局是最简单易用的一种布局方式，又被称为flex布局。flex布局的主要思想是给予容器控制内部元素排列方式的能力。

任意一个容器都可以指定为flex布局。开启flex布局需要设置组件样式的display属性为flex。WXSS代码如下：

```
.container {
  display: flex;
}
```

采用flex布局的元素称为flex容器（flex container），简称容器。它的所有子元素自动成为容器成员。容器拥有两根隐形的轴，称为主轴（main axis）和交叉轴（cross axis）。默认情况下，容器的主轴为水平方向，交叉轴为竖直方向，子元素在主轴的方向上按顺序排列，如图2.20所示。

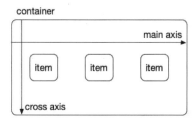

图2.20　flex布局

flex布局在container中常用的样式属性如表2.8所示。

表2.8　flex布局在container中常用的样式属性

属性名	含　义	可选值
flex-direction	决定item的排列方向	row, row-reverse, column, column-reverse
flex-wrap	排列不下所有子元素时，如何换行	nowrap, wrap, wrap-reverse
justify-content	item在主轴上的对齐方式	flex-start, flex-end, center, space-between, space-around
align-items	item在交叉轴上的对齐方式	flex-start, flex-end, center, baseline, stretch
align-content	多根轴线的对齐方式	flex-start, flex-end, center, space-between, space-around, stretch

下面详细介绍以下几个样式属性。

1. flex-direction

这个属性决定了主轴的方向，即子元素的排列方向，它有以下四个可选值。

（1）row：主轴为水平方向，子元素沿主轴从左至右排列。这是属性的默认取值。

（2）column：主轴为竖直方向，子元素沿主轴从上至下排列。

（3）row-reverse：主轴为水平方向，子元素沿主轴从左至右排列，即排列方向与row相反。

（4）column-reverse：主轴为竖直方向，子元素沿主轴从下至上排列，即排列方向与

column相反。

2. flex-wrap

默认情况下，子元素排列在一条线上，即主轴上。有时子元素太多，一行或者一列排列不下所有的子元素，这时可以用flex-wrap决定是否换行及换行的方式，它有以下三个可选值。

（1）nowrap：自动缩小项目，不换行。这是属性的默认取值。

（2）wrap：换行，且第一行在上方，第二行在第一行下方。

（3）wrap-reverse：换行，第一行在下方，第二行在第一行上方。

以上两个样式属性flex-direction和flex-wrap也可以合并简写为flex-flow。

```
flex-flow: row nowrap;
```

3. justify-content

这个属性决定了子元素在主轴上的对齐方式，它有以下五种可选值。

（1）flex-start：左对齐（如果主轴是竖直方向，则为顶端对齐）。这是属性的默认取值。

（2）flex-end：右对齐（如果主轴是竖直方向，则为底部对齐）。

（3）center：居中对齐。

（4）space-between：两端对齐。

（5）space-around：沿轴线均匀分布。

以上几种取值的效果分别如图2.21~图2.25所示。

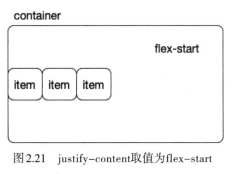

图2.21　justify-content取值为flex-start

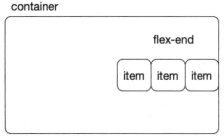

图2.22　justify-content取值为flex-end

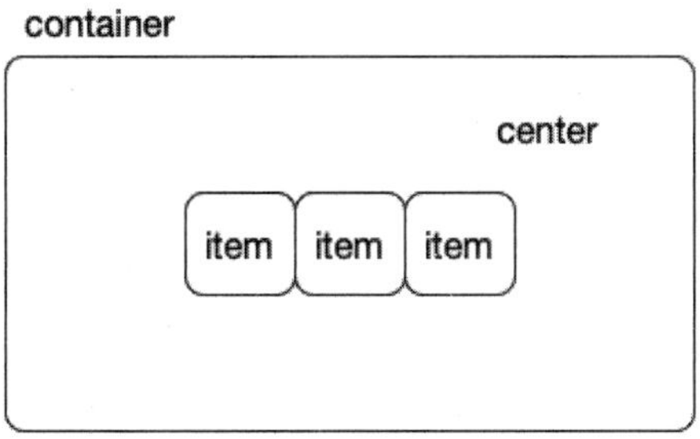

图2.23　justify-content取值为center

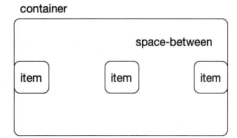

图2.24　justify-content取值为space-between

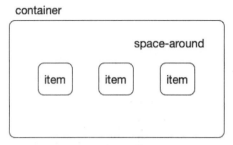

图 2.25　justify-content 取值为 space-around

4. align-items

这个属性决定了子元素在交叉轴上的对齐方式，它有以下五种可选值。

（1）flex-start：顶端对齐（如果主轴是竖直方向，则为左对齐）。

（2）flex-end：底部对齐（如果主轴是竖直方向，则为右对齐）。

（3）center：居中对齐。

（4）baseline：子元素第一行文字的底部对齐。

（5）stretch：当子元素未设置高度时，子元素将和容器等高对齐。

以上几种取值的效果分别如图 2.26~图 2.30 所示。

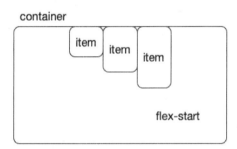

图 2.26　align-items 取值为 flex-start　　　　图 2.27　align-items 取值为 flex-end

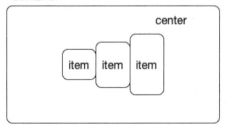

图 2.28　align-items 取值为 center　　　　图 2.29　align-items 取值为 baseline

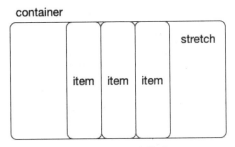

图2.30 align-items取值为stretch

5. align-content

当flex布局设置为可以换行时，就会出现多根主轴，每行子元素在各自的主轴上排列。这个属性定义了当有多根主轴时子元素在交叉轴上的对齐方式。当有多行时，定义了align-content后，align-items属性将失效。align-content有以下六种可选值（假设主轴为水平方向）。

（1）flex-start：顶端对齐。

（2）flex-end：底部对齐。

（3）center：居中对齐。

（4）space-between：两端对齐。

（5）space-around：沿轴线均匀分布。

（6）stretch：各行将根据其flex-grow值伸展，以充分占据剩余空间。

以上几种取值的效果分别如图2.31~图2.36所示。

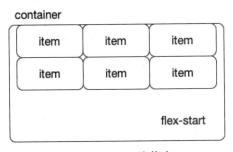

图2.31 align-content取值为flex-start

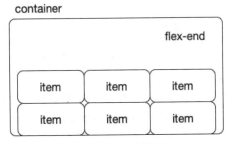

图2.32 align-content取值为flex-end

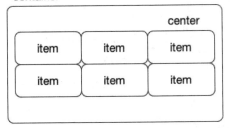

图2.33 align-content取值为center

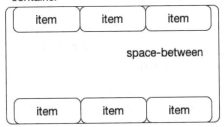

图2.34 align-content取值为space-between

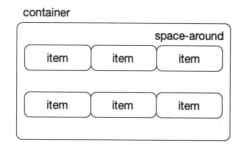

图 2.35　align-content取值为space-around

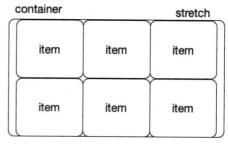

图 2.36　align-content取值为stretch

flex布局除了可以设置容器的样式外，还可以在子元素中设置样式，从而让子元素可以更灵活地调整布局。flex布局在子元素中常用的样式属性如表2.9所示。

表2.9　flex布局在item中常用的样式属性

属性名	含　义	可　选　值
order	定义item的排列顺序	整数，默认为0，越小越靠前
flex-grow	当有多余空间时，item会放大到充满空间。如果有多个item都设置了这个属性，则这些item以本属性设置的值作为比例放大	整数，默认为0，即有多余空间时也不放大
flex-shrink	当空间不足时，item缩小。如果有多个item都设置了这个属性，则这些item以本属性设置的值作为比例缩小	默认为1，即空间不足时所有子元素等比缩小
flex-basis	item在主轴上占据的空间	长度值或者百分比。默认为auto，表示根据item的内容决定长度
align-self	单个item在交叉轴上独特的对齐方式	同align-items，可覆盖align-items属性

另外，flex-grow、flex-shrink和flex-basis三个属性可以合并简写为flex属性，就像flex-flow属性一样。

以上这些样式属性的含义比较清晰，不再展开说明。建议读者在实际项目中多多练习flex布局的各种用法，理解和掌握flex布局后，就可以用WXML和WXSS实现小程序中几乎所有常见的页面布局。

2.3.5　盒模型

扫一扫，看视频

　　盒模型是WXSS布局中另外一个非常重要的概念，它将WXML中的每个组件都看作一个盒子，每个盒子都是由外边距（margin）、边框（border）、内边距（padding）和内容（content）组成的，如图2.37所示。

　　view组件默认情况下是没有外边距、边框和内边

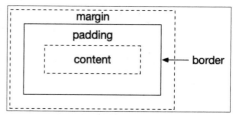

图2.37　盒模型

距的，因此实际上它只有content区域中的内容。如果为组件加入以下样式属性，则可以为它设置边距和边框。

```
.box {
  border: 1px solid #000000;      /* 设置边框样式为：宽度1px，实线，黑色 */
  margin: 10rpx;                  /* 设置外边距为10rpx */
  padding: 5rpx;                  /* 设置内边距为5rpx */
}
```

上述代码为box组件统一设置了上、下、左、右四个方向的边框、外边距和内边距，实际上也可以对这四个方向分别设置边框和边距，这时对应的样式属性如下。

（1）border-top、border-bottom、border-left和border-right为分别设置上、下、左、右边框。

（2）margin-top、margin-bottom、margin-left和margin-right为分别设置上、下、左、右外边距；

（3）padding-top、padding-bottom、padding-left和padding-right为分别设置上、下、左、右内边距。

对某个组件设置盒模型布局时，默认情况下，组件的宽度等于content区域的宽度，组件的高度等于content区域的高度。这时，如果对组件设置了确定的宽度和高度，那么为组件增加padding时，会使组件所占的区域向外扩展。

编著者习惯于将组件的box-sizing样式属性设置为border-box，这样一来组件的宽度等于content区域宽度 + 左右边框宽度 + 左右padding宽度，组件的高度等于content区域高度 + 上下边框宽度 + 上下padding宽度。这时，如果对组件设置了确定的宽度和高度，那么为组件增加padding时，会使组件的content区域向内缩小，而组件整体所占的区域并不变。

相关代码如下，可以根据自己的习惯进行设置。

```
.box {
  box-sizing: border-box;
}
```

2.3.6　块级元素与行内元素

现在已经认识了两个组件——text组件与view组件。它们之间在布局上有一个非常明显的区别：text组件是行内（inline）元素，而view组件是块级（block）元素。

行内元素和块级元素主要有以下两个区别。

（1）行内元素与其他行内元素在一行中并排显示，而块级元素独占一行，不能与其他任何元素并列。

（2）行内元素不能设置宽高，默认的宽度就是文字的宽度，而块级元素能设置宽高，如果不设置宽度，那么宽度将默认变为父级的100%。

先来看一下两个相邻的块级元素的显示效果，在WXML文件中编写如下代码：

```
<view>view1</view>
```

```
<view>view2</view>
```

使用Ctrl + S组合键保存后可以在模拟器中查看显示效果，如图2.38所示。

view1
view2

图2.38　块级元素独占一行

接下来再看一看两个相邻的行内元素的显示效果，将WXML文件中的代码修改为下面的内容。

```
<text>text1</text>
<text>text2</text>
```

保存后，在模拟器中显示的效果如图2.39所示。

text1text2

图2.39　行内元素并排一行显示

如果在某些情况下开发者希望更改组件的块级属性或者行内属性，可以通过修改组件的display样式属性进行设置。例如，可以将text组件设置为块级元素。代码如下：

```
text {
    display: block;
}
```

2.3.7　尺寸单位

在使用WXSS编写样式时，有时需要指定页面中组件的宽度、高度、文字大小等，这时就需要用到尺寸单位。

对于屏幕而言，最基本的尺寸单位是像素（pixel，简称px），一个像素代表屏幕上的一个点。但是由于不同型号的手机屏幕参数并不统一（有的手机宽度为375px，而有的手机宽度却是425px），因此如果使用像素作为尺寸单位，很难通过WXSS样式在不同手机上实现相同的样式效果。

为了解决这个问题，微信小程序引入了一种新的尺寸单位——rpx，全称为responsive pixel。小程序规定，所有手机屏幕的宽度都为750rpx。rpx这种尺寸单位可以根据屏幕宽度进行自适应，如果手机屏幕宽度为375px，那么px与rpx之间的换算关系为1px=2rpx；如果手机屏幕宽度为750px，那么px与rpx之间的换算关系为1px=1rpx。这样一来不同手机的屏幕宽度就通过rpx单位统一起来了。

尽管在做样式布局时使用rpx作为尺寸单位非常方便，但是在设置文字大小时，最好不要使用rpx作为尺寸单位。这是因为rpx是一种相对的长度单位，如果将文字大小设置为固定的rpx值，那么在小屏手机上文字可能非常小，在大屏手机上文字又会非常大。字体太小或者太大都会影响文字的阅读体验，这样很难权衡到底应该如何设置文字大小。

在设置文字大小时，通常使用pt作为尺寸单位。pt的全称为point，它是一种绝对的长度单位，表示一个专用的印刷单位"点"，1点=0.376毫米。因此使用pt作为文字大小的单位时，无论手机屏幕有多宽，文字总是显示成相同的大小。

读者在使用尺寸单位时只需要记住：当设置文字大小时，使用pt作为尺寸单位；当设置容器或者组件的宽度、高度、边距时，使用rpx作为尺寸单位。这样通过WXSS写出的样式就具有非常强的通用性。

微信开发者工具的模拟器屏幕大小默认与iPhone 6相同，读者可以在模拟器区域切换选择不同屏幕大小的手机，预览页面样式在不同尺寸的屏幕上显示的效果如图2.40所示。

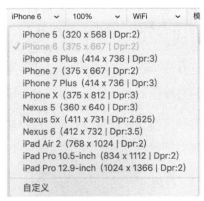

图2.40　模拟器中可以选择不同屏幕尺寸的手机预览样式效果

2.3.8　平台差异和样式补全

微信小程序可在iOS系统（iPhone/iPad）、Android系统和开发者工具调试器三个不同的平台上运行。三个平台的渲染环境不同，甚至同一平台不同版本之间的渲染环境也有差异。在这种情况下，有时WXSS的渲染可能会产生表现不一致的情况。

如果条件允许，建议开发小程序时在iOS和Android手机上分别验证一下小程序的真实表现。如果条件不允许也不必过于担心，在绝大多数情况下WXSS的渲染都是一致的。

另外，微信团队在微信开发者工具中提供了一个样式补全功能。如果开启该功能，开发工具会自动检测并补全样式，尽可能地保证WXSS的兼容显示。因此建议开发者将该选项打开。该选项位于project.config.json文件的setting属性中，设置项名为postcss。单击微信开发者工具右上角的"详情"按钮，可以找到"上传代码时样式自动补全"选项，勾选即可。

2.4　JS文件——小程序的逻辑

现在已经了解了如何编写一个小程序的界面，但小程序只有界面展示是不够的，还需要和用户做交互，如响应用户的单击、获取用户的位置等。在小程序中可以通过编写JavaScript代码设置各种事件监听，以此来响应应用用户的操作。

本节首先来了解一下JavaScript基础，然后了解小程序是如何使用JavaScript实现各种事件监听的。

2.4.1　认识JavaScript

　　JavaScript是一门非常流行的编程语言。最初它只在网页开发中使用，并运行在浏览器环境中，用于实现网页的各种逻辑交互。现在小程序也用它来实现交互逻辑。

　　目前小程序支持的JavaScript规范的最高版本是ECMAScript6，简称ES6。本书会按照ES6的标准介绍JavaScript基础。如果没有接触过JS开发，可以简单地将ES6理解为JavaScript语言的第6个版本。如果之前接触过JS开发，却不了解什么是ES6，那么很有可能你了解的是JavaScript的ES5标准，用ES5标准开发小程序的JavaScript逻辑也是可以的。

　　在开发时，请在项目设置中开启"ES6转ES5"选项，如图2.41所示。这样小程序才可以支持JavaScript的ES6标准。

✓ ES6 转 ES5

图2.41　开启"ES6转ES5"选项

2.4.2　JavaScript基础

扫一扫，看视频

　　JavaScript中的主要概念有数值、变量、常量、运算符、语句、条件分支、循环语句、函数等，下面依次对它们进行介绍。

　　1. 数值

　　数值是用于表示数据的一种量，在JavaScript中的数值有几种不同的数据类型，分别是number、boolean、string、null、Array和Object。这几种类型实际上就是介绍JSON格式时提到的几种类型（前面也提到过，JSON实际上就是JavaScript中的一种数据格式）。

　　2. 变量

　　变量是用于存储数值的容器，可以将任何数值存储到一个变量中，之后需要这个数值时可以再从变量中读取到它。

　　使用变量时，需要为变量起一个名字，名字中可以包含英文、数字和下划线（但是不能以数字开头），然后用关键词let声明它是一个变量。将数值存储到变量中时，需要使用赋值符号"="，它是一个等于号，表示将右侧的值存入左侧的变量中。例如，下面的代码所示。

```
let variable_1 = true   // 声明第一个变量 variable_1，并为它赋值为 true
let var_2 // 声明另一个变量 var_2，声明变量时可以不为它赋值，此时它的值为 undefined
let v3 = variable_1     // 声明第三个变量 v3，并将变量 variable_1 中的值 true 赋给它
let v4 = variable_1     // 变量中的值可以反复使用，v4 的值也是 true
let variable_1 = 123    // 将 variable_1 的值修改为 123，变量 v3 和 v4 的值仍然是
                           true
// 以下为错误示范
```

```
let v5 =                    // 错误：等号后面不能什么都不写
let let = null              // 错误：let 是关键词，不能作为变量名和常量名
```

3. 常量

常量也是用于存储数值的容器，它与变量类似，需要用关键词const声明。例如，下面的代码所示。

```
const title = "我的小程序"   // 声明一个常量 title，并将一个 string 类型的值赋给它
const const_from_var = variable_1 // 可以将变量的值赋给常量，反过来也可以以常量
                                     赋值给变量
// 以下为错误示范
title = "我们的小程序"       // 错误：常量只能在最开始赋值一次，后面不能修改
const my_const              // 错误：常量在声明时必须赋一个初始值
const const = 3             // 错误：const 是关键词，不能作为常量名和变量名
```

4. 运算符

使用运算符可以将数值、常量和变量进行运算，然后产生新的数值。常见的运算符有算术运算符、比较运算符和逻辑运算符。

算术运算符包括加（+）、减（-）、乘（*）、除（/）、求余（%）。例如，下面的代码所示。

```
3 + 4                       // 加法运算符，得到数值为 7
const pi = 3.14
let area = pi * 3 * 3       // 运算符可以多次使用，运算得到的结果可以保存到一个变量中
let a = (1 + 3) * 4         // 运算符具有优先级，可以使用小括号改变优先级
```

常用的比较运算符包括等于（===）、不等于（!==）、小于（<）、大于（>）、小于等于（<=）、大于等于（>=），比较运算符的运算结果为布尔类型。例如，下面的代码所示。

```
1 === 3                     // 结果为 false
1 !== 3                     // 结果为 true
let judge = 1 < 3           // 结果为 true，并存入 judge 变量
const result = 1 > 3        // 结果为 false，并存入 result 常量
```

注意：等于运算符中包含3个等号，不等于运算符中包含1个叹号和2个等号。

在进行比较运算时，如果等号左右两侧的数值类型不同，那么直接返回false；反之，如果不等号左右两侧的数值类型不同，那么直接返回true。在实际中，有时也会用到另外两个比较运算符"=="和"!="。用它们进行比较时，如果左右两侧的数值类型不同，会先通过某种转换规则将左右两侧的值转换为同一类型的值，再进行比较运算。不过建议读者平时使用"==="和"!=="做数值比较，以免出现程序逻辑与预期不相符的情况。

常用的逻辑运算符包括逻辑与（&&）、逻辑或（||）、逻辑非（!），逻辑运算符主要是对布尔类型的数值进行运算。代码如下：

```
true && true    // 结果为 true，只有两侧值都是 true 时结果才为 true
true && false   // 结果为 false
```

```
false && true      // 结果为 false
false && false     // 结果为 false
false || false     // 结果为 false, 只有两侧值都是 false 时结果才为 false
true || false      // 结果为 true
false || true      // 结果为 true
true || true       // 结果为 true
!true              // 结果为 false
!false             // 结果为 true
```

5. 语句

上面为变量、常量赋值及做各种运算的指令都被称为语句,每一个语句按照从上到下的顺序执行。

扫一扫, 看视频

6. 条件分支

有时需要通过运算的结果来判断需要执行哪些语句,这时就需要用到条件分支。其代码如下:

```
        // 样例 1
// 假如 count 是一个变量, 里面已经保存了一个数字类型的数值
let price
if (count > 100) {
  price = 5        // 如果 count > 100, 就会执行这个大括号中的内容, 将 price 赋值为 5
} else if (count > 50) {
  price = 7        // 如果 count <= 100 且 count > 50, 就会执行这个大括号中的内容
} else {
  price = 10       // 如果 count <= 50, 就会执行这个大括号中的内容
}


// 样例 2, 条件分支可以没有 else if 代码块
// 假如 result 是一个变量, 里面已经保存了一个布尔类型的数值
if (result) {
  // do something  // 如果 result 为 true, 执行这里的语句, 大括号中语句可以有多条
} else {
  // do something else // 如果 result 为 false, 执行这里的语句
}


// 样例 3, 条件分支也可以没有 else 代码块
// 假如 res 是一个变量
if (res === "error") {
  // do something      // 如果 res 是字符串 error, 那么执行这里的语句
}
```

扫一扫，看视频

7. 循环语句

可以使用循环语句完成一些重复性的工作，JavaScript中支持for循环、while循环和do-while循环。

for循环的结构如下。

```
for (语句1; 语句2; 语句3) {
  // do something
}
```

for循环首先包括一个关键字for，后跟一个小括号和一个大括号。大括号内是一些代码，每次循环时都会执行它们。小括号内有三个项目，以分号分隔，分别如下。

（1）语句1：用于初始化一个变量，它被递增来计算循环运行的次数，这个变量有时也被称为计数变量。

（2）语句2：定义何时停止循环的退出条件，通常是一个比较运算符的表达式。

（3）语句3：每次执行完大括号中的语句都执行一次，通常用于增加（或减小）计数变量，使其更接近退出条件值。

for循环的执行顺序为：语句1，语句2，大括号中的语句，语句3。

下面是for循环的一个例子。

```
// 样例1：for循环，计算1到5000的和
let result = 0                    // result变量用于保存结果
for (let i=1; i<=5000; i=i+1) {   // i初始为1，只要i<=5000，就执行下面的语句，
                                  //     然后i加1
  result = result + i            // i会从1循环到5000，每次都将i的值加入
                                  //     result变量中
}
```

while循环与for循环类似，两者可以相互转换。将for循环改写为while循环的代码如下。

```
语句1
while (语句2) {
  // do something
  语句3
}
```

这一结果完全等价上面的for循环结构，有时也会更好理解。将for循环的样例改写成while循环。代码如下：

```
// 样例2：while循环，计算1到5000的和
let result = 0                    // result变量用于保存计算结果
let i = 1                         // i初始设置为1
while (i <= 5000) {               // 只要i小于等于5000，就执行大括号中的代码
  result = result + i            // 每次循环时，将result的值与i的值相加，并重新
                                  //     存入result变量
  i = i + 1                      // 将i的值加1，这个语句有一个简单的写法i++，可
```

以将 i 的值加 1
```
}
```

如果确定循环至少会执行一次，也可以使用do-while循环。do-while循环与while循环类似，只不过它会先执行一次大括号中的语句，再去判断语句2。do-while循环的代码结构如下：

```
语句 1
do {
  // do something
  语句 3
} while (语句 2)
```

将样例改写成do-while循环。代码如下：

```
// 样例 3：do-while 循环，计算 1 到 5000 的和
let result = 0                 // result 变量用于保存计算结果
let i = 1                      // i 初始设置为 1
do {                           // 直接进入循环，先执行一次，再判断退出条件
  result = result + i          // 每次循环时，将 result 的值与 i 的值相加，并重新
                                  存入 result 变量
  i++                          // 将 i 的值加 1
} while (i <= 5000)            // 只要 i 小于等于 5000，就执行大括号中的代码
```

扫一扫，看视频

8. 函数

如果有一些语句组合起来可以执行某种功能，可以把它们写成一个函数，这样就可以通过一个简短的命令调用这些代码。使用下面的代码可以声明一个函数。

```
function 函数名 () {
  // do something
}
```

函数名的命名规则与变量、常量相同，声明函数时，函数内的代码并不会执行，只有当调用函数时，才会执行函数中的代码。函数调用的语句如下：

```
函数名 ()
```

函数可以通过参数列表传入一些数值，并通过return语句将计算结果返回给调用的地方。它的格式如下：

```
function 函数名 (参数 1，参数 2) {
  // do something
  return 返回值
}

let result = 函数名 (参数 1，参数 2)
```

下面看一个简单的例子（实际中函数会完成比较复杂的功能）。

```
function add(x, y) {        // 定义一个函数 add，这个函数可以传入两个参数
```

```
    return x + y              // 将传入的参数 x 和 y 相加，并返回
}
const c = 2
let sum = add(c, 3)           // 调用函数 add，传入参数 c 和 3，此时得到返回结果 5，存入
                              sum
```

注意：函数有时又被称为方法。

以上就是JavaScript的基础内容，JavaScript语言还有很多用法在这里没有介绍到，限于篇幅本书不能详尽地介绍JavaScript的全部内容，建议读者遇到不懂的地方自行翻阅书籍或查询资料。下面本书将介绍如何使用JavaScript实现小程序的逻辑。

2.4.3 App注册

小程序的app.js文件实现了小程序App的注册。它的主要逻辑如下：

```
App({})
```

可以看到，app.js文件实际上只做了一件事：调用App函数，并传入一个对象作为参数。在上面这一行代码中，传入App函数的对象没有任何内容。在开发时，可以为它添加一些属性，如生命周期回调函数、错误监听函数、全局变量等。

一个完整的App注册代码如下：

```
App({
  onLaunch(options) {    // 生命周期函数，小程序打开时执行一次
  },
  onShow(options) {      // 生命周期函数，小程序打开时和每次小程序切换到前台都会执
                            行一次
  },
  onHide() {             // 生命周期函数，每次小程序切换到后台都会执行一次
  },
  onError(msg) {         // 错误监听函数，每次小程序 JS 代码报错都会调用一次
  }
})
```

由于在介绍JSON对象时还没有讲到JS函数的内容，因此读者可能对上面几个函数的语法有些陌生。在JavaScript中，函数本质上也是一种对象，因此它也可以在Object中写成key-value的形式。下面这种写法是对象里面函数最标准的格式：

```
// 通用格式
{
  key: function 函数名（参数）{
  }
}
// 样例
```

```
{
  onLaunch: function onLaunchFunc(options) {
  }
}
```

然而这种写法比较烦琐，在实际开发中经常对它进行简化。由于在对象中可以通过key找到value，因此在简化时可以将函数的名称去掉，如下面的代码所示。

```
// 通用格式
{
  key: function（参数）{   // 函数名称可以简化
  }
}
// 样例
{
  onLaunch: function(options) {
  }
}
```

在对象中还能更进一步简化函数的写法，可以将function关键词去掉，将key和value合并起来，如下面的代码所示。

```
// 通用格式
{
  key（参数）{
  }
}
// 样例
{
  onLaunch(options) {
  }
}
```

在App注册时，实际上就是为小程序定义了一些生命周期函数和全局变量。这样当小程序的执行环境变化时（如单击home键将小程序从前台切换到后台时），小程序就会自动调用定义好的函数去执行对应的语句，实现一些功能。因此开发者需要做的事情就是想清楚小程序在特定时需要执行什么样的语句，然后将这些语句写在生命周期函数和错误监听函数中就可以了。

在App中，除了生命周期函数和错误监听函数以外，开发者还可以自定义一些全局的变量或者其他自定义函数，用于实现一些功能。在App的函数中，用this关键词可以访问这些自定义的函数和变量，如下面的代码所示。

```
App({
  test: null,              // 自定义的全局变量 test
```

```
  myFunc() {
    this.test = 123        // 通过 this 关键词可以访问到 App 中的变量
  },
  onLaunch(options) {
    this.myFunc()          // 通过 this 关键词可以调用 App 中的函数
  }
})
```

2.4.4　Page注册

在app.js文件中是小程序App的注册，接下来看一下每个页面的JS文件。小程序在每个页面的JS文件中实现了页面的注册逻辑，页面的注册逻辑与App的注册很像。页面注册逻辑的代码格式如下：

```
Page({
  data: {                          // data 属性用来定义页面的初始数据
    text: 'This is page data.'// 设置页面初始拥有一个变量 text，其值为 string 类
                                     型
  },
  onLoad(options) {                // 生命周期函数，页面打开时执行一次
  },
  onShow() {                       // 生命周期函数，页面打开时和每次页面切换到前台都
                                      会执行一次
  },
  onReady() {                      // 生命周期函数，页面初次渲染完毕时执行一次
  },
  onHide() {                       // 生命周期函数，每次页面切换到后台都会执行一次
  },
  onUnload() {                     // 生命周期函数，页面退出时执行一次
  },
  onPullDownRefresh() {            // 监听页面下拉动作，页面下拉时执行一次
  },                               // 需要在 JSON 中设置开启 enablePullDownRefresh 选项
  onReachBottom() {                // 页面上拉触底事件的处理函数
  },                               // 可以在 JSON 中设置 onReachBottomDistance 调
                                      整触发事件的距离
  onShareAppMessage() {            // 设置用户转发页面时的转发标题、路径和预览图片
  },
  onPageScroll() {                 // 页面滚动事件的处理函数
  },
  onResize() {                     // 屏幕旋转事件的处理函数
  },
```

```
    onTabItemTap(item) {              // 如果在 JSON 中开启了 tab 页，单击页面中
                                      的 tab 会触发本函数
      console.log(item.index)         // 在调试器 Console 中打印参数对象中的
                                      index 属性
      console.log(item.pagePath)      // 在调试器 Console 中打印参数对象中的
                                      pagePath 属性
      console.log(item.text)          // 在调试器 Console 中打印参数对象中的
                                      text 属性
    }
})
```

可以看到，Page注册比App注册多了一些生命周期函数和事件处理函数。除了上面列出的属性以外，开发者同样可以在Page注册中自定义一些函数和变量，使用方法与App注册中的自定义函数和变量相同。

需要特别注意的是，Page注册中有一个data属性。这个属性不是用户自定义的属性，而是小程序规定的属性。它是页面中的初始数据，在Page注册的函数中可以通过this.data.text访问到data中的变量text。

2.4.5　将数据显示在视图中

data属性是一个Object变量，这里的数据可以绑定到视图中，方法十分简单，只需要在WXML代码中使用双大括号语法就可以了。代码如下：

```
<text>{{text}}</text>
```

这段代码可以将data属性中的text变量显示在页面中。初始情况下text变量的值为"This is page data."，因此这段字符串会显示在text组件中。如果希望在某个情况下修改text组件中文字的内容，只需要在Page注册的函数中执行this.setData函数，就可以更新data属性中的数据，同时将更新的数据显示到页面中。例如，在页面滚动到底时，将text的值修改，代码如下。

```
Page({
  onReachBottom() {
    this.setData({
      text: 'Page data is updated.'
    })
  }
})
```

注意：如果要在函数中修改data属性中的值，不能直接通过赋值的方式进行修改，必须使用setData函数，否则无法触发页面渲染的逻辑，无法将更新的数据同步显示到页面中。

2.4.6 页面组件事件处理

为了实现交互功能，在页面注册中还需要加入组件事件处理函数，这样当用户单击页面中的一个组件时就可以执行一些语句。

首先需要在Page注册中加入事件处理函数。代码如下：

```
Page({
  handleTapItem(event) { // 定义一个事件处理函数，传入一个参数 event
    console.log('The item is tapped.')      // 在调试器 Console 中打印一些信息
    console.log(event.target.dataset.hi) // 在调试器 Console 中打印从视图层传
                                                    递过来的数据
  }
})
```

handleTapItem实际上就是用户在页面注册中自定义的一个函数。下面需要在WXML代码中将它绑定到组件上面，这样在单击组件时就可以触发该函数了。WXML代码如下：

```
<view bindtap="handleTapItem" data-hi="WeChat">页面按钮 </view>
```

在WXML的组件中增加一个bindtap属性，属性的值写成JS中的事件处理函数的名字，就可以将事件处理函数与组件的单击事件关联起来。如果组件中有类似于data-hi这样的以"data-"开头的属性，那么这些属性会通过事件处理函数的参数传入event.target.dataset属性中，key为"data-"后面的字符串，value为属性的值。

2.4.7 小程序API

在App注册的函数与Page注册的函数中，开发者可以使用微信提供的小程序API实现很多有用的功能，如获取用户信息、本地存储、实现支付功能等。

小程序API本质上是小程序提供的一系列函数，这些函数位于wx对象中。在App注册的函数与Page注册的函数中可以直接获取wx对象。

例如，如果需要在打开页面时弹出一个等待提示框，可以在Page的onShow函数中实现。

```
Page({
  onShow() {
    wx.showLoading({
      title: '加载中',
    })
  }
}
```

当进入该页面时，就可以在页面中显示提示，效果如图2.42所示。

图2.42　使用微信API显示等待提示框

　　到这里读者就已经掌握了小程序开发的基础知识。在后面的章节中，我们会从零开始实现一个完整的微信小程序，并在这个过程中对微信提供的组件和API进行详尽的介绍。

第3章 开发第一个小程序

前面介绍了小程序的项目结构，读者对于如何开发小程序已经有了整体的认识。在接下来几个章节中，将深入小程序开发的技术细节，从零开始开发一个完整的小程序，并在开发的过程中全面介绍小程序的功能。

本章主要包括以下内容。

（1）介绍开发需求，了解接下来几章要做的小程序是什么样子的。

（2）小程序常用组件的功能和使用方法。

（3）初识组件的事件处理函数。

（4）数据在视图层与逻辑层的双向传递。

（5）wx:for列表渲染。

（6）wx:if条件渲染。

（7）实现页面分享功能。

（8）使用tab栏切换页面。

3.1 认识开发需求：投票小程序

作为一名软件开发者，在开发任何一个程序之前，都需要尽可能清晰地了解软件开发的需求。"需求"是一个专业术语，简单来说，它是指你要做的软件最终需要具有什么样的功能。如果需求没有确定清楚就开始编写程序，那么做出来的程序极有可能不符合预期，需要修改甚至重做。

在这个例子中，需求非常简单：实现一个投票小程序。用户可以使用这个小程序制作一个投票链接，并分享到微信群中让大家来参与这个投票，最终在小程序中统计投票的结果。投票的类型可以是单选或者多选，创建投票时可以设置是否为匿名投票，每个投票还可以设置截止期限，如果超过截止期限，用户就不能再参与投票。

3.1.1 投票小程序首页

投票小程序的首页是一个十分简洁的页面，主要包含两个按钮：单选投票和多选投票。单击这两个按钮可以进入创建投票的页面，分别用于创建单选投票和多选投票。页面底部存在一个tab栏，可以切换到我的投票页面。页面效果如图3.1所示。

3.1.2 创建投票页面

创建投票时，用户需要填写投票标题、补充描述和选项内容，并设置投票的截止日期和匿名投票等选项。创建单选投票的页面效果如图3.2所示。

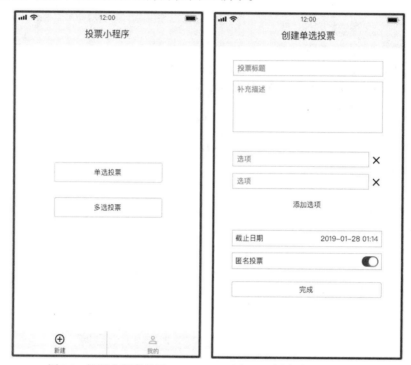

图3.1　投票小程序首页　　　图3.2　创建单选投票页面

除了一些文字以外，创建多选投票的页面与创建单选投票页面几乎是完全一样的。

3.1.3 参与投票页面

用户创建好一个投票以后，可以把它分享到微信群中，其他用户单击分享的小程序卡片即可进入参与投票的页面。在这个页面中，用户可以看到投票标题、补充描述和截止日期，并且可以在设置好的选项中选择自己想要选中的选项。页面效果如图3.3所示。

用户提交了自己的投票以后，还可以在这个页面中查看当前的投票统计。页面效果如图3.4所示。

图3.3 参与投票页面（投票前）

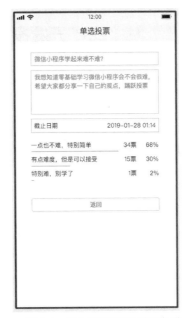

图3.4 参与投票页面（投票后）

3.1.4 我的投票页面

我的投票页面主要记录了用户参与的所有的投票，页面中主要是一个列表，列表的每一项是用户参与的投票的标题名称。页面效果如图3.5所示。

图3.5 我的投票页面

3.2　开发投票小程序的首页

　　明确了小程序的开发需求后，接下来要注册小程序账号，创建小程序项目，这两步读者已经可以自己完成了。在本节中，我们一起来做好小程序的初始配置，并开发出小程序的首页，同时还会认识一个新的页面组件image组件。

3.2.1　小程序的初始配置

　　项目初始的目录结构如图3.6所示。

图3.6　项目初始的目录结构

　　为了能让小程序运行起来，需要在app.js中加入注册小程序的逻辑。内容如下：

```
App({
  onLaunch() {
    // 小程序生命周期函数 onLaunch，小程序启动时会调用它
  }
})
```

　　在app.json中需要设置小程序的页面路径。内容如下：

```
{
  "pages":[
    "pages/index/index"
  ]
}
```

　　注意：在app.json中添加了首页的页面路径后，如果此时还没有创建index目录，微信开发者工具会自动创建index目录和目录下面的四个文件，这些文件中会有一些自动创建的内容，目前先不关注这些自动创建的内容，可以将它们删除。

　　在pages/index/index.js中加入页面的注册逻辑。内容如下：

```
Page({
```

```
onLoad() {
    // 页面生命周期函数 onLoad，进入页面时会调用它
    }
})
```

在pages/index/index.json中加入一个空的配置。内容如下：

```
{}
```

加入了以上代码后，小程序就有了一个页面，并且可以在模拟器中正常运行起来了。现在这个小程序还没有任何内容，可以在pages/index/index.wxml中为它先增加一个view组件，作为最外层的视图容器组件。代码如下：

```
<!-- 一般每个页面的最外层都用一个 view 组件包起来 -->
<view class="container">
    <!-- 在这里添加页面的内容 -->
</view>
```

接下来对小程序的页面进行一些配置。在app.json中加入小程序导航栏的设置。修改后内容如下。

```
{
    "pages":[
        "pages/index/index"                      // 指定小程序首页的页面路径
    ],
    "window":{
        "backgroundTextStyle":"light",           // 全局指定下拉 loading 的样式
        "navigationBarBackgroundColor": "#fff",  // 全局指定导航栏背景颜色为白色
        "navigationBarTitleText": " 投票小程序 ", // 全局指定导航栏文字内容
        "navigationBarTextStyle": "black"        // 全局指定导航栏标题颜色为黑色
    }
}
```

注意:JSON文件中实际上不支持加入注释，上述代码中双斜线//开始的注释只是为了方便读者理解，实际开发中不可在JSON文件中加入注释。

在app.wxss中加入小程序的全局样式，内容如下：

```
page {
    /* 设置 page 高度为100% */
    height: 100%;
}
.container {
    /* 一般会把每个页面的最外层 view 组件的 class 设置为 container,
       在这里把它的高度设置为100%，表示让它占满整个页面 */
    height: 100%;
}
```

在这个WXSS文件中使用了一个特殊的标签选择器page。虽然开发者没有在WXML代码中加入page组件，可是微信小程序会把它加在每一个页面的最外层。从调试器的"Wxml面板"可以看到它的存在，如图3.7所示。

就目前来说，page组件没有特殊的用处，因此在开发时只需要将它的高度设置为100%，后面就可以忽略它的存在了。

以上代码为小程序加入了一些全局的界面配置和样式设置。通过前面的学习，我们知道小程序也可以对页面进行单独的配置，如可以修改index.json文件的内容，单独指定首页的导航栏的文字内容。

```
{
  "navigationBarTitleText": "投票小程序 - 首页"
}
```

这样首页导航栏的标题文字就会使用index.json中的设置，而忽略app.json中的全局设置。而在index.json中未特殊设置的内容，则依旧会使用app.json中的全局配置。

设置了导航栏的小程序首页如图3.8所示。

图3.7　小程序在页面最外层添加了一个page组件　　图3.8　设置了导航栏的小程序首页

3.2.2　开发初始页面布局

接下来要在首页中添加内容。首页中有"单选投票"和"多选投票"两个按钮，可以使用view组件作为一个按钮。在pages/index/index.wxml中添加如下代码，指定首页的页面结构。

```
<view class="container">
  <view class="btn">单选投票 </view>
  <view class="btn">多选投票 </view>
</view>
```

一般情况下，每个页面的最外层都用一个view组件包起来，并且这个view组件的class被设置为container。这样一来，这个组件就会使用app.wxss中配置好的样式将高度设置为100%，占满整个屏幕。

在页面单独的wxss中，如果为container这个class设置样式，那么在这个页面中class为container的view组件就会加入页面特有的样式，其他页面的container则不会受影响。这里在pages/index/index.wxss中添加页面样式，将页面做一些美化。

```
/* 为 class 为 container 的组件添加样式 */
.container {
  display: flex;
                              /* 使用 flex 布局 */
  flex-direction: column;
                              /* 设置布局方向为纵向 */
  justify-content: center;    /* 在布局方向上居中 */
}
/* 为 class 为 btn 的组件添加样式 */
.btn {
  margin: 20rpx;                  /* 设置按钮外边距 */
  padding: 10rpx;                 /* 设置按钮内边距 */
  border: 1rpx solid #26AB28;     /* 设置按钮边框 */
  border-radius: 20rpx;           /* 设置按钮边框四个角的圆角半径 */
  text-align: center;             /* 设置按钮内容居中 */
  color: #26AB28;                 /* 设置按钮文字颜色 */
}
```

这样小程序首页的布局就完成了，预览效果如图3.9所示。

图3.9 小程序首页预览

3.2.3 使用image图片组件

现在小程序的首页内容过于简单，看上去有些单调。可以使用image组件插入一些图片，丰富页面的内容。image组件通常不包含内容，因此可以使用单标签的形式，代码如下：

```
<image src="…" />
```

image组件有3个常用的属性：src、mode和lazy-load。其中src指定图片文件的路径，mode指定图片的显示模式，两个属性都是string类型。lazy-load是boolean类型的属性，默认为false，如果设置为true就会开启懒加载模式，当页面滚动到离图片很近时（上下三屏以内）才开始加载图片内容，它的基础库最低版本要求是1.5.0。

使用image组件时，一般都会在样式文件中为它指定一个特定的大小，这样image组件的大小就会与原始图片不一样，需要进行缩放或者裁剪。mode属性就是用来指定如何对图片进行缩放或裁剪的属性。mode属性的显示模式一共有13种，其中4种是缩放模式，9种是裁剪模式，它们的取值和效果说明如表3.1所示。

表3.1　mode属性的有效值和说明

模式类型	值	说　　明
缩放	scaleToFill	不保持纵横比缩放图片，使图片的宽高完全拉伸至填满 image 元素
	aspectFit	保持纵横比缩放图片，使图片的长边能完全显示出来。也就是说，可以完整地将图片显示出来
	aspectFill	保持纵横比缩放图片，只保证图片的短边能完全显示出来。也就是说，图片通常只在水平或垂直方向是完整的，另一个方向将会发生截取
	widthFix	宽度不变，高度自动变化，保持原图宽高比不变
裁剪	top	保持图片原始大小，如果超出image区域，只显示图片的顶部区域
	bottom	保持图片原始大小，如果超出image区域，只显示图片的底部区域
	center	保持图片原始大小，如果超出image区域，只显示图片的中间区域
	left	保持图片原始大小，如果超出image区域，只显示图片的左边区域
	right	保持图片原始大小，如果超出image区域，只显示图片的右边区域
	top left	保持图片原始大小，如果超出image区域，只显示图片的左上边区域
	top right	保持图片原始大小，如果超出image区域，只显示图片的右上边区域
	bottom left	保持图片原始大小，如果超出image区域，只显示图片的左下边区域
	bottom right	保持图片原始大小，如果超出image区域，只显示图片的右下边区域

在项目中新建一个imgs目录，用来放置需要的图片文件，如图3.10所示。

有了图片文件，就可以在WXML文件中加入image组件了。代码如下：

```
<view class="container">
  <view class="btn">
    <image class="btn-img" src="/imgs/btn-img1.png" mode="widthFix"></
    image>
```

```
    单选投票
  </view>
  <view class="btn">
    <image class="btn-img" src="/imgs/btn-img2.png" mode="widthFix"></
    image>
    多选投票
  </view>
</view>
```

接下来还需要修改pages/index/index.wxss文件中的内容，为图片组件增加样式。wxss文件中新增的代码如下：

```
.btn {
  /* 省略已有的代码 */
  display: flex;               /* 使用 flex 布局，布局方向默认为横向 */
  justify-content: center;     /* 在布局方向上居中 */
  align-items: center;         /* 在布局方向的垂直方向上居中 */
}
/* 为 class 为 btn-img 的组件添加样式 */
.btn-img {
  width: 50rpx;                /* 设置图片宽度 */
  margin-right: 30rpx;         /* 设置图片右侧边距 */
}
```

加入了image组件的首页就比刚才更好了一些，效果如图3.11所示。

图3.10　新建imgs目录　　　图3.11　加入了image组件的首页

3.2.4 使用text文本组件

在首页的WXML代码中，按钮上面的"单选投票"和"多选投票"文字是直接包含在class为btn的view组件中的。如果想修改文字的样式，在这个例子中可以对btn添加样式设置。当view组件中有多段文字时，如果只想修改其中一段文字的样式，那么就需要在这段文字的外面再包装一个组件，通常使用text组件包装文字内容。以"单选投票"按钮为例，代码如下：

```
<view class="btn">
  <image class="btn-img" src="/imgs/btn-img1.png" mode="widthFix"></
  image>
  <text class="btn-txt">单选投票</text>
  <text class="btn-desc">创建一个单选投票</text>
</view>
```

这样就可以在wxss文件中为btn-txt和btn-desc分别添加样式了，加入如下代码。

```
.btn-desc {
  font-size: 10pt;          /* 设置字体大小 */
  margin-left: 25rpx;       /* 设置左侧边距 */
}
```

加入了text组件的按钮，其效果如图3.12所示。

图3.12　加入了text组件的按钮

3.3　开发创建投票页面

本节要开发小程序的创建投票页面。创建投票页面一共有两个：一个是创建单选投票的页面；另一个是创建多选投票的页面。本节中，我们先来实现创建单选投票的页面，然后实现创建多选投票的页面。

用户在创建投票的页面中填写投票内容，然后单击"提交"按钮将它们保存。通常将这一类让用户填写信息并提交的页面称为"表单页面"。表单中主要包括输入框、选择器和开关等组件，这类让用户填写内容的组件被称为"表单组件"。在本节中，我们将了解到很多常用的表单组件。

3.3.1 创建小程序的第二个页面

开发一个新的页面前需要先在项目中创建相关的文件。首先在app.json文件的pages属性中声明第二个页面。代码如下。

```
{
  "pages": [
    "pages/index/index",
    "pages/createVote/createRadioVote"
  ]
}
```

保存后，微信开发者工具会自动创建出这个页面的四个文件，如图3.13所示。

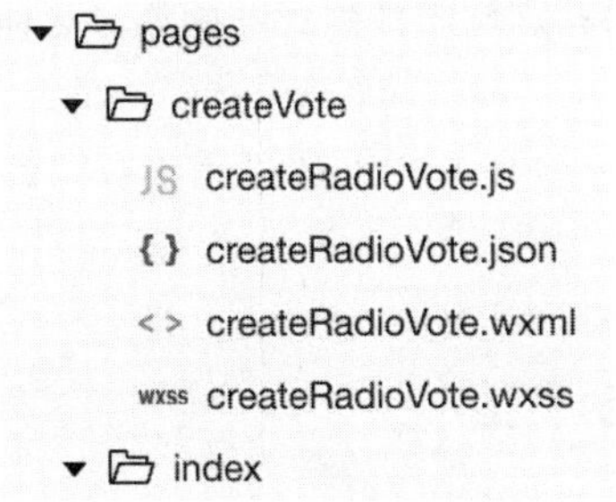

```
▼ 📁 pages
    ▼ 📁 createVote
        JS  createRadioVote.js
        {}  createRadioVote.json
        <>  createRadioVote.wxml
        WXSS createRadioVote.wxss
    ▼ 📁 index
```

图3.13 微信开发者工具自动创建了第二个页面的四个文件

修改createRadioVote.json文件，将这个页面的标题设置为"创建单选投票"。代码如下。

```
{
  "navigationBarTitleText": " 创建单选投票 "
}
```

现在小程序项目中已经有了两个页面，但是两个页面之间还不能互相跳转，所以在模拟器中看不到第二个页面的显示效果。在pages/index/index.js文件中增加一个onTapCreateRadioVote函数，作为小程序首页中单击"创建单选投票"按钮的事件处理函数。代码如下。

```
Page({
  onLoad() {
    // 页面生命周期函数 onLoad，进入页面时会调用它
  },
  onTapCreateRadioVote() {
    wx.navigateTo({
      url: '/pages/createVote/createRadioVote'
    })
  }
})
```

尽管目前还没有讲到小程序的API，但是这个函数易于理解，它可以让小程序跳转到createRadioVote页面。接下来，在pages/index/index.wxml文件中将这个函数绑定到"创建单选投票"按钮上。代码如下。

```
<view class="btn" bindtap="onTapCreateRadioVote">
```

```
        <image class="btn-img" src="/imgs/btn-img1.png" mode="widthFix" />
        <text class="btn-txt">单选投票</text>
        <text class="btn-desc">创建一个单选投票</text>
    </view>
</view>
```

这段代码为view组件增加了一个bindtap属性。bindtap属性的value对应着页面JS文件中的一个函数名,它将这个函数作为单击(tap)事件的监听函数绑定(bind)到组件上,当小程序监听到用户单击该组件时,就会立刻调用被绑定的函数。这样一来,只需要单击首页中的"创建单选投票"按钮就可以跳转到该页面查看页面效果。

注意: 因为页面中的大部分组件都可以被用户单击,因此bindtap是一个很通用的属性,可以应用到几乎所有组件上。

3.3.2 修改模拟器中的启动页面

显然,通过页面跳转的方式预览第二个页面的显示效果是非常不便的。微信开发者工具提供了一个非常方便的功能,可以修改模拟器中的小程序的启动页面,通过这个设置可以将小程序的首页临时修改为pages/createVote/createRadioVote页面。

在工具栏中有一个编译模式的设置,如图3.14所示。

图3.14　工具栏中的编译模式设置

微信开发者工具默认使用的是"普通编译",选择下拉菜单中的"添加编译模式"选项,打开编译模式设置窗口。在设置窗口中,将启动页面选择为刚刚创建的第二个页面,并为这个编译模式起一个便于区分的名称,其他设置保持默认即可,如图3.15所示。

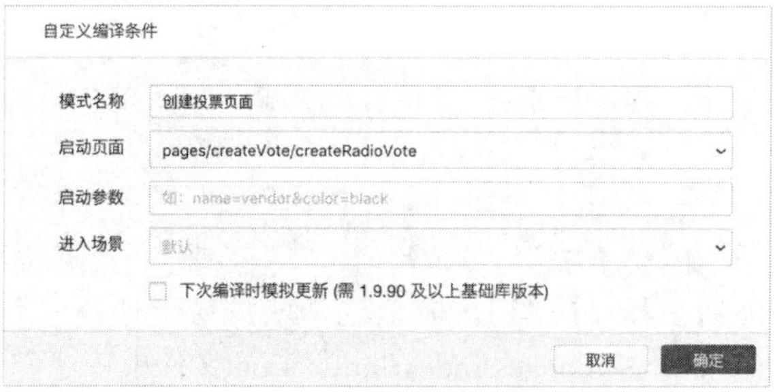

图3.15　添加编译模式

单击"确定"按钮以后,小程序项目会自动编译,等模拟器重新显示出内容后,就可以看到模拟器默认显示的页面已经变成刚刚创建的新页面了，如图3.16所示。

图3.16 在模拟器中预览创建单选投票页面

3.3.3 使用form表单组件

创建单选投票页面是一个表单页面，在这个页面中首先需要一个form表单组件作为所有表单组件的父元素。在createRadioVote.wxml文件中加入form组件，代码如下。

```
<view class="container">
  <form bindsubmit="formSubmit" bindreset="formReset">
    <!-- 在这里添加表单组件 -->
  </form>
</view>
```

bindsubmit和bindreset是form组件最常用的两个属性，从名字就可以看出来它们的功能与bindtap属性类似。它们分别将表单提交（submit）事件和表单重置（reset）事件绑定（bind）到页面JS文件中的两个函数上，当小程序监测到表单提交事件或者表单重置事件时，就会分别调用这两个属性绑定的函数。

显然，组件的单击事件只需要通过用户单击手机屏幕就能触发，而如果想触发表单的提交事件或重置事件，则需要借助另外一个表单组件button，后面介绍button组件时会讲到如何触发这两个事件。

由于现在表单内容还不完整，因此暂时先不在JS文件中实现表单提交和重置的事件处理函数。可以先在createRadioVote.js文件中将两个函数声明出来，并创建一条注释，通过TODO关键字提醒自己以后记得处理相关的内容。代码如下：

```
Page({
  formSubmit() {
    // TODO 表单提交事件处理函数
  },
  formReset() {
    // TODO 表单重置事件处理函数
  }
})
```

3.3.4 使用input输入框组件

现在form组件中不包含任何内容，因此这个页面的预览效果是空白的，本小节就来为页面中增加一个input输入框组件。

input组件拥有很多的属性，表3.2总结了其中一些常用的属性。

表3.2　input组件常用的属性

属性名	类　型	默认值	描　　　述
value	string		输入框的内容
type	string	text	input的类型
password	boolean	false	是否是密码类型
placeholder	string		输入框为空时的提示文字
placeholder-class	string	input-placeholder	指定placeholder的样式类
disabled	boolean	false	是否禁用输入框
maxlength	number	140	最大输入长度，如果设置为-1，则不限制长度
focus	boolean	false	进入表单页面时自动获取焦点
bindinput	eventhandle		键盘输入时触发的事件处理函数
bindfocus	eventhandle		输入框聚焦时触发的事件处理函数
bindblur	eventhandle		输入框失去焦点时触发的事件处理函数
bindconfirm	eventhandle		单击输入法键盘上的完成按钮时触发的事件处理函数

注意：表3.2中的属性要求的基础库最低版本都是1.0.0，因此不用担心兼容性的问题。表3.2中的eventhandle类型实际上是string类型，这几个属性与bindtap类似，也是用于绑定JS文件中的事件处理函数的，因此它们的value通常是JS文件中某个函数的名字。

以上属性中，value属性可以设置输入框的初始内容。如果value属性的值对应着页面JS中的某个变量（如value="{{someData}}"），那么当变量的值改变时，输入框中的内容也会随之改变。

type属性可以设置输入框的类型，修改该属性后，用户在输入框输入内容时就会使用对应类型的键盘，它支持四种取值：text（使用文本输入键盘）、number（使用数字输入键盘）、idcard（使用身份证输入键盘）和digit（使用带小数点的数字键盘）。例如，将type设置为idcard，在小程序中显示的键盘如图3.17所示。

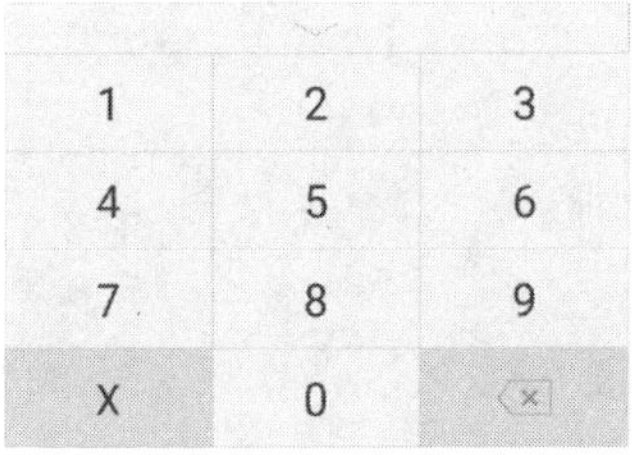

图3.17　身份证输入键盘（支持英文字符X）

password属性用于输入密码的场景，如果设置为true，用户输入的内容会被点号（·）代替，如图3.18所示。

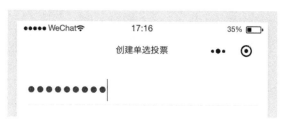

图3.18 password属性为true时，隐藏用户输入的内容

placeholder属性用于提示用户输入框的作用，当输入框的内容为空白时，它就会显示在输入框中。

placeholder-class属性的作用与class类似，也是指定组件的样式类，不过给这个样式类添加样式时，只会修改placeholder文字的样式，而不会影响输入的文字的样式。

disabled属性用于禁用输入框，如果设置为true，用户单击输入框时就不能获得焦点（无法弹出输入键盘），也就不能修改输入框中的内容。这个属性通常用于编辑已有信息时，向用户展示一些无法再修改的信息的场景。

focus属性用于自动获取输入焦点，如果设置为true，当用户进入表单页面中时，会自动获取到该输入框的焦点，并弹出对应的输入键盘，方便用户直接输入内容。

bindinput、bindfocus、bindblur和bindconfirm属性分别用于绑定4种事件处理函数，当某个与输入框有关的事件被触发时，小程序就会调用对应的事件处理函数来处理相关的逻辑。

到现在为止已经介绍了很多用于绑定事件处理函数的组件属性，这些属性的名称有一个共同的特征，它们都是以bind+"事件名称"命名的。

除此之外，被绑定的事件处理函数也有一个共同的特征，它们都有一个Object类型的参数，称为event参数，在这个参数中保存着与本次事件相关的全部信息。例如，屏幕单击事件可以获取用户单击屏幕的位置、单击的组件名称等。

在上面与input组件相关的四个事件中，可以用event.detail.value获取到输入框中当前的内容。例如，先在input组件中设置属性bindinput="onInputChange"，然后在页面JS文件中加入事件处理函数onInputChange。代码如下：

```
Page({
  onInputChange(e) { // 函数的第一个参数就是 event 参数，参数名称可以由开发者决定
    console.log(e.detail.value) // 在控制台打印输入框中的内容
  }
})
```

此时，在输入框中依次输入"1""2""3""4"，可以在调试器的Console面板中看到，每当输入一个数字时，Console中都会打印当前input组件中的内容。这说明每次输入框内容改变时，onInputChange函数都会被调用一次，并且通过e.detail.value可以获取输入框的文字内容，如图3.19所示。

图3.19　调试器Console打印当前input组件中的内容

注意: 如果在事件处理函数中用不到event参数,也可以忽略不写,如pages/index/index.js文件中的onTapCreateRadioVote函数就省略了event参数。

下面就用input组件为创建投票页面增加一个投票标题的输入框。首先在createRadioVote.wxml文件中增加input组件。代码如下:

```
<view class="container">
  <form bindsubmit="formSubmit" bindreset="formReset">
    <input class="form-title" placeholder=" 投票标题 " focus
      placeholder-class="form-title-placeholder"
      bindinput="onTitleInputChange" />
  </form>
</view>
```

注意: 在WXML中,如果希望设置focus属性为true,可以写focus="{{true}}",也可以直接简写为focus。所有boolean类型的属性都支持这种简写。

接下来在createRadioVote.wxss文件中增加一些样式。代码如下:

```
.container {
  padding: 30rpx; /* 设置内边距为 30rpx */
  box-sizing: border-box; /* 设置盒模型宽度和高度的计算方式为 border-box */
}
.form-title {
  color: #333; /* 设置标题输入框字体颜色 */
  font-weight: bold; /* 设置标题输入框字体加粗 */
  font-size: 20pt; /* 设置标题输入框字体大小为 20pt */
  height: 24pt; /* 设置标题输入框高度为 24pt, 输入框一般要比字体大小高一些 */
  border-bottom: 1rpx solid #eee; /* 为标题输入框增加一个下边框 */
  padding: 10rpx 0; /* 设置标题输入框的上、下内边距为 10rpx, 让文字和下边框分开一
                       段距离 */
  box-sizing: content-box; /* 设置标题输入框的盒模型宽度和高度的计算方式为
                              content-box */
}
.form-title-placeholder {
```

```
    color: #ccc; /* 设置标题输入框 placeholder 的字体颜色 */
}
```

最后修改createRadioVote.js文件。代码如下：

```
Page({
  data: {
    formTitle: '' // 用来保存当前投票标题输入框中的内容
  },
  onTitleInputChange(e) {           // 投票标题输入框的输入事件处理函数
    this.setData({                  // 使用 this.setData 函数可以修改 data 对象中
                                    // 的属性

      formTitle: e.detail.value // 输入框内容改变时，立即更新 data 中的
                                //    formTitle 属性

    })
  },
  formSubmit() {
    // TODO 表单提交事件处理函数
  },
  formReset() {
    // TODO 表单重置事件处理函数
  }
})
```

这段代码中增加了一个data对象，在页面JS文件中一般都要使用data对象保存页面中的数据，开发者可以根据实际情况在data对象中增加属性。在这里，data对象中的formTitle属性用于保存当前投票标题输入框中的内容。

另外，代码中还增加了一个onTitleInputChange函数，这个函数在WXML代码中已经被bindinput属性绑定到了input组件上，作为输入框的输入事件处理函数。每次输入框内容改变时，onTitleInputChange函数都会被调用。

this.setData函数可以修改data对象中的属性值，它传入一个Object类型的参数，Object的key表示需要修改的属性的名字，key对应的value是从e.detail.value中取出的值，也就是当前输入框中的内容。这样一来，每次输入框内容改变时，data对象中的formTitle属性都会同步更新。

3.3.5 数据的双向传递

在上面的代码中不难发现，使用事件处理函数可以将数据从视图层传递到逻辑层，通过在组件上绑定事件处理函数，从事件处理函数的event参数中往往可以获取到需要的视图层数据。

视图层中的数据是由小程序管理的，开发者无须关心视图层中的数据具体保存在哪里。而逻辑层中的数据通常保存在data对象中，它必须由开发者自己来管理。微信开发者工具的调试

器中有一个AppData面板,在该面板中可以实时查看页面逻辑层的数据,也就是data对象中保存的数据。如果在投票标题输入框中输入一些内容,就可以看到data对象中的formTitle属性的值也发生了变化,如图3.20所示。

图3.20　调试器AppData面板可以实时查看页面JS中的data对象

注意:data对象中的__webviewId__属性是由小程序自动添加的系统属性,开发者可以忽略它的存在,不要修改它的值。

但是事件处理函数只建立了单向的数据传递,如果反过来,修改逻辑层中的数据,视图层中的数据是无法同步更新的。在AppData面板中修改formTitle属性的值,可以看到模拟器中的文字并没有发生改变,如图3.21所示。

图3.21　修改逻辑层数据,视图层数据并不更新

如果希望建立从逻辑层到视图层的数据传递关系,也非常简单,只需要在input组件中加入一个属性value="{{formTitle}}"即可。修改后的WXML代码如下:

```
<view class="container">
  <form bindsubmit="formSubmit" bindreset="formReset">
    <input value="{{formTitle}}" class="form-title" placeholder="投票标题"
    focus
      placeholder-class="form-title-placeholder"
      bindinput="onTitleInputChange" />
  </form>
</view>
```

在视图层中,通过双大括号语法可以获取逻辑层data对象中的属性值,并且当逻辑层中的数据改变时,小程序会自动刷新视图层中的数据。这时如果再修改调试器AppData面板中formTitle的值,模拟器中的文字就会随之改变,如图3.22所示。

图3.22 修改逻辑层数据，视图层数据随之更新

需要说明的是，通常只有表单组件才需要建立双向传递。对于text这类的组件，用户无法修改它的视图层数据，自然不需要将数据从视图层传递到逻辑层。

另外，建立数据的双向传递并非强制的要求，但它是一个很好的习惯。数据双向传递的优点在于无论在视图层还是在逻辑层修改数据，另外一个地方的数据都会随之更新。有时我们会在代码中修改逻辑层的数据，如果忘记将数据从逻辑层传递到视图层，可能会造成逻辑层与视图层数据的不一致，从而产生莫名其妙的问题。

3.3.6 使用textarea多行输入框组件

接下来介绍textarea组件，它是一个多行输入框组件。textarea组件与input组件相似，不同点是input组件只支持单行文本输入，如果文本宽度超过input组件的宽度，就需要左右滑动文字区域查看超出部分的文字内容。而textarea中的文本宽度如果超过textarea组件的宽度，文本会自动换行处理。表3.3中总结了textarea组件常用的属性。

表3.3 textarea组件常用的属性

属性名	类　型	默认值	描　　述
value	string		输入框的内容
placeholder	string		输入框为空时的提示文字
placeholder-class	string	textarea-placeholder	指定placeholder的样式类
disabled	boolean	false	是否禁用输入框
maxlength	number	140	最大输入长度，如果设置为-1，则不限制长度
focus	boolean	false	进入表单页面时自动获取焦点
auto-height	boolean	false	是否随内容行数增加自动增高
fixed	boolean	false	如果textarea是在一个position:fixed的区域，需要显式指定属性fixed为true
bindinput	eventhandle		键盘输入时触发的事件处理函数
bindfocus	eventhandle		输入框聚焦时触发的事件处理函数
bindblur	eventhandle		输入框失去焦点时触发的事件处理函数
bindconfirm	eventhandle		单击输入法键盘上的完成按钮时触发的事件处理函数
bindlinechange	eventhandle		输入框行数变化时触发的事件处理函数

可以看出，textarea有很多与input组件类似的属性，这里不再重复介绍。值得注意的是，textarea没有type和password属性，而相比于input组件又多了一些属性。

因为textarea中可以输入多行文字，所以一般情况下需要在WXSS中为它设置一个固定的高度。如果不希望指定固定的高度，那么也可以设置auto-height属性为true，这样textarea组件就会随内容行数的增加而自动增高了。

fixed属性没有特别的用处，如果textarea所在的区域中用WXSS设置了position属性为fixed，就必须要将fixed属性设置为true。这是小程序的规定，如果不这么做会有一些显示上的问题。

bindlinechange属性也是textarea组件特有的，它可以为textarea组件绑定一个事件处理函数，当输入框的行数变化时就会调用该函数。不过该函数与其他事件处理函数不太一样，它的event参数中获取不到输入框的内容，而通过event.detail.lineCount可以获取当前输入框的行数。

注意： 实际上event参数携带了很多信息，读者如果有兴趣，可以通过console.log(event)在调试器Console面板中打印出event参数的内容进行查看。

这里使用textarea组件为创建投票页面增加一个用于填写补充描述的输入框。在createRadioVote.wxml文件中input组件的下方增加以下代码。

```
<textarea value="{{formDesc}}" class="form-desc" bindinput="onDescChange"
auto-height
  placeholder=" 补充描述（选填）" placeholder-class="form-text-placeholder"
  />
```

在createRadioVote.wxss文件中为它增加如下样式代码。

```
.form-desc {
  margin-top: 40rpx;      /* 设置输入框的上外边距为40rpx，让它和上面的input组件分
                             开一段距离 */

  width: 100%;            /* 设置输入框的宽度为100%（input组件默认就是100%，因此
                             不用设置）*/

  color: #333;            /* 设置输入框字体颜色 */
  font-size: 14pt;        /* 设置输入框字体大小为14pt */
  border-bottom: 1rpx solid #eee; /* 为输入框增加一个下边框 */
  padding: 20rpx 0;       /* 设置输入框的上、下内边距为20rpx，让文字和边框分开一段
                             距离 */
  box-sizing: content-box;    /* 设置输入框的盒模型宽度和高度的计算方式为
                                 content-box */
}
.form-text-placeholder {
  color: #ccc; /* 设置输入框placeholder的字体颜色 */
}
```

最后，修改createRadioVote.js文件，为textarea组件增加逻辑层的数据变量和事件处理函

数。代码如下：

```
Page({
  data: {
    formTitle: '',            // 用于保存当前投票标题输入框中的内容
    formDesc: ''              // 用于保存当前补充描述输入框中的内容
  },
  onTitleInputChange(e) {     // 投票标题输入框的输入事件处理函数
    this.setData({            // 使用 this.setData 函数可以修改 data 对象中的属性
      formTitle: e.detail.value  // 输入框内容改变时，立即更新 data 中的
                                 // formTitle 属性
    })
  },
  onDescChange(e) {
    this.setData({
      formDesc: e.detail.value
    })
  },
  formSubmit() {
    // TODO 表单提交事件处理函数
  },
  formReset() {
    // TODO 表单重置事件处理函数
  }
})
```

3.3.7　wx:for列表渲染

接下来为创建的投票页面增加一个“添加选项”的功能。为投票设置选项时，也需要用户输入一些文字，因此应该使用input组件。但是与投票标题的设置不同的是，一个投票的选项数量是不确定的，有可能是2个，也可能是5个，甚至还有可能是十几个。

遇到这种不确定数量的组件的情况时，在视图层可以使用wx:for属性对组件进行列表渲染。相对应地，在逻辑层需要使用数组类型的变量保存数据。几乎所有的组件都支持wx:for属性，在wx:for属性中可以绑定一个逻辑层的数组，即可以使用数组中各项的数据重复渲染该组件。

举一个例子，假如在逻辑层data对象中有个数组array，数组中的每一项都是一个Object类型的变量，每个Object中包含一个message属性。代码如下：

```
data: {
  array: [{
    message: 'First message'
  }, {
```

```
    message: 'Second message'
  }]
}
```

在对应的WXML文件中，可以使用这个数组对组件进行列表渲染，下面这段代码所示。

```
<view wx:for="{{array}}">
  {{index}}: {{item.message}}
</view>
```

小程序在渲染页面时，发现view组件中包含wx:for属性，就会根据array中元素的个数重复地渲染这一段代码，array中有几个元素，view组件（包括view组件的内容）就会被渲染几次。在列表渲染时，可以通过index变量获取当前元素的数组下标值，还可以通过item变量直接获取当前元素。

如果在小程序项目中编写以上代码，在调试器区域的Wxml面板中可以看到，经过列表渲染后的WXML的结构如图3.23所示。

图3.23　列表渲染后的WXML的结构

wx:for属性可以嵌套使用，即在列表渲染的组件内还可以对它的子组件进行列表渲染。在嵌套的列表渲染的组件内，不能确定item和index变量是属于父组件的数据还是属于子组件的数据，可以使用wx:for-item属性和wx:for-index属性为它们进行重命名。例如，微信小程序的官方文档中提供了一个九九乘法表的例子。

```
<view wx:for="{{[1, 2, 3, 4, 5, 6, 7, 8, 9]}}" wx:for-item="i">
  <view wx:for="{{[1, 2, 3, 4, 5, 6, 7, 8, 9]}}" wx:for-item="j">
    <view wx:if="{{i <= j}}">
    {{i}} * {{j}} = {{i * j}}
    </view>
  </view>
</view>
```

学习了wx:for属性后，就可以用列表渲染功能为表单增加一些不确定数量的input组件。

先来准备好逻辑层的数据。在createRadioVote.js文件的data对象中增加一个数组类型的变量optionList，用于保存每一个投票选项的内容。代码如下：

```
data: {
  formTitle: '', // 用于保存当前投票标题输入框中的内容
  formDesc: '',   // 用于保存当前补充描述输入框中的内容
  optionList: [] // 使用数组保存每一个投票选项的内容，数组中的每一项都是一个 string
}
```

　　这个数组变量初始为空，需要在界面中增加一个"添加选项"的按钮，当单击按钮时，就向数组中插入一个新的元素。可以使用view组件实现这个功能，在WXML文件中textarea组件的下面增加如下代码：

```
<view class="btn-add-option" bindtap="onTapAddOption">+ 添加选项 </view>
```

在WXSS文件中为按钮增加样式。

```
.btn-add-option {
  font-size: 12pt;
  color: #26AB28;
  padding: 40rpx 0;
}
```

在JS文件中加入该按钮的单击事件处理函数。代码如下：

```
onTapAddOption() {
  const newOptionList = this.data.optionList // 获取当前的 optionList
  newOptionList.push('')           // 在 list 数组中新增一个空字符串，插入数组最后面
  this.setData({
    optionList: newOptionList  // 更新 data 对象中的 optionList
  })
}
```

　　这样一来，每单击一次"添加选项"按钮时，逻辑层的optionList数组就会增加一个元素，可以从调试器的AppData面板中看到逻辑层数据的变化，如图3.24所示。

图3.24　每单击一次"添加选项"按钮，逻辑层的optionList数组会增加一个元素

　　这样，逻辑层的数据就准备完毕了。接下来，利用逻辑层的optionList变量，在WXML文件中使用列表渲染为页面增加投票选项的input组件。修改后的WXML代码如下：

```
<view class="container">
  <form bindsubmit="formSubmit" bindreset="formReset">
```

```
    <input value="{{formTitle}}" class="form-title" placeholder=" 投票标题 "
    focus
      placeholder-class="form-title-placeholder"
      bindinput="onTitleInputChange" />
    <textarea value="{{formDesc}}"
      class="form-desc"
      auto-height
      placeholder=" 补充描述（选填）"
      placeholder-class="form-text-placeholder"
      bindinput="onDescChange" />
    <view wx:for="{{optionList}}" class="form-option">
      <view class="form-input-wrapper">
        <input value="{{item}}"
          class="form-input"
          placeholder=" 选项 "
          placeholder-class="form-text-placeholder"
          bindinput="onOptionInputChange"
          data-option-index="{{index}}" />
      </view>
    </view>
    <view class="btn-add-option" bindtap="onTapAddOption">+ 添加选项 </
    view>
  </form>
</view>
```

这里用两个view组件包裹input组件是为了后面方便实现一些样式，在WXSS代码中为投票选项输入框加入一些样式。

```
.form-option {
  margin-top: 20rpx;
}
.form-input-wrapper {
  color: #333;
  font-size: 12pt;
  border-bottom: 1rpx solid #eee;
  padding: 20rpx 0;
}
```

最后在JS文件中编写投票选项输入框的输入事件处理函数，实现数据在逻辑层与视图层的双向传递。代码如下：

```
onOptionInputChange(e) {
  const newOptionList = this.data.optionList // 获取当前的 optionList
```

```
const changedIndex = e.currentTarget.dataset.optionIndex // 获取当前修改
                                                            的元素的下标

newOptionList[changedIndex] = e.detail.value // 将视图层的数据更新到逻辑层
                                                变量中

this.setData({
  optionList: newOptionList  // 更新 data 对象中的 optionList
})
}
```

在事件处理函数中可以通过e.currentTarget.dataset.optionIndex获取当前修改的元素的下标。实际上这个值是在WXML代码的input组件中由data-option-index属性传入的。如果一个组件上绑定了事件处理函数，就可以通过data-开头的属性向事件处理函数中传递额外的数据，传递的数据会保存在event.currentTarget.dataset对象中，数据的key的名字是data-属性后面的部分，并且会将短横线连接的形式改为形如optionIndex的驼峰式名称。

3.3.8 使用icon图标组件

现在表单中的投票选项可以增加和修改，却不能删除。需要为每一个选项增加一个删除按钮，用户单击按钮可以删除不需要的投票选项。

删除按钮可以通过icon图标组件实现，icon图标组件可以非常方便地在页面中添加一些常用的图标，icon图标组件常用的属性如表3.4所示。

表3.4　icon图标组件常用的属性

属性名	类　型	默认值	描　　述
type	string		icon的类型
size	number/string	23	icon的大小，如果属性值是number，则以px为单位。基础库2.4.0以后支持传入单位（rpx或px）
color	string		icon的颜色，作用与WXSS的color属性一样

icon图标组件的属性都很好理解，这里主要说一下type属性的取值范围。type属性可以传入的有效值主要有success、success_no_circle、info、warn、waiting、cancel、download、search、clear，对应的图标如图3.25所示。

图3.25　icon图标组件支持的图标类型

在这些图标中，可以使用cancel图标当作删除按钮。在WXML代码中加入icon图标组件，修改后form-option中的代码如下。

```
<view wx:for="{{optionList}}" class="form-option">
  <icon type="cancel" bindtap="onTapDelOption" data-option-
```

```
        index="{{index}}"
        class="del-btn" />
    <view class="form-input-wrapper">
      <input value="{{item}}"
        class="form-input"
        placeholder=" 选项 "
        placeholder-class="form-text-placeholder"
        bindinput="onOptionInputChange"
        data-option-index="{{index}}" />
    </view>
  </view>
</view>
```

在WXSS文件中，完善这一区域的样式。代码如下：

```
.form-option {
  margin-top: 20rpx;
  display: flex; /* 设置为 flex 布局，保持默认的横向布局 */
  justify-content: space-between; /* 主轴方向的对齐方式使用 space-between */
  align-items: center; /* 交叉轴上的对齐方式使用 center */
}
.form-input-wrapper {
  color: #333;
  font-size: 12pt;
  border-bottom: 1rpx solid #eee;
  padding: 20rpx 0;
  flex: 1; /* 设置扩展到最大长度 */
}
.del-btn {
  margin-right: 20rpx; /* 与右侧 input 保持一定距离 */
}
```

最后在JS文件中加入单击"删除"按钮的事件处理函数。代码如下：

```
onTapDelOption(e) {
  const delIndex = e.currentTarget.dataset.optionIndex // 获取当前删除的元
                                                          素的下标
  const newOptionList = this.data.optionList.filter( // 筛选当前数组
    (v, i) => i !== delIndex  // 只要不等于被删除元素的下标，就保留元素
  )
  this.setData({
    optionList: newOptionList // 更新 data 对象中的 optionList
  })
}
```

在上面的代码中使用了一个箭头函数。

```
(v, i) => i !== delIndex
```

这个函数实际上是下面这个函数的缩写。

```
(v, i) => {
  return i !== delIndex
}
```

它也可以写成下面这个写法：

```
function(v, i) {
  return i !== delIndex
}
```

这样就可以看出，实际上filter函数中传入了一个匿名函数，这个匿名函数对optionList数组中的每一个元素都会执行一次。数组元素的值和下标分别传入函数的第1、2个参数中，取名为v和i，通过返回true或false，决定是否保留optionList数组中的元素。显然，箭头函数的写法是非常简洁的，读者如果有兴趣可以学习一下JS箭头函数的相关用法。

完成后，界面效果如图3.26所示。

图3.26 完成添加、编辑和删除选项功能

3.3.9 使用picker选择器组件

接下来使用picker选择器组件增加一个设置截止时间的功能。picker是一个从底部弹出的滚动选择器组件。它有3个通用属性，如表3.5所示。

表3.5 picker组件的通用属性

属性名	类　型	默认值	描　　述	最低版本
mode	string	selector	选择器类型	1.0.0
disabled	boolean	false	是否禁用	1.0.0
bindcancel	eventhandle		取消选择时触发的事件处理函数	1.9.0

Picker选择器组件的mode属性的合法值包括:selector (普通选择器)、multiSelector (多列选择器)、time (时间选择器)、date (日期选择器) 和region (省市区选择器)。其中,region的最低基础库版本要求为1.4.0,其他可选值均无兼容性要求。

当mode取值为不同的选择器类型时,picker选择器组件会有一些额外的属性。例如,当mode为selector时,picker选择器组件的额外属性如表3.6所示。

表3.6 普通选择器的额外属性

属性名	类　型	默认值	描　　述
range	array / Object[]	[]	可选内容,当 mode 为 selector 或 multiselector 时,range有效
range-key	string		当 range 是一个 Object Array 时,通过 range-key 来指定 Object 中 key 的值作为选择器显示内容
value	number	0	表示选择了 range 中的第几个(下标从 0 开始)
bindchange	eventhandle		value 改变时触发的事件处理函数

当mode为time时,picker选择器组件的额外属性如表3.7所示。

表3.7　时间选择器的额外属性

属性名	类　型	描　　述
value	string	选择的时间,格式为 hh:mm(如 12:30)
start	string	有效时间范围的开始,格式为 hh:mm
end	string	有效时间范围的结束,格式为 hh:mm
bindchange	eventhandle	value 改变时触发的事件处理函数

当mode为date时,picker选择器组件的额外属性如表3.8所示。

表3.8　日期选择器的额外属性

属性名	类　型	默认值	描　　述
value	string	0	选择的日期,格式为 YYYY-MM-DD(如2019-05-09)
start	string		有效日期范围的开始,格式为 YYYY-MM-DD
end	string		有效日期范围的结束,格式为 YYYY-MM-DD
fields	string	day	选择器的粒度,有效值 year、month、day
bindchange	eventhandle		value 改变时触发的事件处理函数

当mode为region时,picker选择器组件的额外属性如表3.9所示。

表3.9　省市区选择器的额外属性

属性名	类　型	默认值	描　　述
value	array	[]	选中的省市区,默认选中每一列的第一个值
custom-item	string		可为每一列的顶部添加一个自定义的项
bindchange	eventhandle		value 改变时触发的事件处理函数,函数的event参数中还可以拿到区域的邮政编码和统计用区划代码

现在可以使用picker选择器组件的日期为投票增加一个设置截止时间的功能。首先在JS文

件中增加需要的逻辑层数据nowDate和endDate。代码如下：

```
data: {
  formTitle: '', // 用于保存当前投票标题输入框中的内容
  formDesc: '', // 用于保存当前补充描述输入框中的内容
  optionList: [], // 使用数组保存每一个投票选项的内容，数组中的每一项都是一个
                  string
  nowDate: '', // 用于保存今天的日期，作为截止日期有效选择范围的起始日期
  endDate: '' // 用于保存截止日期
}
```

由于这两个变量的初始值需要动态生成，因此最好在生命周期函数onLoad中初始化它们。onLoad函数的调用时机在显示页面内容之前，因此非常适合用于初始化页面中的一些复杂数据。代码如下：

```
onLoad() {
  const now = new Date()          // 新建一个 Date 对象，命名为 now，默认的时间是当
                                     前的时间
  const nowYear = now.getFullYear() // 从 now 中取出年份，返回值为 number 类型
  const nowMonth = now.getMonth() + 1 // 从 now 中取出月份，返回值为 number 类型
  const nowDay = now.getDate() // 从 now 中取出日期，返回值为 number 类型
  // 将年月日拼接成 string 类型的变量
  const nowDate = nowYear +
    '-' + // 年月日分隔符，数字和字符串相加，会先将数字转换为字符串，然后拼接在一起
    ((nowMonth < 10) ? ('0' + nowMonth) : nowMonth) + // 月份如果为单个数字，
                                                        前面补 0
    '-' + // 年月日分隔符
    ((nowDay < 10) ? ('0' + nowDay) : nowDay) // 日期如果为单个数字，前面补 0
  // 调用一次 setData 函数，修改 data 对象中的 nowDate 和 endDate 数据
  this.setData({
    nowDate,  // 等价于 nowDate: nowDate，由于 key 与 value 相同，可以简写
    endDate: nowDate
  })
}
```

在onLoad函数中，首先通过Date对象获取当前的年月日信息，这三个值都是number类型。在这三个值中，月份比较特殊，用0~11表示1~12月，因此需要将getMonth的返回值加1才能得到真正的月份。接下来将年月日变量与短横线"–"相加，number变量与string变量相加时，会先将number类型的数据转换为string类型（如12转换为'12'），然后再将两个字符串拼接。在拼接年月日时，还需要判断月份与日期是否是单个数字，如果是则需要在前面补一个字符串0。三元运算符可以很方便地实现这一功能。

表达式 1 ? 表达式 2 : 表达式 3

这段代码的意思是，当表达式1的值为true时，则使用表达式2的值，否则使用表达式3的值。因此((nowMonth < 10) ? ('0' + nowMonth) : nowMonth)表示：当月份小于10时，这段代码的值为'0' + nowMonth，否则这段代码的值为nowMonth。

接下来为picker选择器组件增加一个value改变的事件处理函数。代码如下：

```
onChangeEndDate(e) {
  this.setData({
    endDate: e.detail.value
  })
}
```

现在逻辑层的准备工作就做好了。修改WXML文件，在"添加选项"按钮的下方增加如下代码。

```
<view class="form-item">
  <text class="form-item-label">截止日期</text>
  <picker class="form-item-picker" mode="date" value="{{endDate}}"
  start="{{nowDate}}" bindchange="onChangeEndDate">{{endDate}}</picker>
</view>
```

最后在WXSS文件中为新加入的组件增加样式。代码如下：

```
.form-item {
  display: flex;
  justify-content: space-between;
  align-items: center;
  border-bottom: 1rpx solid #eee;
  padding: 20rpx 0;
  margin-top: 20rpx;
}
.form-item-label {
  font-size: 12pt;
  color: #333;
}
.form-item-picker {
  font-size: 12pt;
  color: #999;
}
```

在页面中可以看到最终的显示效果，如图3.27所示。

图3.27 使用picker组件设置截止日期

3.3.10 使用switch开关组件

接下来用switch开关组件增加一个设置是否匿名投票的功能。switch组件是一个开关选择器，它的基本样式如图3.28所示。

图3.28 开关选择器

这个组件的常用属性如表3.10所示。

表3.10 switch开关组件的常用属性

属　性　名	类　　型	默　认　值	描　　　述	最低版本
checked	boolean	false	是否选中	1.0.0
disabled	boolean	false	是否禁用	1.0.0
color	string	#04BE02	switch的颜色	1.0.0
bindchange	eventhandle		checked改变时触发的事件处理函数	1.0.0

修改JS文件，在data对象中加入一个用于保存匿名投票设置的变量。

```
isAnonymous: false
```

同时增加一个switch开关组件开关变化时触发的事件处理函数。

```
onChangeIsAnonymous(e) {
  this.setData({
    isAnonymous: e.detail.value
  })
```

```
}
```

最后修改WXML文件，在"截止日期"设置的下方增加如下代码。

```
<view class="form-item">
  <text class="form-item-label">匿名投票</text>
  <switch checked="{{isAnonymous}}" bindchange="onChangeIsAnonymous" />
</view>
```

这段代码的结构和样式与"截止日期"很相似，因此可以复用之前的class样式，无须重复编写样式代码。

3.3.11 使用button按钮组件

接下来用button按钮组件在页面中增加一个完成设置的按钮和一个重置表单的按钮。button按钮组件的常用属性如表3.11所示。

表3.11 button按钮组件的常用属性

属 性 名	类 型	默 认 值	描 述	最低版本
size	string	default	按钮的大小	1.0.0
type	string	default	按钮的样式类型，可选值：primary（绿色）、default（白色）、warn（红色）	1.0.0
plain	boolean	false	是否镂空，背景色透明	1.0.0
disabled	boolean	false	是否禁用	1.0.0
loading	boolean	false	文字前是否带loading图标	1.0.0
form-type	string		用于form表单，可选值：submit、reset	1.0.0
hover-class	string	button-hover	指定按钮按下去的样式类	1.0.0
hover-start-time	number	20	按住后多久出现单击态，单位：毫秒	1.0.0
hover-stay-time	number	70	手指松开后单击态保留时间，单位：毫秒	1.0.0
open-type	string		微信开放能力	1.1.0

在表3.11中可以看到button按钮组件有一个form-type属性，这个属性需要与form组件一起使用。当button按钮组件在form组件中时，如果form-type属性设置为submit，则单击button按钮组件时会触发form组件的submit事件；如果form-type属性设置为reset，则单击button按钮组件时会触发form组件的reset事件。

另外button按钮组件还有一个值得说明的属性open-type属性。这个属性的可选值有很多，包括contact、share、getPhoneNumber、getUserInfo、launchApp、openSetting和feedback等。通过open-type属性，button按钮组件可以很方便地调用小程序提供的微信开放能力，在后面的章节会对其中的一些开发能力进行介绍。

现在就可以在页面中添加button按钮组件，为表单增加"完成"和"重置"这两个按钮。在WXML文件中"匿名投票"设置的下方增加以下代码。

```
<view class="form-btn-group">
  <button class="form-btn" type="primary" form-type="submit">完成 </
  button>
  <button class="form-btn" form-type="reset">重置 </button>
</view>
```

接下来在WXSS中为新加入的内容增加样式设置。

```
.form-btn-group {
  padding: 40rpx 0;
}
.form-btn {
  margin-top: 20rpx;
}
```

最后需要修改formSubmit和formReset两个事件处理函数。代码如下：

```
formSubmit() {
  const formData = {
    voteTitle: this.data.formTitle,
    voteDesc: this.data.formDesc,
    optionList: this.data.optionList,
    endDate: this.data.endDate,
    isAnonymous: this.data.isAnonymous
  }
  // TODO 将 formData 提交到云端
},
formReset() {
  const now = new Date()
  const nowYear = now.getFullYear()
  const nowMonth = now.getMonth() + 1
  const nowDay = now.getDate()
  const nowDate = nowYear +
    '-' +
    ((nowMonth < 10) ? ('0' + nowMonth) : nowMonth) +
    '-' +
    ((nowDay < 10) ? ('0' + nowDay) : nowDay)
  this.setData({
    nowDate,
    endDate: nowDate,
    formTitle: '',
    formDesc: '',
    optionList: [],
    isAnonymous: false
```

```
  })
}
```

在formSubmit函数中，首先将data中的一部分数据取出，放到了一个新的Object中。这个Object中的内容就是用户填写表单的所有内容，可以看到其中并不包括nowDate，因为nowDate只是一个辅助数据，用于限制用户填写截止日期的日期范围，而其他数据都是从用户填写的信息中收集来的。

现在收集好用户填写的数据以后，还不能对它们进行什么处理。投票小程序是一个联网的应用，涉及多个微信用户，数据需要在很多台手机中流转。显然，不能将数据存储在某个人的手机上，否则当用户断网时，其他人就无法获取或者提交数据了。因此，必须得有一个地方专门存储这些数据，这个地方就是服务端。

注意：一个典型的互联网应用包含服务端（server）和客户端（client），小程序开发属于客户端开发。

服务端可以对数据进行统一的收集、存储和分发，但这也需要开发者去开发相应的程序。服务端开发又被称为后端开发，相对于小程序开发而言，服务端程序开发需要学习的技术更多，学习门槛更高。为了解决这一问题，微信小程序中可以使用云开发技术，无须需掌握太多服务端开发技术，使用JavaScript语言就可以轻松开发服务端的程序。

在后面的章节中会专门讲解云开发技术，到那时再来继续完善formSubmit函数中的内容。

formReset函数的功能是将数据重置为它们的初始值。在上面的代码中可以看到，formReset函数的大部分内容与onLoad函数是重复的。写重复的代码是很不好的编程习惯，更专业的做法是将重复的部分抽象成为一个新的函数，然后在重复代码的地方分别调用这个新的函数。在这个例子中，由于两个函数几乎完全是重复的，所以可以让onLoad函数直接调用formReset函数来完成数据的初始化。

```
onLoad() {
  this.formReset()
}
```

尽管onLoad函数不需要初始化formTitle、formDesc、optionList和isAnonymous这几个数据，但是为了让代码更加简洁，只要逻辑没有错误，这样处理也没有什么问题。

有些读者可能会有这个疑问：能不能将初始化数据的代码写在onLoad函数中，然后在formReset函数中调用onLoad函数呢？当然，这样也可以实现同样的功能，但是建议不要这么做。

从字面上来理解，onLoad表示页面加载，formReset表示表单重置。显然，说"页面加载"时执行"表单重置"是可以的。但是如果反过来，说"表单重置"时执行"页面加载"，这样就很奇怪。

编程时除了考虑功能上的正确性，还需要考虑语义上的准确性。代码首先是要让人阅读的，其次才是让机器来执行的。保持语义的准确性可以帮助开发者更快地理解代码，如果写的代码难以理解，和其他人一起合作编写程序时就会造成很多不愉快，甚至过段时间再重新阅读这段难以理解的代码时，自己可能都会觉得莫名其妙。

注意：有时为了保证程序的性能，可能会牺牲可读性，但是这种情况比较少。

创建单选投票页面的最终效果如图3.29所示。

图3.29　创建单选投票页面的最终效果

3.3.12　开发创建多选投票页面

现在，创建单选投票页面已经基本开发完毕了（除了向服务端发送数据的部分外），接下来看一下如何开发创建多选投票页面。先来想一想，创建多选投票页面与创建单选投票页面有什么区别呢？

答案是没有区别。创建多选投票时，一样需要填写投票标题、投票描述、投票选项、截止日期和是否匿名等信息。多选投票和单选投票的唯一区别，就是要在向服务器发送数据时，告诉服务器这个投票是什么类型的投票。这个数据用boolean类型、number类型或是string类型表示都可以，只需要客户端与服务器达成一致即可。

```
multiple: true // 用 multiple = true 表示多选
multiple: false // 用 multiple = false 表示单选


type: 1 // 用 type = 1 表示多选
type: 0 // 用 type = 0 表示单选


type: 'multiple' // 用 type = 'multiple' 表示多选
type: 'radio' // 用 type = 'radio' 表示单选
```

　　注意：由于文化差异，multiple choice有时也可以表示"单选"，它可以理解为从多个备选项中做选择。这里忽略这种差异，以multiple choice表示多选。在实际开发中如果遇到这种有歧义的命名时，建议写清楚注释，防止误会的发生。

　　既然创建单选投票页面还没有完成向服务器发送数据的部分，那么此时创建多选投票页面与创建单选投票页面的代码应该是完全一样的，这里就不再重复展示了。开发创建多选投票页面时，首先需要创建一个新的页面，然后在首页中为它增加跳转，最后完成页面中的各个组件的开发。新创建的页面路径可以使用"pages/createVote/createMultiChoiceVote"，读者也可以自定义为其他任意路径。

　　建议读者尝试一下自己实现这个页面，而不要做简单的复制粘贴。软件开发是一门实践性非常强的学科，学习知识的同时也需要多编写代码，这样可以加深对程序开发的理解，也会更快地掌握所学的内容。

3.3.13　使用页面路径参数

　　在目前的pages/index/index.js文件中，单击创建单选投票按钮与单击创建多选投票按钮打开的是两个不同的页面。代码如下。

```
Page({
  onTapCreateRadioVote() {
    wx.navigateTo({
      url: '/pages/createVote/createRadioVote'
    })
  },
  onTapCreateMultiChoiceVote() {
    wx.navigateTo({
      url: '/pages/createVote/createMultiChoiceVote'
    })
  }
})
```

　　前面提到，在同一个程序中写很多重复的代码是非常不好的编程习惯。既然创建多选投票页面与创建单选投票页面代码重复度如此大，那么有没有办法将这两个页面合二为一呢？

　　答案是肯定的。通过在页面路径中携带参数，可以用一个页面来完成这两种功能。下面创建一个新的页面pages/createVote/createVote，然后修改首页index.js中的代码，将单击两个按钮之后跳转的路径修改为新的页面。代码如下：

```
Page({
  onTapCreateRadioVote() {
    wx.navigateTo({
      url: '/pages/createVote/createVote?type=radio'
    })
```

```
  },
  onTapCreateMultiChoiceVote() {
    wx.navigateTo({
      url: '/pages/createVote/createVote?type=multiple'
    })
  }
})
```

可以看到，页面的跳转路径后面多了一些新的东西，如下所示。

```
?type=radio
?type=multiple
```

它就是页面路径参数。通过页面路径参数，可以在打开新的页面时将一些数据传递给新打开的页面。页面路径参数紧跟在普通的页面路径后面，通用格式如下。

```
?parameter1=value1&parameter2=value2
```

它以一个英文问号"?"开始，后面以parameter=value的形式将名为parameter、值为value的参数传递给新的页面。传递的参数可以有多个，参数与参数之间通过与符号"&"相连接。

在pages/createVote/createVote页面中，可以从JS文件的onLoad函数中获取传递过来的参数。修改onLoad函数为以下代码。

```
onLoad: function (options) {
  console.log(options)
}
```

从首页分别进入创建单选投票页面和创建多选投票页面，可以从调试器的Console面板看到options的内容，如图3.30所示。

图3.30 从onLoad函数中取得页面路径参数

在图3.30中可以看到，页面路径参数被转换为Object类型的变量，parameter成为Object的属性，value成为对应的值。因此可以通过options.type获取从首页传递过去的type参数的值。

注意：页面路径参数的值永远为string类型，尽量不要传递true、false或者数字这样的字符串，以免出现意料之外的逻辑错误。

只需要将之前的代码做一些简单的修改，就可以适配页面路径参数。这里将完整的代码给出，读者可以对照自己编写的代码进行阅读。

首先是pages/createVote/createVote.js文件的代码。

```
Page({
  data: {
    multiple: false,    // 用于保存投票类型，最终需要传递给服务端
    formTitle: '',
    formDesc: '',
    optionList: [],
    nowDate: '',
    endDate: '',
    isAnonymous: false
  },
  onLoad(options) {
    if (options.type === 'radio') {
      wx.setNavigationBarTitle({            // 动态改变导航栏文字
        title: '创建单选投票'
      })
    } else if (options.type === 'multiple') {
      this.setData({                        // 修改投票类型为多选
        multiple: true
      })
      wx.setNavigationBarTitle({            // 动态改变导航栏文字
        title: '创建多选投票'
      })
    } else {            // 参数异常的情况，对每个分支都进行判断是一个好习惯
      console.error('wrong page parameter [type]: ' + options.type)
    }
    this.formReset()
  },
  onTitleInputChange(e) {
    this.setData({
      formTitle: e.detail.value
    })
  },
  onDescChange(e) {
    this.setData({
      formDesc: e.detail.value
    })
  },
  onTapAddOption() {
    const newOptionList = this.data.optionList
```

```
      newOptionList.push('')
      this.setData({
        optionList: newOptionList
      })
    },
    onOptionInputChange(e) {
      const newOptionList = this.data.optionList
      const changedIndex = e.currentTarget.dataset.optionIndex
      newOptionList[changedIndex] = e.detail.value
      this.setData({
        optionList: newOptionList
      })
    },
    onTapDelOption(e) {
      const delIndex = e.currentTarget.dataset.optionIndex
      const newOptionList = this.data.optionList.filter(
        (v, i) => i !== delIndex
      )
      this.setData({
        optionList: newOptionList
      })
    },
    onChangeEndDate(e) {
      this.setData({
        endDate: e.detail.value
      })
    },
    onChangeIsAnonymous(e) {
      this.setData({
        isAnonymous: e.detail.value
      })
    },
    formSubmit() {
      const formData = {
        multiple: this.data.multiple, // 投票类型也要传递给服务端
        voteTitle: this.data.formTitle,
        voteDesc: this.data.formDesc,
        optionList: this.data.optionList,
        endDate: this.data.endDate,
        isAnonymous: this.data.isAnonymous
      }
```

```
        // TODO 将 formData 提交到云端
    },
    formReset() {
      const now = new Date()
      const nowYear = now.getFullYear()
      const nowMonth = now.getMonth() + 1
      const nowDay = now.getDate()
      const nowDate = nowYear +
        '-' +
        ((nowMonth < 10) ? ('0' + nowMonth) : nowMonth) +
        '-' +
        ((nowDay < 10) ? ('0' + nowDay) : nowDay)
      this.setData({
        nowDate,
        endDate: nowDate,
        formTitle: '',
        formDesc: '',
        optionList: [],
        isAnonymous: false
      })
    }
})
```

可以看到,在onLoad函数中通过type参数,动态改变了导航栏的文字内容和data中的multiple变量,在将数据提交到服务端时,也会将这个multiple变量传送过去,这样服务端就知道当前创建的是什么类型的投票。

由于onLoad函数中会自动设置页面导航栏的文字,因此JSON文件中实际上不需要再对导航栏文字进行设置。但是如果你愿意也可以为它设置一个名字,这样如果后面更改了相关的逻辑,导致某些情况下漏掉了对导航栏文字的动态设置,这时候还可以有一个备用的设置。pages/createVote/createVote.json文件的代码如下。

```
{
  "navigationBarTitleText": "创建投票"
}
```

pages/createVote/createVote.wxml文件与之前的创建单选投票页面完全一样,由于之前没有给出过该页面的完整代码,这里也将它们展示出来,供读者参考。

```
<view class="container">
  <form bindsubmit="formSubmit" bindreset="formReset">
    <input value="{{formTitle}}" class="form-title" placeholder="投票标题"
    focus
```

```
      placeholder-class="form-title-placeholder"
      bindinput="onTitleInputChange" />
  <textarea value="{{formDesc}}"
    class="form-desc"
    auto-height
    placeholder="补充描述（选填）"
    placeholder-class="form-text-placeholder"
    bindinput="onDescChange" />
  <view wx:for="{{optionList}}" class="form-option">
    <icon type="cancel" bindtap="onTapDelOption" data-option-
    index="{{index}}"
      class="del-btn" />
    <view class="form-input-wrapper">
      <input value="{{item}}"
        class="form-input"
        placeholder="选项"
        placeholder-class="form-text-placeholder"
        bindinput="onOptionInputChange"
        data-option-index="{{index}}" />
    </view>
  </view>
  <view class="btn-add-option" bindtap="onTapAddOption">+ 添加选项 </
view>
  <view class="form-item">
    <text class="form-item-label">截止日期</text>
    <picker class="form-item-picker" mode="date" value="{{endDate}}"
    start="{{nowDate}}" bindchange="onChangeEndDate">{{endDate}}</
    picker>
  </view>
  <view class="form-item">
    <text class="form-item-label">匿名投票</text>
    <switch checked="{{isAnonymous}}" bindchange="onChangeIsAnonymous" />
  </view>
  <view class="form-btn-group">
    <button class="form-btn" type="primary" form-type="submit">完成 </
    button>
    <button class="form-btn" form-type="reset">重置</button>
  </view>
    </form>
</view>
```

最后是pages/createVote/createVote.wxss，同样也是与创建单选投票页面完全一样。它的完整代码如下：

```css
.container {
  padding: 30rpx; /* 设置内边距为 30rpx */
  box-sizing: border-box; /* 设置盒模型宽度和高度的计算方式为 border-box */
}
.form-title {
  color: #333; /* 设置标题输入框字体颜色 */
  font-weight: bold; /* 设置标题输入框字体加粗 */
  font-size: 20pt; /* 设置标题输入框字体大小为 20pt */
  height: 24pt; /* 设置标题输入框高度为 24pt，输入框一般要比字体大小高一些 */
  border-bottom: 1rpx solid #eee; /* 为标题输入框增加一个下边框 */
  padding: 10rpx 0; /* 设置标题输入框的上、下内边距为 10rpx，让文字和下边框分开一
                       段距离 */
  box-sizing: content-box; /* 设置标题输入框的盒模型宽度和高度的计算方式为
                              content-box */
}
.form-title-placeholder {
  color: #ccc; /* 设置标题输入框 placeholder 的字体颜色 */
}
.form-desc {
  margin-top: 40rpx; /* 设置输入框的上外边距为 40rpx，让它和上面的 input 组件分开
                        一段距离 */
  width: 100%; /* 设置输入框的宽度为 100%（input 组件默认就是 100%，因此不用设置） */
  color: #333; /* 设置输入框字体颜色 */
  font-size: 14pt; /* 设置输入框字体大小为 14pt */
  border-bottom: 1rpx solid #eee; /* 为输入框增加一个下边框 */
  padding: 20rpx 0; /* 设置输入框的上、下内边距为 20rpx，让文字和边框分开一段距离 */
  box-sizing: content-box; /* 设置输入框的盒模型宽度和高度的计算方式为 content-
                             box */
}
.form-text-placeholder {
  color: #ccc; /* 设置输入框 placeholder 的字体颜色 */
}
.btn-add-option {
  font-size: 12pt;
  color: #26AB28;
  padding: 40rpx 0;
}
.form-option {
```

```css
  margin-top: 20rpx;
  display: flex; /* 设置为 flex 布局，保持默认的横向布局 */
  justify-content: space-between; /* 主轴方向的对齐方式使用 space-between */
  align-items: center; /* 交叉轴上的对齐方式使用 center */
}
.form-input-wrapper {
  color: #333;
  font-size: 12pt;
  border-bottom: 1rpx solid #eee;
  padding: 20rpx 0;
  flex: 1; /* 设置扩展到最大长度 */
}
.del-btn {
  margin-right: 20rpx; /* 与右侧 input 保持一定距离 */
}
.form-item {
  display: flex;
  justify-content: space-between;
  align-items: center;
  border-bottom: 1rpx solid #eee;
  padding: 20rpx 0;
  margin-top: 20rpx;
}
.form-item-label {
  font-size: 12pt;
  color: #333;
}
.form-item-picker {
  font-size: 12pt;
  color: #999;
}
.form-btn-group {
  padding: 40rpx 0;
}
.form-btn {
  margin-top: 20rpx;
}
```

3.4 开发参与投票页面

本节要开发小程序的参与投票页面。参与投票页面同样需要收集用户提交的信息，例如哪个用户在哪个投票中选择了什么选项，因此它也是一个表单页面。

同样地，参与投票页面也需要考虑单选和多选两种投票方式。前面已经介绍了如何通过页面路径参数将二者统一到同一个页面中，在本节中就直接通过这种方式实现一个通用的参与投票页面。

3.4.1 如何获取投票信息

当用户打开参与投票页面时，显然应该先向用户展示投票的标题、描述和选项等信息。为了能在视图层展示这些数据，必须要先在逻辑层获取这些数据。由于是在打开页面时就需要向用户展示数据，因此可以在页面生命周期函数onLoad中获取它们。

这些数据是在创建投票页面中收集的，保存在服务端，因此应当从服务端获取它们。但是如果服务端保存了多条数据，如何确定用户需要获取的是哪个投票信息呢？下面就来介绍获取投票信息的方法。

假设有这样一个场景：用户A希望在微信群X中做一个调查，于是使用投票小程序创建了一个投票。创建好投票以后，用户A将这个投票以小程序卡片的形式分享到了微信群X中。群里的用户B单击了用户A分享的小程序卡片，进入了参与投票页面，看到了用户A刚刚创建的投票。

在微信小程序中，上面这个场景实际上是这样实现的。用户A在小程序的创建投票页面填写表单数据，小程序收集表单数据并提交到了服务器。服务器接收表单数据后立刻将它存了起来，保存数据的同时还为其自动生成一个ID，然后将ID返回给了小程序。

注意：这个ID就是用户A创建的投票的一个标识，在服务端通过ID可以找到它对应的投票数据。根据服务端实现机制的不同，ID可以是number类型，也可以是string类型。无论ID是什么类型，每一个ID在服务器中都是唯一的。

用户A通过小程序的分享功能创建了一个小程序卡片，分享到了微信群里。小程序卡片中包含参与投票页面的路径，并把服务端返回的ID放到了页面路径参数中。用户B单击群里的小程序卡片，打开了参与投票页面，并在页面的onLoad函数中获取了A分享的数据ID。

接着用户B的小程序向服务端发送请求，请求中携带了数据ID。服务器根据数据ID搜索到了用户A创建的投票信息，于是把这个投票信息返回用户B的小程序。整个过程如图3.31所示。

在上面这个过程中，有三个关键点我们还没有介绍过。

（1）如何将表单数据发送给服务端，让服务器保存数据并获得ID，然后把ID返回给小程序。

（2）如何将投票分享到微信群中。

（3）如何使用投票ID从服务端获取投票信息。

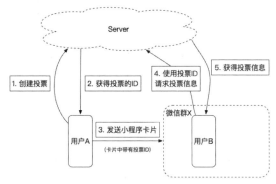

图3.31 获取投票信息的过程

第一点和第三点实际上是同一类问题，在介绍云开发技术时会讲解如何实现它们。现在可以暂时把它们的过程想象成是一种特殊的函数调用，如以下代码所示。

```
// 将数据发送给服务端，并获取 ID
dataID = postDataToServer(data)
// 从服务端获取数据
data = getDataFromServer(dataID)
```

而第二点如何将投票分享到微信群中，可以用这样一种思路去实现：让用户A创建好投票后先跳转到参与投票页面，然后将参与投票页面做成可以分享的页面，这样用户A可以直接将参与投票页面分享给其他人，而其他用户单击分享的小程序卡片就可以打开用户A创建的投票。

首先通过app.json文件创建一个新的页面pages/vote/vote。接下来修改pages/createVote/createVote.js文件中的formSubmit函数，加入创建投票后自动跳转到新页面的逻辑。代码如下：

```
formSubmit() {
  const formData = {
    multiple: this.data.multiple, // 投票类型也要传递给服务端
    voteTitle: this.data.formTitle,
    voteDesc: this.data.formDesc,
    optionList: this.data.optionList,
    endDate: this.data.endDate,
    isAnonymous: this.data.isAnonymous
  }
  // TODO 将 formData 提交到云端
  const voteID = 'test'; // 伪造一个数据，作为服务端返回的投票 ID
  wx.redirectTo({
    url: '/pages/vote/vote?voteID=' + voteID,
  })
}
```

上面这段代码中的页面跳转使用了wx.redirectTo，而不是之前在首页中使用的wx.navigateTo。wx.navigateTo在跳转时会保留当前的页面，从而单击返回时还可以返回这个页

面。而wx.redirectTo在跳转时则会关闭当前页面，单击返回时就会跳到更上一级的页面（如果不存在这个页面，小程序就直接退出了）。

这样一来，用户A创建完投票后会自动进入参与投票页面，这时就可以将参与投票页面分享到微信群中。后面会对如何设置参与投票页面的分享功能进行介绍，下面先来完成参与投票页面的主要功能。

3.4.2　借用伪造数据开发功能

由于参与投票页面需要展示从服务端获取的投票信息，但是现在还没有实现服务端的功能，因此需要在小程序端伪造一些数据和功能。

为了便于开发，在工具栏中先为参与投票页面新建一个编译模式，如图3.32所示。

自定义编译条件	
模式名称	参与投票页面
启动页面	pages/vote/vote
启动参数	voteID=test
进入场景	默认
	☐ 下次编译时模拟更新 (需 1.9.90 及以上基础库版本)

图3.32　为参与投票页面新建一个编译模式

这个页面携带了一个启动参数voteID=test，用户A跳转到参与投票页面时会携带这个参数，用户B单击小程序卡片打开投票时也会携带这个参数。接下来修改pages/vote/vote.js文件的代码。

```
Page({
  data: {
    voteID: '', // 当前投票的 ID
    multiple: false, // 当前投票的类型
    voteTitle: '', // 当前投票的标题
    voteDesc: '', // 当前投票的补充描述
    optionList: [], // 当前投票的选项列表
    endDate: '', // 当前投票的截止日期
    isAnonymous: false, // 当前投票是否匿名
    isExpired: false, // 当前投票是否已过期
    pickedOption: [] // 当前用户选择的选项
  },
  onLoad(options) {
    const voteID = options.voteID // 通过页面路径参数获取投票 ID
    this.getVoteDataFromServer(voteID) // 从服务端获取投票信息
  },
  getVoteDataFromServer(voteID) {
```

```
    if (voteID === 'test') { // 如果投票 ID 为 test, 则伪造一些数据
      /* 以下是伪造的数据 */
      const voteData = {
        multiple: false,
        voteTitle: '测试数据投票标题',
        voteDesc: '测试数据投票描述',
        optionList: [
          '测试数据选项1',
          '测试数据选项2',
          '测试数据选项3',
          '测试数据选项4'
        ],
        endDate: '2019-05-18',
        isAnonymous: false,
      }
      /* 以上是伪造的数据 */
      const isExpired = this.checkExpired(voteData.endDate) // 检查投票是
                                                            否已经过期
      this.setData({ // 将获取的投票信息更新到 data 对象中
        voteID,
        multiple: voteData.multiple,
        voteTitle: voteData.voteTitle,
        voteDesc: voteData.voteDesc,
        optionList: voteData.optionList,
        endDate: voteData.endDate,
        isAnonymous: voteData.isAnonymous,
        isExpired
      })
    } else {
      // TODO 从服务端获取投票信息
    }
  },
checkExpired(endDate) {
  const now = new Date()
  const nowYear = now.getFullYear()
  const nowMonth = now.getMonth() + 1
  const nowDay = now.getDate()
  const endDateArray = endDate.split('-') // 将字符串分隔成字符数组, 分隔符
                                          为 -
  const endYear = Number(endDateArray[0]) // 取字符数组中的年份, 并将数据类
                                          型转换为 number
```

```
        const endMonth = Number(endDateArray[1]) // 取字符数组中的月份，并将数据
                                                     类型转换为 number
        const endDay = Number(endDateArray[2]) // 取字符数组中的日期，并将数据类
                                                  型转换为 number
      // 如果当前年份超了，那么投票一定过期了
      if (nowYear > endYear) {
        return true
      }
      // 如果年份一致，而当前月份超了，那么投票一定过期了
      if ((nowYear === endYear) && (nowMonth > endMonth)) {
        return true
      }
      // 如果年份和月份一致，而当前日期超了，那么投票一定过期了
      if ((nowYear === endYear) && (nowMonth === endMonth) && (nowDay >
      endDay)) {
        return true
      }
      // 其他情况投票一定没有过期
      return false
    }
  })
```

这样一来就实现了伪造数据的逻辑，等后面学习了云开发技术，只需要将这些伪造的数据和功能做一些简单的修改，就可以完成客户端与服务端的对接。

3.4.3 使用radio单项选择器组件

逻辑层的数据已经准备完毕，现在看一下如何实现视图层的页面展示。

投票的标题、描述、截止日期、是否匿名等信息通过view组件和text组件就可以展示出来，这个页面中比较特别的是如何展示投票选项的信息，它们不仅要显示出选项的文字内容，还需要让用户单击，从而实现单选或多选的功能。

小程序使用radio组件可以实现单项选择器的功能，一个radio组件就代表其中一个选项，一组radio选项使用radio-group包含起来。首先来看一下radio组件和radio-group组件的常用属性，如表3.12和表3.13所示。

表3.12 radio组件的常用属性

属 性 名	类 型	默 认 值	描 述	最低版本
value	string		单个radio组件的值	1.0.0
checked	boolean	false	当前是否选中	1.0.0
disabled	boolean	false	是否禁用	1.0.0
color	string	#09BB07	radio的颜色	1.0.0

表3.13 radio-group组件的常用属性

属 性 名	类 型	描 述	最低版本
bindchange	EventHandle	内部radio选项改变时触发的事件处理函数，可以通过event.detail.value获取到选中的radio组件的值	1.0.0

下面使用radio组件实现单选投票的功能。修改pages/vote/vote.wxml文件，加入以下代码。

```
<view class="container">
  <view class="title">{{voteTitle}}</view>
  <view class="desc">
    {{voteDesc}}
    <text class="multiple-radio">[{{multiple ? '多选' : '单选'}}]</text>
    <text class="type">[{{isAnonymous ? '匿名' : '实名'}}]</text>
  </view>
  <radio-group class="option-list" bindchange="onPickOption">
    <view class="option" wx:for="{{optionList}}">
      <radio value="{{index}}" disabled="{{isExpired}}" />{{item}}
    </view>
  </radio-group>
  <view class="end-date">
    截止日期: {{endDate}}
    <text class="expired" hidden="{{!isExpired}}">[已过期]</text>
  </view>
  <button class="btn" type="primary" disabled="{{isExpired ||
pickedOption.length === 0}}" bindtap="onTapVote">确认投票</button>
</view>
```

在这段代码中，有一个class为expired的text组件，它使用了一个新的属性hidden。hidden属性也是所有组件都支持的一个属性，它的值是一个boolean类型，当hidden属性的值为true时，这个组件在页面中会被隐藏。

radio组件的value使用了数组的角标，这是因为数组是一种有序的集合，因而可以使用角标来代表选择的选项。这样在传输投票数据和存储投票数据时占用的数据量也会小很多。

接下来在JS文件中增加两个事件处理函数。代码如下：

```
onPickOption(e) {
  // 更新选择的选项
  this.setData({
    pickedOption: [ // 为了与多选投票统一，使用数组保存选择的选项
      e.detail.value // radio-group 获取的值是一个 string
    ]
  })
},
onTapVote() {
```

```
const postData = { // 需要提交的数据
  voteID: this.data.voteID,
  pickedOption: this.data.pickedOption
}
// TODO 将postData数据上传到服务端
}
```

在onTapVote函数中可以看到，表单数据的提交不一定要用到form表单组件和bindsubmit属性指定的事件处理函数，在button按钮组件的单击事件处理函数中也可以向服务器提交数据。

接下来为页面增加一些WXSS样式。代码如下：

```
.container {
  padding: 30rpx;
  box-sizing: border-box;
}
.title {
  color: #333;
  font-weight: bold;
  font-size: 20pt;
}
.desc {
  font-size: 14pt;
  margin-top: 40rpx;
}
.multiple-radio {
  margin-left: 10rpx;
  color: #09BB07;
}
.type {
  margin-left: 10rpx;
  color: #ccc;
}
.option-list {
  margin-top: 40rpx;
}
.option {
  margin-top: 10rpx;
}
.end-date {
  margin-top: 40rpx;
  font-size: 12pt;
  color: #ccc;
```

```
}
.expired {
  margin-left: 10rpx;
  color: #CE3C39;
}
.btn {
  margin-top: 40rpx;
}
```

这样一来，当投票未过期时，页面效果如图3.33所示。

当投票已过期时（如果只是想要预览页面效果，可以直接修改调试器AppData面板中的isExpired变量的值），页面效果如图3.34所示。

图 3.33　投票未过期时的参与投票页面

图 3.34　投票已过期时的参与投票页面

3.4.4　使用label组件扩大单击区域

完成以上代码以后，如果读者在模拟器或手机中进行测试，会发现radio组件的单击区域很小，如图3.35所示。

图 3.35　选项的实际单击区域与期望的单击区域

实际测试中，单击区域的位置与选项2左侧的方框位置一样，只有单击文字左侧的圆圈才可以选择该选项。而开发者实际上期望选项按钮的单击区域也将文字内容包括进去，如图3.35所示中选项4上的矩形框显示的位置。

可以通过label组件将单击区域扩大。label组件的使用非常简单，只需要将radio组件和文字包含在内部就可以了。这样单击区域的范围就会从radio组件扩大到label组件。

label组件的内部只能包含switch、button、radio和checkbox这几种组件，前三种组件已经介绍过了，checkbox组件是后面会介绍的多项选择器组件。

因此，现在只需要将选项部分的WXML代码改成下面这样，就可以扩大组件的单击区域了。

```
<view class="option" wx:for="{{optionList}}">
  <label>
    <radio value="{{index}}" disabled="{{isExpired}}" />{{item}}
  </label>
</view>
```

3.4.5 wx:if条件渲染

radio组件只适用于单选投票的情况，而多选投票需要用到另外一个组件checkbox。那么如何根据不同的情况在页面上使用不同的组件呢？可以通过wx:if条件渲染实现这个功能。这是一个特殊的组件属性，几乎所有的组件都支持它。它的使用形式如下：

```
<view wx:if="{{condition}}">This will be displayed if condition is
true</view>
```

从名称上看，wx:if与wx:for属性相似，但是它们实现的是不同的功能。wx:for属性的值是array类型，它可以将数组中的每一项内容都以特定的形式渲染在页面上。而wx:if属性的值是boolean类型，当值为true时，这个组件才会被渲染出来；当值为false时，这个组件就不会在页面上渲染了。

从功能上看，wx:if与hidden属性相似，但是它们的使用场景不同。hidden属性往往只能控制一个组件实现显示和隐藏的功能，而wx:if与wx:elif、wx:else属性结合使用，可以实现多个分支的条件渲染，如下面这段代码所示。

```
<view wx:if="{{num > 0}}">The num is greater than 0</view>
<view wx:elif="{{num < 0}}"> The num is less than 0</view>
<view wx:else>The num is 0</view>
```

这段代码中，也可以没有wx:elif分支或没有wx:else分支，可以做出非常灵活的条件渲染，而hidden属性办不到这一点。

另外，这两个属性的实现原理也不一样。wx:if属性控制组件是否被渲染，而hidden属性控制的组件永远会被渲染，只是简单的显示和隐藏。一般来说，wx:if属性有更高的切换消耗，而hidden属性有更高的初始渲染消耗。因此，如果是在需要频繁切换的情景下，用hidden属性较好；如果在运行时条件不大可能改变，则使用wx:if属性较好。

3.4.6 使用checkbox多项选择器组件

checkbox组件与radio组件非常像，它也有一个checkbox-group组件作为父组件。checkbox组件与checkbox-group组件的常用属性如表3.14和表3.15所示。

表3.14 checkbox组件的常用属性

属 性 名	类 型	默 认 值	描 述	最低版本
value	string		单个checkbox组件的值	1.0.0
checked	boolean	false	当前是否选中	1.0.0
disabled	boolean	false	是否禁用	1.0.0
color	string	#09BB07	checkbox的颜色	1.0.0

表3.15 checkbox-group组件的常用属性

属 性 名	类 型	描 述	最低版本
bindchange	EventHandle	内部checkbox选项改变时触发的事件处理函数，可以通过event.detail.value获取选中的所有checkbox组件的值	1.0.0

修改WXML中投票选项部分的代码，将多选投票的功能加到视图层中。相关代码如下：

```
<checkbox-group wx:if="{{multiple}}" class="option-list"
bindchange="onPickOption">
  <view class="option" wx:for="{{optionList}}">
    <label>
      <checkbox value="{{index}}" disabled="{{isExpired}}" />{{item}}
    </label>
  </view>
</checkbox-group>
<radio-group wx:else class="option-list" bindchange="onPickOption">
  <view class="option" wx:for="{{optionList}}">
    <label>
      <radio value="{{index}}" disabled="{{isExpired}}" />{{item}}
    </label>
  </view>
</radio-group>
```

另外，还需要修改JS中的事件处理函数onPickOption，使它也支持多选投票。代码如下：

```
onPickOption(e) {
  if (this.data.multiple) {
    // 更新选择的选项（多选投票）
    this.setData({
      pickedOption: e.detail.value // checkbox-group 获取的值是一个 array
    })
  } else {
    // 更新选择的选项（单选投票）
    this.setData({
      pickedOption: [ // 为了与多选投票统一，使用数组保存选择的选项
        e.detail.value // radio-group 获取的值是一个 string
```

```
        ]
    })
  }
}
```

完成后，可以修改调试器AppData面板中的multiple变量的值，在模拟器中查看页面效果，如图3.36所示。

图3.36　多选投票页面

3.4.7　获取用户信息

如果投票是实名投票，那么用户确认投票时，除了将投票的选项提交到服务端，还需要将用户的昵称等信息一起提交。可以在JS文件中使用API接口wx.getUserInfo获取用户的信息。

使用wx.getUserInfo接口前，需要先对获取用户信息这一操作向用户发起授权请求。发起授权请求的方式非常简单，只需要在确认投票的button按钮组件上增加open-type="getUserInfo"属性就可以了。代码如下：

```
<button open-type="getUserInfo" class="btn" type="primary"
disabled="{{isExpired || pickedOption.length === 0}}"
bindtap="onTapVote">确认投票</button>
```

这样，单击"确认投票"按钮时，界面上就会显示一个授权确认窗口，如图3.37所示。

图3.37　微信授权确认窗口

这样就可以在onTapVote函数中使用wx.getUserInfo获取用户的信息了。代码如下：

```
onTapVote() {
  if (this.data.isAnonymous) {          // 匿名投票的情况
    const postData = {                  // 需要提交的数据
      voteID: this.data.voteData,
      pickedOption: this.data.pickedOption
    }
    // TODO 将 postData 数据上传到服务端
  } else {// 实名投票的情况
    const _this = this          // 在 API 接口中的函数中，this 会被改变，因此需要
                                //   提前获取 this 的值到 _this 中
    wx.getUserInfo({
      success(res) {    // 授权成功后，调用 wx.getUserInfo 接口时会回调这个函数
        const postData = {                  // 需要提交的数据
          voteID: _this.data.voteData,
          userInfo: res.userInfo,    // 获取用户信息
          pickedOption: _this.data.pickedOption
        }
        // TODO 将 postData 数据上传到服务端
      }
    })
  }
}
```

3.4.8　实现分享投票功能

按照之前的设计，参与投票页面需要实现分享投票的功能。默认情况下，小程序的所有页面都是不具备分享功能的。在模拟器中单击页面右上角导航栏中的菜单按钮（三个点），可以看到底部弹出的菜单提示"当前页面未设置分享"，如图3.38所示。

图 3.38　默认情况下页面未设置分享

如果希望某个页面可以分享出去，可以在页面的JS文件中加入onShareAppMessage事件处理函数。代码如下：

```
onShareAppMessage() {
  return {
```

```
    title: '邀请你参与投票',
    path: '/pages/vote/vote?voteID=' + this.data.voteID
  }
}
```

这样页面就具备了分享的功能，分享时可以设置分享卡片的标题、页面路径和参数。实际上开发者可以指定分享的页面路径为项目中的任何一个页面，而不一定是当前页面的路径。再次单击右上角的菜单按钮，弹出的底部菜单中可以看到"转发"选项。在模拟器中单击该按钮可以查看分享卡片的预览图，如图3.39所示。

图3.39　页面分享预览

菜单栏中的转发选项比较隐蔽，有时用户不一定能够快速找到这个功能。除了通过菜单栏中的按钮分享页面，还可以在页面中加入button按钮组件作为分享按钮。button按钮组件有一个open-type属性，如果将该属性的值设置为share，则该按钮就会成为一个分享按钮（兼容性要求为基础库版本1.2.0以上）。

在WXML中"确认投票"按钮的下方加入相关代码。

```
<button open-type="share" plain class="share">分享投票</button>
```

在WXSS中为它加入一些样式。

```
.share {
  margin-top: 20rpx;
}
```

在参与投票页面加入分享按钮的页面效果如图3.40所示。

图3.40 在参与投票页面加入分享按钮

这样，从创建投票到分享投票，再到用户打开参与投票页面的整个使用逻辑就完成了。

3.4.9 显示投票结果

在实际使用中，一个用户不能对同一个投票进行重复提交。因此在投票时，除了向服务端提交用户选择的选项以外，还需要提交用户的ID。这样一来，服务端可以记录下每一个用户的所有投票信息，显然也可以通过用户ID查询到这个用户的投票信息。

注意： 使用云开发技术实现服务端存储时，小程序会自动在请求中携带用户ID，因此暂时无须关心如何去获取用户ID。

虽然现在已经实现了参与投票的功能，但是这个页面还可以做得更完善一些。当用户提交了投票选项后，页面上应该显示这个投票目前的投票结果。如果用户在打开这个页面时已经完成了这个投票，也应该显示这个投票目前的投票结果，而不是让用户重新投票。

首先在data对象中增加一个voteStatus属性。代码如下：

```
voteStatus: {              // 当前的投票情况
  alreadyVoted: false,     // 当前用户是否已经投票
  totalVoteCount: 0,       // 总投票数量
  optionStatus: []         // 每个选项的投票情况
}
```

接下来新增一个getVoteStatusFromServer函数，从服务端获取投票情况数据。同时修改onLoad函数和onTapVote函数，在页面加载时和用户投票后对该函数进行调用。代码如下：

```
onLoad(options) {
  const voteID = options.voteID              // 通过页面路径参数获取投票 ID
  this.getVoteDataFromServer(voteID)         // 从服务端获取投票信息
  this.getVoteStatusFromServer(voteID)       // 从服务端获取投票情况
},
onTapVote() {
  if (this.data.isAnonymous) {               // 匿名投票的情况
    const postData = {                       // 需要提交的数据
      voteID: this.data.voteID,
      pickedOption: this.data.pickedOption
    }
    // TODO 将 postData 数据上传到服务端
    this.getVoteStatusFromServer(this.data.voteID) // 从服务端获取投票情况
```

```
      } else { // 实名投票的情况
        const _this = this              // 在 API 接口中的函数中，this 会被改变，因此需要
                                        //   提前获取 this 的值到 _this 中
      wx.getUserInfo({
        success(res) {                  // 授权成功后，调用 wx.getUserInfo 接口时会回调这
                                        //   个函数
          const postData = { // 需要提交的数据
            voteID: _this.data.voteID,
            userInfo: res.userInfo, // 获取用户信息
            pickedOption: _this.data.pickedOption
          }
          console.log(postData)
          // TODO 将 postData 数据上传到服务端
          _this.getVoteStatusFromServer(_this.data.voteID) // 从服务端获取投
                                                           //   票情况

        }
      })
    }
  },
  getVoteStatusFromServer(voteID) {
    if (voteID === 'test') { // 如果投票 ID 为 test，则伪造一些数据
      /* 以下是伪造的数据 */
      const voteStatus = {
        alreadyVoted: true,
        totalVoteCount: 100,
        optionStatus: [{
          count: 25, // 第 1 个选项的投票数量
          vote: false
        }, {
          count: 35, // 第 2 个选项的投票数量
          vote: false
        }, {
          count: 10, // 第 3 个选项的投票数量
          vote: true // 用户选择了该投票
        }, {
          count: 30, // 第 4 个选项的投票数量
          vote: false
        }]
      }
      /* 以上是伪造的数据 */
      this.setData({ // 将获取的投票情况更新到 data 对象中
```

```
        voteStatus
    })
  } else {
    // TODO 从服务端获取投票情况
  }
}
```

然后修改WXML文件，加入显示投票结果的部分。代码如下：

```
<view wx:if="{{voteStatus.alreadyVoted}}" class="option-list">
  <view class="option" wx:for="{{optionList}}">
    <text>{{item}}</text>
    <text class="vote-count">({{voteStatus.optionStatus[index].count}} /
    {{voteStatus.totalVoteCount}} 票 )</text>
    <text class="vote-picked" wx:if="{{voteStatus.optionStatus[index].
    vote}}">[已选 ]</text>
  </view>
</view>
<block wx:else>
  <checkbox-group wx:if="{{multiple}}" class="option-list"
  bindchange="onPickOption">
    <view class="option" wx:for="{{optionList}}">
      <label>
        <checkbox value="{{index}}" disabled="{{isExpired}}" />{{item}}
      </label>
    </view>
  </checkbox-group>
  <radio-group wx:else class="option-list" bindchange="onPickOption">
    <view class="option" wx:for="{{optionList}}">
      <label>
        <radio value="{{index}}" disabled="{{isExpired}}" />{{item}}
      </label>
    </view>
  </radio-group>
</block>
<!-- 省略一些代码 -->
<button open-type="getUserInfo" class="btn" type="primary"
disabled="{{isExpired || pickedOption.length === 0}}" bindtap="onTapVote"
wx:if="{{!voteStatus.alreadyVoted}}">确认投票 </button>
```

这段代码中使用了一个特殊的标签block。虽然block很像一个组件，但实际上它并不是一个组件。block不会在页面中做任何渲染，它通常只和wx:if、wx:for属性一起使用，将条件或列表应用到内部的所有组件上。

```
<block wx:if="{{condition}}">
  <view>View A</view>
  <view>View B</view>
  <view>View C</view>
</block>
<!-- 上面这段代码与下面这段代码完全等效 -->
<view wx:if="{{condition}}">View A</view>
<view wx:if="{{condition}}">View B</view>
<view wx:if="{{condition}}">View C</view>
```

可以看到，当需要一次性判断多个组件是否条件渲染时，使用block元素实现会更加简洁。最后为页面加入一些WXSS样式，美化一下显示效果。代码如下：

```
.vote-count {
  color: #ccc;
}
.vote-picked {
  color: #09BB07;
}
```

完成后，用户投票后的页面显示当前投票情况，页面效果如图3.41所示。

图3.41 用户投票后的页面显示当前投票情况

3.5 开发我的投票页面与使用tab栏切换页面

最后还需要实现一个"我的投票"页面。这个页面的功能很简单，只需要从服务端获取用户创建的所有投票的列表，并显示在页面上即可。

与其他页面不同的是，这个页面需要加到底部的tab栏中，通过tab栏的按钮可以在首页和我的投票页面进行切换。

3.5.1　开发我的投票页面

我的投票页面内容不多，开发起来比较简单。首先在app.json文件中新增一个页面pages/myVote/myVote，修改pages/myVote/myVote.json文件的内容如下。

```
{
  "navigationBarTitleText": "我的投票"
}
```

然后在pages/myVote/myVote.js文件中加入逻辑层的功能。代码如下：

```
Page({
  data: {
    voteList: [] // 用户创建的投票列表，包含投票的 ID 和标题等信息
  },
  onLoad(options) {
    this.getMyVoteListFromServer() // 从服务端获取数据
  },
  getMyVoteListFromServer() {
    // TODO 当前使用伪造的数据，后面使用云开发技术从服务端获取数据
    const voteList = [{
      _id: 'test',
      voteTitle: '测试投票 1',
    }, {
      _id: 'test',
      voteTitle: '测试投票 2',
    }, {
      _id: 'test',
      voteTitle: '测试投票 3',
    }]
    this.setData({
      voteList
    })
  },
  onTapVote(e) {
    const voteID = e.currentTarget.dataset.voteId
    wx.navigateTo({
      url: '/pages/vote/vote?voteID=' + voteID,
    })
  }
})
```

在pages/myVote/myVote.wxml文件中加入视图层的结构。代码如下：

```
<view class="container">
  <block wx:for="{{voteList}}">
  <view class="vote" bindtap="onTapVote" data-vote-id="{{item._id}}"
    >{{item.voteTitle}}</view>
  </block>
</view>
```

最后在pages/myVote/myVote.wxss文件中为页面增加一些样式。代码如下：

```
.vote {
  margin: 20rpx;
  padding: 24rpx;
  background: #eee;
  border-bottom: 1rpx solid #fff;
}
```

这样页面的功能就基本上完成了，在模拟器中可以看到我的投票页面的预览效果，如图3.42所示。

图3.42　我的投票页面

3.5.2　使用tab栏切换页面

现在，首页与我的投票页面仍是两个普通的页面，需要在app.json文件中设置tabBar属性，将它们设置为tab栏中的页面。代码如下：

```
"tabBar": {
  "color": "#333",
  "selectedColor": "#26AB28",
  "backgroundColor": "#eee",
  "borderStyle": "white",
  "list": [{
    "pagePath": "pages/index/index",
```

```
    "text": " 新建 "
  }, {
    "pagePath": "pages/myVote/myVote",
    "text": " 我的 "
  }]
}
```

这样两个页面就可以通过单击tab栏的按钮访问了，增加的tab栏效果如图3.43所示。

图3.43 将首页和我的投票页面增加到tab栏

第4章　云开发

第3章开发的投票小程序已经实现了大部分功能，但它还有几个非常重要的功能没有实现：将创建的投票保存到服务端，从服务端获取投票信息，以及将用户的投票结果提交到服务端。这几个功能需要借助服务端开发技术来实现。

服务端开发技术是与小程序开发技术完全不同的技术方向，开发者通常需要掌握更多的技术才能实现服务端的功能，包括服务器的部署和运维、关系型数据库与非关系型数据库、后端开发语言和框架等。为了降低开发人员的学习成本，云开发技术为小程序开发者提供了一种全新的服务端开发能力，弱化了很多服务端的概念，使开发者可以通过非常简单的JS函数调用实现服务端功能。

本章将介绍云开发技术的功能和使用方法，主要包括以下内容。

（1）学习使用云开发控制台。

（2）学习云开发JSON数据库功能。

（3）学习云开发文件存储功能。

（4）学习云函数功能。

（5）使用云开发技术实现投票小程序的服务端功能。

4.1　初识云开发能力

云开发技术是服务端开发技术的一种补充。尽管在有些时候，一些复杂的需求难以用云开发技术来实现，但在非常多的场景下，都可以使用云开发替代服务端开发。先来看一下使用云开发技术都可以做什么。

4.1.1　云开发简介

云开发主要包括三大能力：JSON数据库、文件存储和云函数。

数据库是服务端统一存储数据的地方。对开发者而言，通常将数据统一保存在数据库中，而不是直接保存在文件中。数据库除了可以保存数据以外，还通常会提供按搜索条件查询数据、更新数据和删除数据的功能，这些操作通常称为数据库的"增、删、改、查"。除此之外，数据库还有一些更高级的功能，如控制用户增、删、改、查数据的权限等。JSON数据库是指数据库中的每一条记录都是JSON格式的数据。

文件存储能力很好理解，就是可以为小程序提供上传、下载和删除文件的功能。云开发为JSON数据库和文件存储能力分别提供了一块存储空间，用于存储开发者或小程序用户保存的数据或文件。从本质上来说，这块存储空间位于腾讯公司的某台服务器中，而使用云开发的开发者实际上是租用了该空间。腾讯保证了该空间的隐私性与安全性，开发者无须关心服务器硬件和操作系统等底层的问题，只需要关注业务本身，这就是云开发的优势所在。

除了存储数据和文件以外，云开发还提供了一个云函数的功能，用于实现一些在服务端运行的复杂逻辑，也就是运行在服务端的JS代码。云函数的语法规则与小程序端的JS函数是一样的。

云开发能力从小程序基础库版本2.2.3开始支持，目前该版本已经覆盖了超过97%的用户。

4.1.2 开通云开发

云开发功能可以在微信开发者工具中开通。首先，单击工具栏中的"云开发"按钮，如图4.1所示。

图4.1 单击工具栏中的"云开发"按钮

在弹出的介绍页中单击"开通"按钮，微信开发者工具会提示开发者阅读相关的服务条款和运营规范，阅读完毕后单击"确定"按钮，此时会弹出一个表单页面，让开发者输入环境名称和环境ID，如图4.2所示。

创建环境

环境名称	test
	一个具体的环境名称有助于区分和记忆。
环境 ID	test-633q8
	环境 ID 是在使用云服务时需要用到的全局唯一标识符，一经创建便不可修改。
环境配额	

基础配额 当前配额

存储空间	5G / 月	云函数同时连接数	20
CDN 流量	5GB / 月	数据库容量	2GB
云函数调用次数	20万次 / 月	数据库同时连接数	20

查看详情 >

确定

图4.2 创建云开发环境

　　一个云开发环境对应了一整套的云开发资源，包括数据库、文件存储空间、云函数等。各个环境是相互独立的，每个小程序最多可以拥有两套环境，小程序官方建议开发者将其中一套环境作为测试环境，所有功能在测试环境测试完毕后，再切换为正式环境。

　　填写表单时，环境名称是为了给开发者区分和记忆不同的环境，而环境ID是在使用云开发服务时用于指定访问哪一套云开发环境的。每一套环境都有一定的配额限制，如存储空间的大小、云函数的数量、云开发资源的访问次数等，读者可以单击下面的"查看详情"按钮了解更多信息。

　　单击"确定"按钮后，微信开发者工具就会通知云开发后台初始化环境，这个过程需要等待一段时间，如图4.3所示。

图4.3　等待云开发环境初始化

环境初始化完毕后，即可进入云开发控制台。

4.1.3　云开发控制台

　　云开发控制台是管理员管理云开发资源的地方，提供运营数据分析、数据库管理、文件存储管理和云函数管理等功能。

　　在运营分析页面中，可以查看云开发资源的使用情况、用户访问云开发资源的情况和各项指标的统计图表，如图4.4~图4.6所示。

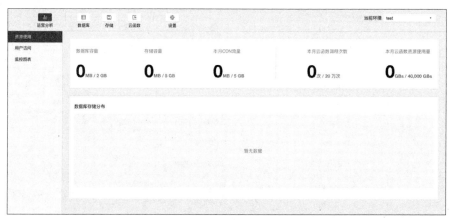

图4.4　云开发控制台–运营分析–资源使用

图4.5　云开发控制台–运营分析–用户访问

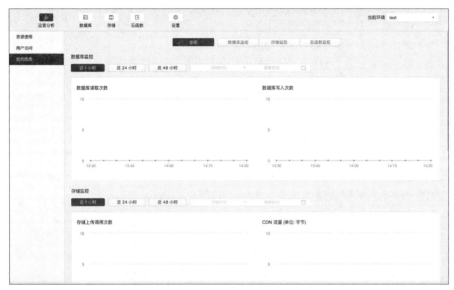

图4.6　云开发控制台–运营分析–监控图表

后面介绍JSON数据库、文件存储和云函数时，会一一介绍如何使用云开发控制台管理各类云开发资源。

4.1.4　云开发的API

在实际使用时，小程序通过云开发的API访问云开发资源。

云开发技术的API分为三部分，分别是小程序端API、服务端API和HTTP API。小程序端API和服务端API都是以JS函数的形式提供的，开发者通过调用这些函数实现云开发的功能。小程序端API函数在小程序的JS文件中使用，而服务端API函数则是在云函数中使用。

HTTP API则包括一系列HTTP链接，这些链接可以在小程序之外访问（如网页或App），这使云开发资源不仅仅是在小程序内部使用，还可以与其他形式的应用互联互通。由于HTTP API的使用场景主要在服务端，会涉及服务端开发技术，因此本书不对其进行详细介绍。如果读者希望了解HTTP API，可以在微信公众平台中阅读相关的文档。

本书介绍云开发API时，会首先介绍小程序端的API功能，服务端的API功能与小程序端的

API功能大部分都是相同或者类似的，如果有不一样的地方，会在介绍时进行特殊说明。

注意：小程序端的API函数都封装在wx.cloud对象中，而服务端环境中没有这个对象，后面学习云函数时会介绍如何在服务端环境中使用API函数。

在小程序端使用云开发API前，首先要调用wx.cloud.init方法完成云能力的初始化。初始化方法只需要调用一次，因此通常在小程序app.js文件的onLaunch函数中调用它。代码如下：

```
App({
  onLaunch() {
    // 小程序生命周期函数 onLaunch，小程序启动时会调用它
    wx.cloud.init({
      env: 'test-633q8',    // 指定使用环境 ID 为 test-633q8 的云开发环境
      traceUser: true       // 将用户对云资源的访问记录到用户管理中，在云开发控制台
                            // 中可见

    })
  }
})
```

wx.cloud.init函数可以像上面那样传入一个JSON对象参数，这个参数是可选的。参数的env属性的默认值为default，表示使用默认的云开发环境，也就是该小程序创建的第一个云开发环境。参数traceUser的默认值为false，表示不对用户的访问进行记录。

另外，env属性也可以分别指定数据库、文件存储和云函数使用的云开发环境。代码如下：

```
wx.cloud.init({
  env: {
    database: 'test-633q8',   // 指定数据库使用环境 ID 为 test-633q8 的云开发环境
    storage: 'test-633q8',    // 指定文件存储使用环境 ID 为 test-633q8 的云开发环境
    functions: 'test-633q8'   // 指定云函数使用环境 ID 为 test-633q8 的云开发环境
  }
})
```

4.2　云开发JSON数据库

首先介绍云开发中的JSON数据库。如果读者之前了解过MySQL、Oracle之类的"关系型数据库"，需要知道云开发中的JSON数据库是一种"非关系型数据库"，它没有表、行、列的概念。如果读者没有接触过相关的概念，暂时也不需要去了解它们，我们直接从JSON数据库的基本概念讲起。

4.2.1　JSON数据库基本概念

集合：一个数据库中可以有很多的集合，一个集合中存储的通常是同一类数据。它可以看

作一个JSON数组，数组中每一个元素都是一条记录。集合可以对应关系型数据库中的"表"的概念。

记录：记录是JSON对象类型的数据，它保存在集合中，一个集合中有很多条记录。例如，在投票小程序中，每一个投票问题都可以存储为一条记录。记录可以对应关系型数据库中的"行"的概念。

字段：记录对象中的每一个属性被称为字段。例如，在投票小程序中，投票的标题、描述等信息都保存在JSON对象的属性中，它们都可以被称为字段。字段可以对应关系型数据库中的"列"的概念。

数据库API：开发者可以通过调用JS函数实现数据的增、删、改、查功能，这些函数被称为数据库API。数据库API分为小程序端和服务端两部分，小程序端API可以在小程序中使用，服务端API需要在云函数中使用。数据库的服务端API与小程序端API有很多相同的函数，后面介绍API函数时，如果不特殊说明，则默认该函数既包含在小程序端API中，又包含在服务端API中。

ID：每条记录都有一个_id字段，用于唯一标识一条记录，称为这条记录的ID。新增一条记录时，开发者可以指定_id字段的内容，如果不指定该字段，数据库会自动为该记录添加一个string类型的_id字段。记录添加到集合中后，_id字段的内容就不能再改变了。

创建者：新增一条记录时，如果是通过小程序端调用API新增的记录，在记录中会自动添加一个_openid字段，这个字段代表小程序用户的ID，用于标识记录的创建者。

注意：如果用云开发控制台添加记录，或用云函数调用数据库的服务端API添加记录，被添加的记录不会有_openid字段，因为这是属于管理员创建的记录。

4.2.2　字段的数据类型

云开发数据库字段的数据类型除了包括string、number、boolean、null、Array和Object以外，还增加了两个特殊的数据类型，分别是时间类型Date和地理位置点类型GeoPoint。

这里的Date类型即JavaScript中的Date类型，可以用如下代码获取Date数据。

```
{
  time: new Date()
}
```

需要特别注意的是，在小程序端使用new Date()方法获取的时间是客户端时间，也就是用户手机设置的时间。如果这个时间不准确，或者用户故意将手机时间修改为其他的时间，那么就会获取错误的数据。为了解决这个问题，在小程序端可以使用数据库API中的函数获取服务器时间（可以认为服务器时间是准确的时间）。代码如下：

```
// 这段代码可以出现在小程序页面的 JS 文件中或 app.js 文件中
const db = wx.cloud.database()        // 在小程序端获取 JSON 数据库的引用
db.collection('test').add({           // 在 JSON 数据库的 test 集合中增加一个记录
  createTime: db.serverDate()         // createTime 字段的数据类型为 Date，时间为
```

```
                                    服务器时间
  })
```

注意： 使用wx.cloud.database函数前必须保证wx.cloud.init已经被调用过一次了。

调用serverDate函数时，还可以为它传入一个包含offset属性的JSON对象作为参数，用于获取一定时间之后（或之前）的时间，单位为毫秒。代码如下：

```
{
  time: db.serverDate({
    offset: 60 * 60 * 1000   // 获取服务器时间一个小时以后的时间
  })
}
```

GeoPoint是一种强大的数据类型，可以表示地理位置的点、线段、多边形区域及它们的集合。例如，可以使用如下代码在数据库中保存GeoPoint类型的数据。

```
// 这段代码可以出现在小程序页面的 JS 文件中或 app.js 文件中
const db = wx.cloud.database()           // 在小程序端获取 JSON 数据库的引用
db.collection('test').add({              // 在 JSON 数据库的 test 集合中增加一个记录
  point: db.Geo.Point(113, 23),          // 使用 API 函数创建一个东经 113°、北纬 23°
                                         //  的点
  line: db.Geo.LineString([              // 使用 API 函数创建线段
    db.Geo.Point(113, 23),               // 一条线段由两个或更多的点有序连接组成
    db.Geo.Point(120, 50),
    db.Geo.Point(114, 50)
  ])
})
```

4.2.3 权限控制

在云开发控制台中可以对数据库的数据进行操作，在小程序端和云函数中也可以分别使用小程序端API与服务端API对数据库中的数据进行操作，而这些操作都是受到权限控制的。

云函数和云开发控制台的操作都属于管理端的操作，拥有所有读/写数据库的权限。而小程序端的操作是在小程序客户端发起的，读/写数据库时会受到严格的权限控制。

注意： 通常将数据库的查询操作称为读操作，将数据库的增加、删除和修改记录的操作称为写操作，统称读/写操作。

前面介绍过，集合中的每一个记录通常都会有一个_openid字段表示该记录的创建者。权限控制实际上就是需要考虑这样一个问题：用户A创建了一条数据记录，用户B是否拥有权限读取该记录，是否拥有权限修改或删除该记录？

云开发数据库提供了四种级别的权限控制，权限的配置规则可以以集合为单位进行设置。这几种权限控制规则如表4.1所示。

表4.1 云开发数据库的权限控制规则

权 限 规 则	使 用 场 景
仅创建者可写，所有人可读	比如保存用户写的文章或评论
仅创建者可读/写，其他用户不可读/写	比如用于私密相册
仅管理端可写，所有人可读	比如保存商品信息
仅管理端可读/写	比如保存后台用的不暴露给用户的数据

通过分析这些权限规则，就会发现：管理端始终拥有读/写所有数据的权限；小程序端始终不能写他人创建的数据。

在使用云开发数据库功能时，需要谨慎设置数据库的权限规则，防止出现越权的操作。

4.2.4 在控制台中管理数据库

云开发控制台的数据库管理页面如图4.7所示。

图4.7 云开发控制台的数据库管理页面

单击"集合名称"右边的"+"号按钮即可创建一个集合，创建集合时需要为集合起一个名字，如图4.7所示中已经创建了一个名为test的集合。单击"添加记录"按钮可以在集合中添加一条记录，如图4.8所示。

图4.8 在云开发控制台中添加数据记录

记录添加以后，如图4.9所示。

图4.9   在云开发控制台查看数据库中的记录

可以看到，在控制台中可以对该记录进行修改，如添加一个新的字段，修改或删除某个字段等。右击该记录，还可以删除数据库中的某个记录，如图4.10所示。

图4.10   删除数据库中的记录

在云开发控制台中，还可以对集合的索引进行管理，如图4.11所示。

索引名称	索引属性	索引字段	索引占用空间	命中次数	操作
birthDate	非唯一	birthDate 升序	16.00 KB	0	删除
_id_		_id 升序	16.00 KB	3	

图4.11   管理集合索引

建立索引是保证数据库性能、保证小程序体验的重要手段。开发者应该为所有需要成为查询条件的字段建立索引。什么是"需要成为查询条件的字段"呢？例如，查询所有birthDate晚于2000年1月1日的记录，将_id为123的记录删除，将所有name为"张三"的用户的name修改为"李四"。在这几个例子中，birthDate字段、_id字段和name字段都是查询条件字段。

对于嵌套的字段，也可以通过点号为字段创建索引。例如，对如下格式的记录中的 color 字段进行索引时，可以用 style.color 表示。

```
{
  "_id": '',
  "style": {
    "color": ''
  }
}
```

上面这些索引都是单字段索引，还可以为数据集合创建包含多个字段的索引，称为组合索引。当查询条件使用的字段包含在索引定义的所有字段或前缀字段中时，会命中索引，优化查询性能。例如，有一个集合中定义了一个组合索引A, B, C，那么使用A或A, B或A, B, C作为查询条件时，都可以命中该索引。但是使用B或C或B, C作为查询条件时，都无法命中该索引。

创建索引时可以指定增加唯一性限制。具有唯一性限制的索引会要求被索引集合不能存在被索引字段值都相同的两个记录。需特别注意的是，假如记录中不存在某个字段，则对索引字段来说其值默认为null，如果索引有唯一性限制，则不允许存在两个或以上的该字段为空的记录。索引的唯一性限制可以在创建索引时设置，如图4.12所示。

图4.12 添加索引

最后，在云开发控制台中还可以对集合的权限规则进行设置，如图4.13所示。

图4.13 设置集合的权限规则

4.2.5 数据库、集合与记录的引用

在开始使用数据库API进行增、删、改、查操作之前，需要先获取数据库的引用。下面这段代码可以获取默认环境的数据库的引用。

```
const db = wx.cloud.database()  // 获取默认环境的数据库的引用
```

如果希望获取其他环境的数据库引用，可以在获取数据库引用时传入一个对象参数，并将环境ID放在env属性中，代码如下。

```
const testDB = wx.cloud.database({
  env: 'test-633q8'  // 获取 ID 为 test-633q8 的云开发环境的数据库引用
})
```

获取数据库的引用后，就可以对数据库进行操作了。如果希望操作一个集合，需要先获取集合的引用。可以通过数据库引用上的collection方法获取一个集合的引用，代码如下。

```
const testCollection = db.collection('test')  // 获取数据库中 test 集合的引用
```

获取集合的引用并不会发起网络请求去拉取它的数据。获取集合的引用后，可以通过该引用在集合中进行增、删、改、查操作，在执行这些操作时才会真正发起网络请求。除此之外，还可以通过集合引用上的doc方法来获取集合中指定ID的记录的引用，代码如下。

```
const testRecord = db.collection('test').doc('abc')  // 获取 test 集合中 ID
为 abc 的记录的引用
```

注意： 数据库引用、集合引用和记录引用也可以被称为数据库对象、集合对象和记录对象。

4.2.6 在集合中插入数据

在集合对象上调用add方法可以在集合中插入一条记录。假如现在正在做一个待办事项小程序，使用todos集合保存待办事项清单。可以使用下面的代码在集合中添加一条记录。

```
db.collection('todos').add({
  // data 字段表示需新增的 JSON 数据
  data: {
    // _id: 'id-123', // 可选自定义 _id，在此处场景下用数据库自动分配的就可以了
    name: "write paper",
    due: new Date("2019-03-01"),
    tags: [
      "paper"
    ],
    // 为待办事项添加一个地理位置（113° E, 23° N）
    location: new db.Geo.Point(113, 23),
    done: false
  },
  // 插入数据成功时小程序会自动调用 success 函数，并传入一个 res 参数
  success: function(res) {
    // res 是一个对象，其中有 _id 字段标记刚创建的记录的 ID
    console.log(res)
  },
  // 插入数据失败时小程序会自动调用 fail 函数，并传入一个 res 参数
  fail: function(res) {
```

```
      // res 是一个对象，其中有 errCode 字段表示错误码，errMsg 字段表示错误信息
      console.log(res)
    },
    // 无论插入数据操作是否成功，小程序都会调用 complete 函数（在 success 或 fail 之后
      执行）
    complete: function(res) {
      // res 是一个对象，它的内容与 success 或 fail 回调中的 res 参数是一样的
      console.log(res)
    }
})
```

调用上面这个数据库API时，可以设置三个回调函数：success、fail和complete。这些回调函数是可选的，如果不需要在添加记录成功或失败时执行某个操作，实际上也可以不设置它们。

如果该代码是在小程序端执行的，从云开发控制台的数据库管理页面可以看到，新增的记录中除了给出的字段以外，还自动增加了_id字段和_openid字段，如图4.14所示。

+ 添加字段

"_id": "94b1e1fc5d04c3ae01d8c87f2cbf8811"

"_openid": "owHUa0QccGtYLSI-ONl7wLOGdq9Q"

"done": false

"due": Fri Mar 01 2019 08:00:00 GMT+0800 (CST)

"location": [113° E, 23° N]

"name": "write paper"

▼ "tags": ...

    0: "paper"

图4.14　在控制台中查看新插入的数据

另外，数据库API支持一种叫作Promise的风格，在add方法后调用then方法或者catch方法分别实现success回调和fail回调的功能。代码如下：

```
db.collection('todos').add({
  // data 字段表示需新增的 JSON 数据
  data: {
    // _id: 'id-123', // 可选自定义 _id，在此处场景下用数据库自动分配的就可以了
    name: "write paper",
    due: new Date("2019-03-01"),
    tags: [
      "paper"
    ],
```

```
    // 为待办事项添加一个地理位置（113° E，23° N）
    location: new db.Geo.Point(113, 23),
    done: false
  }
}).then(res => {   // then 方法中需要传入一个 JS 函数，这里使用的是箭头函数语法
  // 插入数据成功时小程序会自动调用本方法
  // res 是一个对象，其中有 _id 字段标记刚创建的记录的 ID
  console.log(res)
}).catch(res => {   // catch 方法中需要传入一个 JS 函数，这里使用的是箭头函数语法
  // 插入数据失败时小程序会自动调用本方法
  // res 是一个对象，其中有 errCode 字段表示错误码，errMsg 字段表示错误信息
  console.log(res)
})
```

在Promise风格中，执行了then中的函数就不会再执行catch中的函数，反之也是一样。另外，在Promise风格中没有与回调风格的complete函数相同的功能。

在小程序端，数据库的增、删、改、查API都同时支持回调风格和Promise风格的调用，读者可以根据自己的习惯使用。而在服务端，数据库API只支持Promise风格的调用，而不再支持success、fail和complete的调用。

需要注意的是，在小程序端的同一次API调用中，回调风格与Promise风格是不能混用的，如果API函数参数的对象中存在success、fail或complete属性，那么API调用就必须使用回调风格，反之就可以使用Promise风格的API调用。

4.2.7　查询数据

在记录对象和集合对象上都有一个get方法，可以获取单个记录或集合中多个记录的数据。假如已有一个集合todos，其中包含以下内容的记录。

```
[
  {
    _id: 'id-1',
    _openid: 'user-open-id', // 假设用户的 openid 为 user-open-id
    name: "write paper",
    due: Date("2019-03-01"),
    progress: 20,
    tags: [
      "paper"
    ],
    style: {
      color: 'white',
      size: 'large'
```

```
    },
    location: Point(113.33, 23.33), // 113.33° E, 23.33° N
    done: false
  },
  {
    _id: 'id-2',
    _openid: 'user-open-id', // 假设用户的 openid 为 user-open-id
    name: "read a book",
    due: Date("2019-02-01"),
    progress: 50,
    tags: [
      "book"
    ],
    style: {
      color: 'yellow',
      size: 'normal'
    },
    location: Point(113.22, 23.22), // 113.22° E, 23.22° N
    done: false
  }
  // more...
]
```

通过在记录的引用上调用get方法可以获取该记录的数据内容。代码如下：

```
db.collection('todos').doc('id-1').get({
  success: function(res) {
    // res.data 包含集合中 ID 为 id-1 的记录的数据
    console.log(res.data)
  }
})
```

通过在集合的引用上调用get方法可以获取该集合的所有记录。代码如下：

```
db.collection('todos').get({
  success: function(res) {
    // res.data 是一个包含集合中有权限访问的所有记录的数据，不超过 20 条
    console.log(res.data)
  }
})
```

在通常情况下，获取的数据量越大，处理的时间越长，用户需要等待的时间也就越长。为了避免让用户长时间等待，应当尽量避免一次性获取过量的数据，而应该只获取必要的数据。小程序官方为了防止误操作及保护小程序的使用体验，规定了在小程序端获取集合数据时，服

务器一次默认并且最多返回20条记录。而在云函数端调用该API函数时，服务器一次默认并且最多返回100条记录。

既然不能直接获取集合中的全部数据，那么如果希望获取集合中更多的数据时应该怎么办呢？这时可以使用分页查询的方式，在适当的时机对数据进行多次加载。

4.2.8　分页查询

读者对于分页查询应该不陌生。在计算机时代，很多网页都会因为数据量过大的原因不能在一页内全部加载，因此页面的底部通常会有一些分页导航按钮，如"首页""上一页""下一页""尾页""第1页""第2页""第3页"等。分页查询就是指像这样根据页码将每一页的数据查询出来。

在移动互联网时代同样面临着分页查询的问题，不过在移动端几乎已经看不到这种分页导航按钮了，大部分的网页和应用都对移动端的操作体验做了优化，取而代之的是在页面上拉触底时自动加载下一页。

下面是一个分页查询的代码示例。

```
Page({
  data: {
    pageData: [], // 已经获取的分页数据，通常会在视图层用 wx:for 列表渲染该数据
    nextPage: 0    // 下拉触底时，应该获取下一页数据的页码，从 0 开始
  },
  onLoad() {
    this.getNextPageData()            // 进入页面时立即获取第 0 页的数据
  },
  onReachBottom() {
    this.getNextPageData()            // 页面下拉触底时获取下一页的数据
  },
  getNextPageData() {
    const PAGE_COUNT = 20             // 使用常量表示每一页显示的数据的数量
    const db = wx.cloud.database()                 // 获取数据库的引用
    db.collection('todos').count().then(res => { // 获取集合中的记录的数量
      const totalCount = res.total
      const totalPages = Math.ceil(totalCount / PAGE_COUNT)
                                      // 计算总页数，小数向上取整
      if (this.data.nextPage < totalPages) {       // 当下一页存在时
        db.collection('todos')
          .skip(this.data.nextPage * PAGE_COUNT) // 跳过已经获取的数据
          .limit(PAGE_COUNT)                       // 获取新的 20 条数据
          .get().then(res2 => { // 为了防止命名冲突，返回值命名为 res2
            // 将已有的 pageData 与新获得的 20 条数据合并成一个新的数组
```

```
                    const pageData = this.data.pageData.concat(res2.data)
                    this.setData({
                        pageData,                     // 将合并后的数据更新到 data 对象中
                        nextPage: this.data.nextPage + 1  // 将 nextPage 更新为下一页
                    })
                })
            } else {
                console.log('no more data')       // 数据已经全部加载完毕
            }
        })
    }
})
```

实现分页查询时，除了需要用pageData变量保存已经获取的数据，还需要用一个nextPage
变量记录下一页的页码，尽管这个数据并不需要在页面中展示出来。

在getNextPageData函数中，PAGE_COUNT常量用于表示每一页显示的数据的数量，这个
值可以小于或等于20，但是因为云开发服务器限制了一次性获取的记录数量不能大于20，因
此这个值不能大于20。

注意：20指的是小程序端API的数量限制，服务端API的数量限制为100。

在分页查询时，首先需要在集合引用上使用count方法获取集合中所有记录的总数量，然
后就可以通过记录数量和PAGE_COUNT相除计算出总页数，如果计算结果是小数，显然需要
向上取整，可以用Math.ceil函数对小数进行向上取整。使用Math.floor函数可以实现对小数的
向下取整，使用Math.round函数可以实现对小数的四舍五入。

得出集合的总页数以后，通过比较nextPage变量与总页数的大小，就可以知道当前是否已
经将数据全部获取完毕了。如果还可以继续获取数据，在下拉触底时，就可以通过集合引用上
面的get方法继续获取数据。

和之前不同的是，在集合引用上调用get方法前，需要使用skip函数指定需要跳过几条记
录，以及用limit函数指定本次需要获取几条记录。获取第一页时，显然需要跳过0条数据；而
获取第二页时，就需要跳过PAGE_COUNT条数据了。limit函数参数的上限就是20（服务端为
100），如果超过20则不会生效。

每次获取到数据时，就可以用数组上的concat函数将已有的pageData与新获得的20条数据
合并成一个新的数组，同时将nextPage数量加1，再将它们更新到页面data对象中。

上面这段代码使用了Promise风格的写法，这样写有一个好处：在then函数中，this仍指
的是这个页面对象，因此不需要额外的变量记录this的值。而如果使用回调风格的方式，在
success函数中，this的值会被改变，因此如果需要在success函数中使用this，需要在调用接口
之前提前将this记录下来，代码如下。

```
getNextPageData() {
    const PAGE_COUNT = 20
```

```
const db = wx.cloud.database()
const _this = this                          // 将 this 对象提前用变量记录下来
db.collection('todos').count({              // 获取集合中的记录的数量
  success(res) {                            // 使用回调风格的 API
    const totalCount = res.total
    const totalPages = Math.ceil(totalCount / PAGE_COUNT)
    if (_this.data.nextPage < totalPages) { // 在 success 函数中需要用
                                            //    _this 代替 this

      db.collection('todos')
        .skip(_this.data.nextPage * PAGE_COUNT)
        .limit(PAGE_COUNT)
        .get({
          success(res2) {                   // 使用回调风格的 API
            // 在 success 函数中需要用 _this 代替 this
            const pageData = _this.data.pageData.concat(res2.data)
            _this.setData({
              pageData,
              nextPage: _this.data.nextPage + 1
            })
          }
        })
    } else {
      console.log('no more data')
    }
  }
})
}
```

4.2.9 条件查询与查询指令

在查询数据时，有时需要对查找的数据添加一些限定条件，只获取满足给定条件的数据，这样的查询称为条件查询。

可以在集合引用上使用where方法指定查询条件，此时再调用get方法，即可只返回满足指定查询条件的记录。继续使用上面提到的待办事项的例子，如果想要获取某个用户的所有未完成的待办事项，可以使用下面这段代码：

```
db.collection('todos').where({
  _openid: 'user-open-id',  // 指定用户的 ID
  done: false               // 指定未完成的事项
}).get().then(res => {
  console.log(res.data)
```

```
})
```

where方法接受一个对象参数，该对象中每个字段和它的值构成一个需满足的匹配条件。各个字段间的关系是"与"的关系，即需同时满足这些匹配条件。在这个例子中，就是查询出 todos集合中_openid等于user-open-id且done等于false的记录。

相等条件的查询非常简单，那么如果想以"大于""小于"或是"数组中是否包含某元素"作为条件，又该如何进行查询呢？这时可以使用查询指令构造出复杂的查询条件。

查询指令也是数据库API中的函数，它们被封装在db.command对象中。例如，如果希望查询进度小于50%的待办事项，可以使用以下代码：

```
db.collection('todos').where({
  progress: db.command.lt(50) // 使用 db.command.lt 限定 progress 字段的值小于
                                                    50 的条件
}).get().then(res => {
  console.log(res.data)
})
```

db.command对象中提供的查询指令如表4.2所示。

表4.2　db.command中提供的查询指令

查 询 指 令	说 　 明
eq	等于
neq	不等于
lt	小于
lte	小于或等于
gt	大于
gte	大于或等于
in	字段值在给定数组中
nin	字段值不在给定数组中
and	条件与，表示需同时满足另一个条件
or	条件或，表示满足任何一个条件即可

这些查询条件都很好理解，这里对and和or指令做一个补充说明。这两个查询指令被称为逻辑指令，在需要对多个条件同时进行判断时可以使用。例如，用and逻辑指令查询进度在 20%~80%的待办事项。代码如下：

```
db.collection('todos').where({
  progress: db.command.gte(20).and(db.command.lte(80))
}).get().then(res => {
  console.log(res.data)
})
```

以上代码可以看到，使用and指令时，可以把它紧跟在其他的查询指令之后，并且可以传入另一个查询指令作为参数。此时只有当and左右的两个查询指令的条件都满足时，才会将数据查询出来。使用or指令时也是一样的方法。

另外，使用or指令时，还可以对不同的字段进行条件查询，如查询进度小于50%或截止日期在今天之后的待办事项。代码如下：

```
db.collection('todos').where(db.command.or([
  {
    progress: db.command.lt(50)
  },
  {
    due: db.command.gt(new Date())
  }
])).get().then(res => {
  console.log(res.data)
})
```

虽然使用and指令也可以对不同的字段进行条件查询，但通常没有必要这么做。例如，将上面的or条件改为and，即查询进度小于50%，并且截止日期在今天之后的待办事项。代码如下：

```
db.collection('todos').where({
  progress: db.command.lt(50),
  due: db.command.gt(new Date())
}).get().then(res => {
  console.log(res.data)
})
```

4.2.10 查询数组和对象

在JSON数据中，有时会嵌套对象或者数组数据，如果希望以数组或对象作为查询条件，应该如何构造查询的匹配条件呢？下面根据不同的场景对它们一一进行介绍。

1. 匹配记录中的嵌套字段

首先假设在集合中有如下两个记录。

```
[{
  "style": {
    "color": "red"
  }
}, {
  "style": {
    "color": "blue"
  }
}]
```

如果希望查询出集合中style.color为blue的记录，可以有两种查询方式。代码如下：

```
// 方式一：传入相同结构的对象作为查询条件
db.collection('todos').where({
  style: {
    color: 'blue'
  }
}).get()

// 方式二：使用"点表示法"查询
db.collection('todos').where({
  'style.color': 'blue'  // 使用点表示法时，对象的属性必须用引号引起来，否则有语
                            法错误
}).get()
```

2. 匹配数组
假设在集合中有如下一个记录。

```
{
  "data": [1, 2, 3]
}
```

可以传入一个完全相同的数组来筛选出这条记录。

```
db.collection('todos').where({
  data: [1, 2, 3]
}).get()
```

3. 匹配数组中的元素
如果想找出数组字段中数组值包含某个值的记录，可以在匹配数组字段时传入想要匹配的值。继续使用数组的例子，用下面这段代码可以筛选出所有data字段的值包含2的记录。

```
db.collection('todos').where({
  data: 2
}).get()
```

4. 匹配数组第*n*项元素
如果想找出数组字段中第*n*项元素等于某个值的记录，可以用"字段名.n"为key进行匹配。例如，下面这段代码可以找出data字段第2项的值为2的记录。

```
db.collection('todos').where({
  'data.1': 2  // 数组下标从 0 开始
}).get()
```

5. 结合查询指令对数组进行匹配
在对数组字段进行匹配时，也可以使用查询指令，筛选出数组中存在满足给定比较条件的记录。例如，下面这段代码可以查找出所有data字段的数组值中存在包含大于1的值的记录。

```
db.collection('todos').where({
  numbers: db.command.gt(1)
}).get()
```

6. 匹配多重嵌套的数组和对象

上面所讲述的所有规则都可以嵌套使用。假设在集合中有如下一个记录。

```
{
  "test": {
    "objects": [
      {
        "data": [1, 2, 3]
      },
      {
        "data": [5, 6, 7]
      }
    ]
  }
}
```

利用下面这段代码可以找出集合中所有满足test.objects数组第一个元素的data的第三项等于3的记录。

```
db.collection('todos').where({
  'test.objects.0.data.2': 3
}).get()
```

在嵌套的查询条件中，也可以不指定数组的下标。例如，可以找出集合中所有满足test.objects数组中任意一项data字段包含2的记录。

```
db.collection('todos').where({
  'test.objects.data': 2
}).get()
```

4.2.11　更新数据

使用数据库API更新集合中的数据时主要有两种方法：一种是将数据记录局部更新的update方法；另一种是以替换的方式更新记录的set方法。

update方法可以局部更新一个记录或一个集合中的多个记录，更新时只有指定的字段会得到更新，其他字段不受影响。例如，下面这段代码可以将一个待办事项置为已完成。

```
db.collection('todos').doc('id-1').update({
  data: {        // data 传入需要局部更新的数据
    done: true  // 表示将 done 字段置为 true
```

```
  }
}).then(res => {
  console.log(res)
})
/* res 的值为:
res = {
  errMsg: "document.update:ok",
  stats: {
    updated: 1      // updated 表示被更新的记录的数量
  }
}
*/
```

上面这段代码更新了集合中的一个记录,小程序端的API不支持同时更新集合中的多个记录,如果需要进行这种操作,需要在云函数中使用云开发数据库的服务端API实现。更新一个记录的操作是在记录引用上进行的,类似地,如果希望更新集合中的多个记录,只需要在集合引用上执行update方法即可。

如果只希望更新集合中满足某种条件的记录,可以像查询数据时一样,在集合引用上面先使用where方法限定一些条件,然后接着使用update方法对满足条件的记录进行更新。例如,下面这段代码可以将集合中所有未完成的待办事项的progress字段增加10。

```
db.collection('todos').where({
  done: false
}).update({
  data: {
    progress: db.command.inc(10)
  }
})
```

如果希望将集合中的某个记录直接替换为新的数据,而不是只更新其中的某个字段,可以通过在记录上使用set方法实现,如以下代码所示。

```
db.collection('todos').doc('id-1').set({
  data: {
    name: "write another paper",
    due: new Date("2019-03-01"),
    tags: [
      "paper"
    ],
    progress: 0,
    style: {
      color: "skyblue"
    },
```

```
    location: new db.Geo.Point(113, 23),
    done: false
  }
})
```

这段代码可以将集合中ID为id-1的记录更新为data对象，如果ID为id-1的记录不存在，则会根据data的值自动创建一条新的记录，并且新的记录的ID为id-1。

注意：在小程序端，只有当用户具有写权限时，才可以更新记录的数据。

4.2.12 更新指令

在使用update方法进行数据更新时，除了用指定值更新字段外，数据库API还提供了很多更新指令用于执行更复杂的更新操作。更新指令与查询指令一样也是被封装在db.command对象中的函数，如表4.3所示。

表4.3 db.command中封装的更新指令

更 新 指 令	说　　明
set	设置字段为指定值
remove	删除字段
inc	原子自增字段值
mul	原子自乘字段值
push	如果字段值为数组，往数组尾部增加指定值
pop	如果字段值为数组，从数组尾部删除一个元素
shift	如果字段值为数组，从数组头部删除一个元素
unshift	如果字段值为数组，往数组头部增加指定值

set指令可以将一个字段的值更新为另一个对象。举个例子，假如集合中有这样一个记录。

```
{
  "style": {
    "color": "red",
    "size": "large"
  }
}
```

使用普通的方式更新，可以只修改color字段，而不影响size字段。代码如下：

```
db.collection('todos').doc('id-1').update({
  data: {
    style: {
      color: 'blue'
    }
  }
```

```
}).then(res => {
  console.log(res)
})
/* 更新后，记录的值变为:
{
  "style": {
    "color": "blue",
    "size": "large"
  }
}
*/
```

而如果使用set指令进行更新，则style字段的值就会整个替换为新的对象。代码如下:

```
db.collection('todos').doc('id-1').update({
  data: {
    style: db.command.set({
      color: 'blue'
    })
  }
}).then(res => {
  console.log(res)
})
/* 更新后，记录的值变为
{
  "style": {
    "color": "blue"
  }
}
*/
```

inc和mul指令可以将字段的值增加或者乘上某个数值，如下面这段代码可以将一个待办事项的进度+20%。

```
db.collection('todos').doc('id-1').update({
  data: {
    // 表示指示数据库将字段自增 10
    progress: db.command.inc(20)
  }
}).then(res => {
  console.log(res)
})
/* res 的值为:
res = {
```

```
    errMsg: "document.update:ok",
    stats: {
      updated: 1        // updated 表示被更新的记录的数量
    }
  }
*/
```

也许有读者会想到：是不是可以先将ID为id-1的数据读出来，将progress字段增加20，然后再使用普通的更新方式更新回去呢？答案视情况而异。假设这样一个场景：用户A和用户B同时都需要将ID为id-1的记录的progress字段增加20。如果使用普通的更新方式有可能会出现以下两种情况。

```
// 正常情况
用户 A 读数据，读到 progress 的值（假设为 progress0）
progressA = progress0 + 20
将 progressA 更新回去
用户 B 读数据，读到 progressA 的值
progressB = progressA + 20
将 progressB 更新回去
// 最终 progress 的值为 progressB = progress0 + 40


// 由于并发冲突导致的异常情况
用户 A 读数据，读到 progress 的值（假设为 progress0）
用户 B 读数据，读到 progress 的值，由于用户 A 尚未更新，此时 progress 的值仍为
progress0
progressA = progress0 + 20
将 progressA 更新回去
progressB = progress0 + 20
将 progressB 更新回去
// 最终 progress 的值为 progressB = progress0 + 20
```

使用更新指令则会避免上面这个问题，因为更新指令的操作是原子操作，也就是说，读progress的值，将progress+20，以及更新progress的值在一条指令内就可以完成，中间不会插入任何人的任何操作。因此只会出现下面两种情况。

```
// 正常情况 1
用户 A 将 progress 的值更新为 progress0+20，记为 progressA（假设 progress 原始值为
progress0）
用户 B 将 progress 的值更新为 progressA+20，记为 progressB
// 最终 progress 的值为 progressB = progress0 + 40


// 正常情况 2
用户 B 将 progress 的值更新为 progress0+20，记为 progressB（假设 progress 原始值为
```

```
progress0)
用户 A 将 progress 的值更新为 progressB+20,记为 progressA
// 最终 progress 的值为 progressA = progress0 + 40
```

如果字段是个数组,那么我们可以使用push、pop、shift和unshift对数组进行原子更新操作,如给一条待办事项加多一个标签。

```
db.collection('todos').doc('id-1').update({
  data: {
    tags: db.command.push('mini-program')
  }
}).then(res => {
  console.log(res)
})
/* res 的值为:
res = {
  errMsg: "document.update:ok",
  stats: {
    updated: 1     // updated 表示被更新的记录的数量
  }
}
*/
```

4.2.13 删除数据

小程序端的API支持删除集合中的单个记录,对记录引用使用remove方法可以删除该记录。代码如下:

```
db.collection('todos').doc('id-1').remove().then(res => {
  console.log(res)
})
/* res 的值为:
res = {
  errMsg: "document.remove:ok",
  stats: {
    removed: 1      // 删除的记录的数量
  }
}
*/
```

上面这段代码删除了集合中的一个记录,小程序端的API不支持同时删除集合中的多个记录,如果需要进行这种操作,需要在云函数中使用云开发数据库的服务端API实现。删除一个记录的操作是在记录引用上进行的,类似地,如果希望删除集合中的多个记录,只需要在集合引用上执行remove方法即可。如果只希望删除集合中满足某种条件的记录，可以像查询数据时一样，在集合引用上先使用where方法限定一些条件，然后接着使用remove方法对满足条件的记录进行删除。例如，下面这段代码可以删除集合中所有已完成的待办事项。

```
db.collection('todos').where({
  done: true
}).remove()
```

注意：在小程序端，只有当用户具有写权限时，才可以删除记录的数据。

4.3 云开发文件存储

接下来介绍云开发中的文件存储。文件存储功能支持将任意数量和格式的文件（如图片和视频等）保存在云端，支持以文件夹的形式将文件归类。在云开发控制台中，可以对云端保存的文件进行管理，另外还可以通过文件存储API对文件进行上传、删除、移动、下载和搜索操作。

4.3.1 在控制台中管理文件存储

云开发控制台的文件存储管理页面如图4.15所示。

图4.15 云开发控制台的文件存储管理页面

在控制台中管理文件存储时，操作方式与网盘相似。通过单击按钮就可以上传或删除文件，以及新建或删除文件夹。在文件列表中可以查询到文件名称、File ID、文件大小及更新时间等信息。另外，还可以在当前路径中通过文件名称的前缀搜索文件。

每一个上传的文件都会有一个唯一的File ID标识，在小程序基础库2.3.0以上的版本中，image图片组件与video视频组件都支持云开发的File ID，只要文件是组件支持的格式，就可以使用该文件的File ID作为组件的src属性。

例如，如果在文件存储中有一个File ID为cloud://test–633q8.7465–test–633q8/test.png的图片，那么在小程序中可以直接在image组件中引用这个File ID。代码如下：

```
<image src="cloud://test-633q8.7465-test-633q8/test.png" />
```

在控制台中，还可以对文件存储的权限设置进行修改。与数据库的权限控制类似，云开发控制台和服务端API始终有所有文件的读/写权限，而对于小程序端API的权限控制，一共提供了四个级别的权限，如表4.4所示。

表4.4 云开发文件的存储权限控制规则

权 限 规 则	使 用 场 景
所有用户可读，仅创建者可读/写	用户头像、用户公开相册等
仅创建者可读/写	私密相册、网盘文件等
所有用户可读(仅管理端可写)	文章配图、商品图片等
所有用户不可读/写(仅管理端可读/写)	业务日志等

4.3.2 上传文件

在小程序端和云函数中，都可以使用API将文件上传至云开发文件存储空间中。与数据库API不同，上传文件与下载文件的小程序端API与服务端API不太一样。由于在服务端很少会对文件进行上传或者下载，因此这里只介绍小程序端的API。

在小程序端，使用wx.cloud.uploadFile方法可以将本地文件上传至云空间。代码如下：

```
// 使用回调风格的 API 上传文件，会返回一个 uploadTask 对象
const uploadTask = wx.cloud.uploadFile({
  cloudPath: 'example.png', // 上传至云端的路径
  filePath: '',              // 本地文件路径
  success: res => {
    // 上传文件成功后会返回文件的 File ID
    // 可以根据具体的使用需求对 File ID 进行一些操作，例如与其他相关信息一起保存在数
       据库中
    console.log(res.fileID)
  },
  fail: err => {
    // handle error
  }
})
// 在 uploadTask 对象上可以设置上传进度的监听回调
uploadTask.onProgressUpdate(res => {
  console.log('上传进度 ', res.progress)
  console.log('已经上传的数据长度 ', res.totalBytesSent)
  console.log('预期需要上传的数据总长度 ', res.totalBytesExpectedToSend)
})
// 也可以通过 uploadTask 上面的 abort 方法取消上传任务
uploadTask.abort()

// 上传文件时同样也支持 Promise 风格的 API，但是不再返回 uploadTask 对象
```

```
wx.cloud.uploadFile({
  cloudPath: 'example.png',
  filePath: '',
}).then(res => {
  // get resource ID
  console.log(res.fileID)
}).catch(error => {
  // handle error
})
```

上传文件时需要提供上传至云端的路径cloudPath，如果云空间中已经存在该文件，则上传时会覆盖已经存在的文件。如果希望将文件放入云空间的某个文件夹中，只需要将文件夹的名字也放入cloudPath中，并且以"/"分隔即可。

```
cloudPath: 'test/example.png'    // 表示将文件保存在 test 文件夹中
```

上传文件时还需要提供上传文件的本地路径filePath，这个路径可以通过小程序提供的一些API来获取，如上传图片时可以使用从相册中选取图片的API wx.chooseImage。代码如下：

```
wx.chooseImage({
  count: 1, // 最多选取几张图片
  success(res) {
  // tempFilePath 是一个 string[] 类型的值，数组的每一项代表了用户选取的图片的临时
  地址
    const tempFilePaths = res.tempFilePaths
    wx.cloud.uploadFile({
      cloudPath: 'test/example.jpg',
      filePath: tempFilePaths[0], // 由于限制了 count 为1，因此数组中只有 1 个元素
    })
  }
})
```

注意：小程序为开发者提供了大量的API，可以非常方便地实现很多功能，如wx.chooseImage。这些API通常被封装在wx对象中，在后面的章节中会讲到它们。

4.3.3 下载文件

在小程序端，使用wx.cloud.downloadFile方法可以将文件从云空间下载至本地。代码如下：

```
// 使用回调风格的 API 下载文件，会返回一个 downloadTask 对象
wx.cloud.downloadFile({
  fileID: 'cloud://xxx.png', // 文件的 File ID
  success: res => {
    // 下载文件成功后会返回临时文件路径
```

```
      console.log(res.tempFilePath)
    },
    fail: err => {
      // handle error
    }
  })
  // 在 downloadTask 对象上可以设置下载进度的监听回调
  downloadTask.onProgressUpdate(res => {
    console.log('下载进度 ', res.progress)
    console.log('已经下载的数据长度 ', res.totalBytesWritten)
    console.log('预期需要下载的数据总长度 ', res.totalBytesExpectedToWrite)
  })
  // 也可以通过 downloadTask 上面的 abort 方法取消下载任务
  downloadTask.abort()

  // 下载文件时同样也支持 Promise 风格的 API，但是不再返回 downloadTask 对象
  wx.cloud.downloadFile({
    fileID: 'cloud://xxx.png'
  }).then(res => {
    // get temp file path
    console.log(res.tempFilePath)
  }).catch(error => {
    // handle error
  })
```

下载文件成功时，文件实际上是被下载到了一个临时的地方，当小程序关闭后这个文件有可能会被清理。如果希望永久存储文件，则需要使用wx.saveFile API。代码如下：

```
wx.cloud.downloadFile({
  fileID: 'cloud://xxx.png', // 文件的 File ID
  success: res => {
    wx.saveFile({
      tempFilePath: res.tempFilePath,
      success (res2) {  // 使用 res2 命名参数，区别于已经存在的 res 变量
        const savedFilePath = res2.savedFilePath  // 从 success 回调的参数中
                                                          获取文件路径
      }
    })
  }
})
```

4.3.4　删除文件

在小程序端和云函数中，都可以调用API删除云空间中的文件，这两个API的参数和回调函数参数是一样的。无论小程序端还是服务端，每次调用API时最多删除50个文件。使用方法如以下代码：

```
// 回调风格的 API
wx.cloud.deleteFile({
  fileList: ['cloud://xxx.png'], // File ID 数组
  success: res => {
    // handle success
    console.log(res.fileList) // fileList 是一个 Object[] 类型的值
  },
  fail: err => {
    // handle error
  }
})


// Promise 风格的 API
wx.cloud.deleteFile({
  fileList: ['cloud://xxx.png']
}).then(res => {
  // handle success
  console.log(res.fileList)
}).catch(error => {
  // handle error
})
```

执行成功时，success回调的res参数中可以获取fileList属性，这是一个Object[]类型的值。数组中的每一个对象都拥有三个字段:fileID、status和errMsg。fileID表示文件的File ID;status为状态码，如果为0则表示删除成功;errMsg为删除操作得到的信息，成功为OK，失败为失败原因。

4.3.5　获取文件临时URL

有时需要用云空间中的文件的File ID获取文件的真实链接，这时可以通过wx.cloud.getTempFileURL方法来实现。代码如下：

```
// 回调风格的 API
wx.cloud.getTempFileURL({
  fileList: ['cloud://xxx.png'],
```

```
  success: res => {
    console.log(res.fileList)
    // fileList 是一个有如下结构的对象数组
    // [{
    //    fileID: 'cloud://xxx.png', // 文件 ID
    //    tempFileURL: '', // 文件的临时网络链接
    //    maxAge: 120 * 60 * 1000, // 有效期,单位为秒,默认为 86400 秒,即一天
    // }]
  },
  fail: err => {
    // handle error
  }
})


// Promise 风格的 API
wx.cloud.getTempFileURL({
  fileList: [{   // 将 fileList 参数改为 Object[] 类型,可以自定义临时 URL 的有效时间
    fileID: 'cloud://xxx.png',
    maxAge: 60 * 60, // 修改有效时间为 1 小时,最大不能超过 1 天
  }]
}).then(res => {
  // get temp file URL
  console.log(res.fileList)
}).catch(error => {
  // handle error
})
```

4.4 云函数

云开发技术中还有一个非常重要的内容——云函数。

4.4.1 云函数简介

云函数是开发者提前定义好的、保存在云端的并且将在云端运行的JS函数。

开发者在使用云函数时,首先需要定义好云函数的内容,其写法与一个在本地定义的JS函数一样。然后使用微信开发者工具将定义好的云函数上传到云空间,这时就可以在云开发控制台中看到已经上传的云函数。

云函数运行在云端Node.js环境中,当云函数被小程序端(或其他云函数)调用时,云函数的代码会被放在Node.js运行环境中执行。

在使用云函数时，可以在小程序端通过wx.cloud.callFunction方法调用云函数，让云函数在云端运行起来，云函数最终可以返回到小程序端。当然，云函数之间也可以互相调用，但是不同于本地JS的互相调用，在云函数中调用其他云函数时，需要使用服务端API的callFunction方法。

4.4.2　创建第一个云函数

扫一扫，看视频

以一个将两个数字相加的函数作为第一个云函数的示例。

首先，在小程序项目的根目录中创建一个cloudFunctions目录，并在project.config.json文件中新增一个cloudfunctionRoot字段，指定该目录为云函数在项目中的路径。代码如下：

```
{
    "cloudfunctionRoot": "/cloudFunctions/"
}
```

保存以后，小程序项目中的cloudFunctions目录的图标会发生变化，表明这是一个云函数的目录，如图4.16所示。

右击cloudFunctions目录，弹出的菜单选项与一般的目录有所区别，如图4.17所示。

选择"新建Node.js云函数"选项，并将该函数命名为add，微信开发者工具会自动为该函数创建出一个同名的目录，以及目录中的两个文件index.js和package.json，如图4.18所示。

图4.16　小程序项目中的云目录　　　图4.17　云目录的右键菜单　　　图4.18　新建云函数add

add目录代表着云函数的名字，目录中的index.js文件是函数的入口文件。package.json是Node.js中的模块描述文件，其内容是一个JSON对象，其中指定了模块的名字、版本、描述等信息，不过这些信息在云函数中没有太大的实际意义。比较有用的是JSON对象中的dependencies属性，它的值指定了该模块所依赖的其他模块的名字和版本。在云函数中可以使用npm引入第三方依赖来帮助开发者更快地开发，读者如果有兴趣可以使用搜索引擎搜索npm相关的内容。

所有的云函数中会默认引入一个名为wx-server-sdk的依赖，其版本号为latest，表示使用最新版本。在index.js文件中，通常第一行的内容就表示在云函数中引入这个依赖模块的引用对象。其代码如下：

```
const cloud = require('wx-server-sdk')    // cloud 对象对应着小程序端的
                                                    wx.cloud 对象
```

这个对象与小程序端的wx.cloud对象类似，服务端API的函数都封装在这个对象中。通过该对象可以在云函数中操作数据库、存储及调用其他云函数。在小程序端使用的wx.cloud.xxx方法，几乎都可以在云函数中通过cloud.xxx调用。例如，小程序端使用云能力前，需要先使用wx.cloud.init方法完成初始化，在服务端可以通过cloud.init方法实现初始化。代码如下：

```
cloud.init()    // 使用云能力前需要先执行初始化方法，与小程序端的 wx.cloud.init 类似
```

接下来观察一下云函数的入口函数。

```
// 云函数入口函数
exports.main = async (event, context) => {
  // cloud function body
}
```

这是一个箭头函数，event和context是函数的两个参数，大括号中是函数的内容。async表示这是一个异步函数。在函数前面加上exports.main=，表示这个函数是这个模块（也就是这个云函数）的入口函数。

函数的传入参数中，event指的是触发云函数的事件对象，其中包含小程序端调用云函数时传入的参数。而context对象则包含云函数的调用信息和运行状态，可以用它来了解服务运行的情况。

现在来修改云函数的内容，将传入的a和b相加，并作为sum字段返回给调用端。代码如下：

```
exports.main = async (event, context) => {
  return {
    sum: event.a + event.b
  }
}
```

保存后，这个云函数还不能被小程序端调用，因为它目前还只是保存在本地的小程序项目中，我们需要将这个云函数部署到云端。在云函数目录add上右击，在右键菜单中，选择"上传并部署：云端安装依赖（不上传node_modules）"，将云函数上传并部署到线上环境中。

这时，在云开发控制台中的云函数管理页面可以看到刚刚上传的云函数，如图4.19所示。

图4.19　云开发控制台的云函数管理页面

部署完成后就可以在小程序中调用该云函数，调用云函数时，需要使用wx.cloud.callFunction方法。代码如下：

```
// 回调风格
wx.cloud.callFunction({
  name: 'add',   // 云函数名称
  data: {         // 传给云函数的参数
    a: 1,
    b: 2,
  },
  success: function(res) {
    console.log(res.result) // { sum: 3 }
  },
  fail: function(err) {
    // handle error
  }
})

// Promise 风格
wx.cloud.callFunction({
  name: 'add',   // 云函数名称
  data: {         // 传给云函数的参数
    a: 1,
    b: 2,
  }
}).then(res => {
  console.log(res.result) // { sum: 3 }
}).catch(error => {
  // handle error
})
```

这样一来，就完成了第一个云函数，并且成功在小程序中调用了它。

4.4.3　获取小程序用户信息

云开发的云函数的独特优势在于与微信登录鉴权的无缝整合。在小程序端调用云函数时，云函数的传入参数中会被注入小程序端用户的openid，开发者无须需校验openid的正确性，因为微信已经完成了这部分鉴权。

如果云函数是从小程序端调用的，开发者可以在云函数内使用wx-server-sdk提供的getWXContext方法获取每次调用的上下文（appid、openid等），无须维护复杂的鉴权机制，即可获取天然可信任的用户登录态（openid）。如下代码：

```
const cloud = require('wx-server-sdk')
cloud.init()
exports.main = async (event, context) => {
  const wxContext = cloud.getWXContext()
  return {
    openid: wxContext.OPENID,      // 获取用户的 openid
    appid: wxContext.APPID         // 获取小程序的 AppID
  }
}
```

假设云函数命名为test，上传并部署该云函数后，可在小程序中测试调用该函数。

```
wx.cloud.callFunction({
  name: 'test',
  complete: res => {
    console.log(res)
  }
})
```

在调试器Console面板中可以看到返回的结果，如图4.20所示。

图4.20　在云函数中获取appid和openid

4.4.4　在云函数中使用服务端API

在云函数中，可以使用服务端API访问云开发数据库和文件存储功能，其使用方法与小程序端十分类似。以一个例子说明，假设在数据库中有一个todos集合，可以使用如下方式取得todos集合的数据。

```
const cloud = require('wx-server-sdk')
cloud.init()
const db = cloud.database()   // 获取数据库引用
exports.main = async (event, context) => {
  // collection 上的 get 方法会返回一个 Promise，云函数会在数据库异步取完数据后返回结果
  return db.collection('todos').get()
}
```

在服务端数据库API只支持Promise风格，而不支持回调风格。因此collection上的get方法实际上会返回一个Promise对象。在云函数中，如果返回了一个Promise对象，云函数会在异步

操作完成后再返回结果给调用方。因此云函数会在数据库异步取完数据后返回结果。

除了使用数据库或文件存储的API以外，在云函数中也可以调用其他的云函数，如可以用以下代码调用刚刚写好的add云函数。

```
const cloud = require('wx-server-sdk')
cloud.init()
exports.main = async (event, context) => {
  return await cloud.callFunction({
    name: 'add',
    data: {
      a: 1,
      b: 2,
    }
  })
}
```

由于cloud.callFunction调用云函数也是异步执行的代码，如果希望拿到函数的返回值，则需要在调用函数的语句前面加上await关键字。

注意： await关键字需要与async关键字一起使用，只有async关键字标识的函数中可以使用await。

4.4.5 云函数的定时触发

如果云函数需要定时执行，可以使用云函数定时触发器。配置了定时触发器的云函数会在相应时间点被自动触发，函数的返回结果不会返回给调用方。

在需要添加触发器的云函数目录下新建文件config.json。格式如下：

```
{
  // triggers 字段是触发器数组，目前仅支持一个触发器，即数组只能填写一个，不可添加多个
  "triggers": [
    {
      "name": "myTrigger",        // 触发器的名字
      "type": "timer",            // 触发器类型，目前仅支持 timer（即定时触发器）
      "config": "0 0 2 1 * * *"   // 在定时触发器下，config 格式为 cron 表达式
    }
  ]
}
```

定时触发器名称最大支持60个字符，支持大小写英文字母、数字和两个特殊字符"–""_"，名称必须以字母开头。

定时触发器触发周期由config字段指定，它的内容是标准的cron表达式。cron表达式有七个必需字段，按空格分隔，按顺序依次表示"秒""分钟""小时""日""月""星期""年"，其中每个字段都有相应的取值范围，如表4.5所示。

表4.5 cron表达式的字段及取值范围

字 段	值	通配符
秒	0～59的整数	, – * /
分钟	0～59的整数	, – * /
小时	0～23的整数	, – * /
日	1～31的整数(需要考虑月的天数)	, – * /
月	1～12的整数，或JAN, FEB, MAR, APR, MAY, JUN, JUL, AUG, SEP, OCT, NOV, DEC	, – * /
星期	0～6的整数，0指星期一，1指星期二，以此类推；或MON, TUE, WED, THU, FRI, SAT, SUN	, – * /
年	1970～2099的整数	, – * /

在这些字段中，如果取值为通配符，可以用于指定一些时间范围。一共有四种通配符。逗号 "," 用来隔开多个值，表示取这些值的并集，如在 "小时" 字段中，"1,2,3" 表示1点、2点和3点。减号 "–" 表示指定范围的所有值，如在 "日" 字段中，"1–15" 表示包含指定月份的1号到15号。星号 "*" 表示所有值，如在 "小时" 字段中，"*" 表示每个小时。斜杠 "/" 表示指定增量，例如在 "分钟" 字段中，1/10表示从第一分钟开始，每隔十分钟重复，即第11分钟、第21分钟、第31分钟等，以此类推。

在cron表达式中，如果 "日" 和 "星期" 字段同时指定了值，则两者为 "或" 的关系。也就是说，只要其中一个值满足，都是有效的时间。

cron表达式示例和含义如表4.6所示。

表4.6 cron表达式示例和含义

cron表达式	含 义
*/5 * * * * *	表示每5秒触发一次
0 0 2 1 * * *	表示在每月的1日的凌晨2点触发
0 15 10 * * MON–FRI *	表示在周一到周五每天上午10:15触发
0 0 10,14,16 * * * *	表示在每天上午10点、下午2点、4点触发
0 */30 9–17 * * * *	表示在每天上午9点到下午5点内每半小时触发
0 0 12 * * WED *	表示在每个星期三中午12点触发

4.5 实现投票小程序服务端功能

前面开发投票小程序时还有一些服务端的功能没有实现，现在学习了云开发技术，就可以使用它来实现投票小程序的服务端功能。

4.5.1 完成创建投票功能

首先，在app.js文件中加入对云开发能力的初始化方法。代码如下：

```
App({
  onLaunch() {
    // 小程序生命周期函数 onLaunch，小程序启动时会调用它
    wx.cloud.init({
      env: 'test-633q8',    // 指定使用环境 ID 为 test-633q8 的云开发环境
      traceUser: true       // 将用户对云资源的访问记录到用户管理中，在云开发控制台
                               中可见
    })
  }
})
```

然后，在云开发控制台的数据库管理页面创建一个新的集合votes，并将集合的权限设置修改为"所有用户可读，仅创建者可读写"，如图4.21所示。

图4.21　创建新的集合votes，并修改权限设置

接下来，修改pages/createVote/createVote.js文件中的formSubmit函数，当用户单击"完成"按钮提交表单时，使用小程序端的云开发数据库API在votes集合中创建一条数据。在调用数据库API前，还可以对表单的数据做一些验证，如果用户创建投票时填写的信息不完整，可以通过小程序的提示框API提醒用户。代码如下：

```
// 校验表单数据是否完整，如果校验通过就返回 null，否则返回需要提示的文字
checkFormValid() {
  if (!this.data.formTitle) {
    return '标题不能为空'
  }
  if (this.data.optionList.length < 2) {
    return '至少需要 2 个选项'
  }
  for (let i = 0; i < this.data.optionList.length; i++) {
    if (!this.data.optionList[i]) {
      return '选项不能为空'
    }
  }
}
```

```
    return null
},
formSubmit() {
    // 提交前需要先对表单内容进行校验
    const msg = this.checkFormValid()
    if (msg) {              // 在 if 判断时，null 会被转换为 false
        wx.showToast({      // 调用提示框 API 显示提示内容
            title: msg,     // 提示框中的文字内容
            icon: 'none'    // 提示框的图标，none 表示没有图标
        })
        return              // 提前返回，函数会在这里结束，后面的内容不会执行
    }
    // 校验通过时后面的内容才会被执行
    const formData = {// 将表单的数据放到一个 formData 对象中
        multiple: this.data.multiple,
        voteTitle: this.data.formTitle,
        voteDesc: this.data.formDesc,
        optionList: this.data.optionList,
        endDate: this.data.endDate,
        isAnonymous: this.data.isAnonymous,
        voteList: []        // voteList 字段是一个空数组，用于保存每一个用户投票的情况
    }
    const db = wx.cloud.database()  // 获得数据库引用
    db.collection('votes').add({    // 将表单数据添加到 votes 集合中
        data: formData
    }).then(res => {
        console.log(res._id)        // 从返回值中可以拿到新添加的记录自动生成的 ID
        wx.redirectTo({             // 自动跳转到参与投票页面
            url: '/pages/vote/vote?voteID=' + res._id,
        })
    }).catch(res => {
        console.error(res)
        wx.showToast({              // 创建投票失败时，显示提示框提示用户
            title: '创建投票失败',     // 提示框中的文字内容
            icon: 'none'            // 提示框的图标，none 表示没有图标
        })
    })
}
```

在将表单数据添加到集合中时，在formData对象中新增加一个voteList属性。voteList数组用于保存每一个用户的投票情况，每当有用户投票时，都可以将用户的投票选项及个人信息添

加到数组中。这样一来，创建投票的功能就完成了。

4.5.2 完成获取投票信息功能

参与投票页面中，首先需要根据投票ID从服务端获取投票的信息。开发参与投票页面时使用了一些伪造的数据，现在这些数据已经不需要了，可以从代码中将它们删除，然后用云开发数据库API获取真实的数据。修改pages/vote/vote.js文件中的getVoteDataFromServer函数。代码如下：

```
getVoteDataFromServer(voteID) {
  const db = wx.cloud.database()   // 获取数据库引用
  db.collection('votes').doc(voteID).get().then(res => {   // 根据投票 ID 获
                                                            取投票信息

    const voteData = res.data
    const isExpired = this.checkExpired(voteData.endDate)  // 检查投票是否
                                                             已经过期

    this.setData({ // 将获取的投票信息更新到 data 对象中
      voteID,
      multiple: voteData.multiple,
      voteTitle: voteData.voteTitle,
      voteDesc: voteData.voteDesc,
      optionList: voteData.optionList,
      endDate: voteData.endDate,
      isAnonymous: voteData.isAnonymous,
      isExpired
    })
  }).catch(res => {
    console.error(res)
    wx.showToast({   // 获取投票失败时在提示框中提示用户
      title: '获取投票失败',
      icon: 'none'
    })
  })
}
```

接下来需要实现getVoteStatusFromServer函数的功能，这个函数以投票ID作为参数，返回投票统计情况，包括当前用户是否已经投票、参与投票的用户总数及每个选项的投票数量等。

创建投票时，每一个投票记录中都有一个voteList字段，这个字段保存了每一个用户的投票情况，通过对该字段的数据进行分析可以获取所需的数据。代码如下：

```
[{
  openid: 'xxxxxx',
```

```
  pickedOption: ['0', '1'],
  userInfo: {    // 匿名投票不保存这个字段
    nickname: 'xxx',                    // 微信昵称
    avatarUrl: 'https://xxxx.jpg',  // 微信头像 URL
    // 省略一些属性
  }
}]
```

由于在小程序端无法获取当前用户的openid，因此这个功能需要借助云函数实现。首先，在project.config.json文件中增加cloudfunctionRoot字段设置云函数的本地存储目录。然后，新建一个名为getVoteStatus的云函数目录，如图4.22所示。

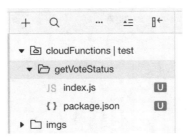

图4.22　在本地目录中新建getVoteStatus云函数

在index.js文件中实现云函数的功能，代码如下。

```
const cloud = require('wx-server-sdk')  // 引入云开发 SDK
cloud.init()                       // 初始化云环境
const db = cloud.database()     // 获取数据库引用
// 云函数入口函数
exports.main = async (event, context) => {
  const wxContext = cloud.getWXContext()
  const openid = wxContext.OPENID   // 获取用户的 openid
  /*
   * 根据投票 ID 获取投票记录
   * 使用 await 关键词可以直接获取 Promise 过程中 then 函数中的 res 的值
   * await 关键词必须在被声明为 async 的函数中使用
   */
  const res = await db.collection('votes').doc(event.voteID).get()
  const optionLength = res.data.optionList.length   // 获取投票选项的个数
  const voteList = res.data.voteList   // 获取所有用户的投票列表
  const alreadyVoted = checkAlreadyVoted(voteList, openid)
  const totalVoteCount = getTotalVoteCount(voteList)
  const optionStatus = getOptionStatus(voteList, openid, optionLength)
  return {
    alreadyVoted,     // 当前用户是否已经投票
```

```
      totalVoteCount,  // 总投票数量
      optionStatus     // 每个选项的投票情况
    }
  }
  // 检查用户是否已经参与过投票了
  function checkAlreadyVoted(voteList, openid) {
    let alreadyVoted = false  // 默认用户没有参与投票
    voteList.map(voteItem => {// 遍历所有的用户投票，将数组中的每个元素执行一次下
                              面的代码
      if (voteItem.openid == openid) {  // 如果某个投票记录的 openid 与用户
                                            openid 相同
        alreadyVoted = true  // 那么用户显然参与了本次投票
      }
    })
    return alreadyVoted
  }
  // 计算得到所有选项投票的总数量
  function getTotalVoteCount(voteList) {
    let totalVoteCount = 0  // 初始数量为 0
    voteList.map(voteItem => {              // 遍历所有的用户投票
      totalVoteCount += voteItem.pickedOption.length  // 将总数加上每一次投票
                                                          的数量
    })
    return totalVoteCount
  }
  // 计算得到每个选项的投票数量，以及用户是否选择了该选项
  function getOptionStatus(voteList, openid, optionLength) {
    let optionStatus = new Array(optionLength)  // 新建一个数组，使它的长度与选
                                                    项数量一样

    for (let i = 0; i < optionStatus.length; i++) {
      optionStatus[i] = {  // 初始化数组中的每个元素
        count: 0,     // 默认每个选项的投票数量为 0
        vote: false  // 默认用户没有投这个选项
      }
    }
    voteList.map(voteItem => {  // 遍历所有的用户投票
      const userVoteThis = (voteItem.openid == openid)  // 如果 openid 一致，
                                                          那么这个投票是该用
                                                          户投的，反之则不是

      voteItem.pickedOption.map(pickedIndex => {  // 遍历这个投票的选项
        optionStatus[pickedIndex].count++          // 对应选项的数量增加 1
```

```
    if (userVoteThis) {   // 只有当这个投票是该用户投时，更新 vote 属性
      optionStatus[pickedIndex].vote = true
    }
  })
})
return optionStatus
}
```

完成上面这段代码以后，就可以右击云函数的目录，将云函数上传到云空间了。从在上面这段代码中可以看出，一个云函数中可以包含不止一个函数，在入口函数中可以调用index.js中定义的其他函数。在上传云函数时，云函数文件夹中的所有内容都会被统一打包上传。

在这段代码中为了方便读者理解，使用了三个函数分别计算alreadyVoted、totalVoteCount和optionStatus的值。但是计算这三个值时都需要对voteList遍历一遍，这是非常低效的操作。实际上完全可以在一次遍历中完成这三个值的计算，读者如果有兴趣可以尝试将它们合并在一起。

接下来只需要在小程序端执行调用云函数的代码就可以了，将getVoteStatusFromServer函数修改为如下代码：

```
getVoteStatusFromServer(voteID) {
  wx.cloud.callFunction({   // 使用小程序端 API 调用云函数
    name: 'getVoteStatus', // 指定调用的云函数名
    data: {
      voteID   // 将投票 ID 传到服务端
    }
  }).then(res => {
    console.log(res)   // 控制台输出服务端返回的结果
    this.setData({        // 将获取的投票情况更新到 data 对象中
      voteStatus: res.result
    })
  }).catch(res => {
    console.error(res)   // 如果出现异常，控制台输出异常详情
    wx.showToast({        // 调用提示框 API 提示用户获取数据失败
      title: '获取投票数据失败',
      icon: 'none'
    })
  })
}
```

4.5.3 完成用户投票功能

下面继续实现参与投票页面的用户投票功能。

用户投票时需要修改votes集合中的投票记录，但是这条记录是属于投票的创建者的，其他用户没有权限修改该数据。前面提到过，在云函数中使用服务端的数据库API不受数据库权限设置的限制。为了绕过小程序端API的权限限制，需要使用云函数实现投票功能。

在本地目录中创建一个新的云函数vote，在index.js文件中实现投票的功能。代码如下：

```
const cloud = require('wx-server-sdk')        // 引入云开发 SDK
cloud.init()                                   // 初始化云环境
const db = cloud.database()                    // 获取数据库引用
// 云函数入口函数
exports.main = async (event, context) => {
  const wxContext = cloud.getWXContext()
  const openid = wxContext.OPENID              // 获取用户的 openid
  // 从 postData 中获取 3 个属性的值
  const { voteID, pickedOption, userInfo } = event.postData
  // 将 openid、pickedOption 和 userInfo 保存到 voteItem 对象中（匿名投票没有
     userInfo）
  const voteItem = userInfo ? {
    openid,
    pickedOption,
    userInfo
  } : {
    openid,
    pickedOption
  }
  // 在 votes 集合中，对该投票的 voteList 字段插入一条数据
  return await db.collection('votes').doc(voteID).update({
    data: {
      voteList: db.command.push(voteItem)
    }
  })
}
```

上传vote函数以后，就可以在小程序端的onTapVote函数中实现调用云函数的逻辑，代码如下。

```
onTapVote() {
  if (this.data.isAnonymous) {                  // 匿名投票的情况
    const postData = {                          // 需要提交的数据
      voteID: this.data.voteID,
      pickedOption: this.data.pickedOption
    }
    wx.cloud.callFunction({                     // 调用云函数实现投票功能
```

```
        name: 'vote',        // 云函数的名称
        data: {
          postData            // 传递给云函数的参数
        }
      }).then(res => {
        console.log(res)
        this.getVoteStatusFromServer(this.data.voteID)  // 重新从服务端获取投
                                                            票情况
      }).catch(res => {
        console.error(res)
        wx.showToast({      // 投票失败时提示用户
          title: '投票失败',
          icon: 'none'
        })
      })
  } else {  // 实名投票的情况
    const _this = this // 在 API 接口的回调函数中，this 会被改变，因此需要提前获
                          取 this 的值到 _this 中
    wx.getUserInfo({   // 调用接口获取用户信息
      success(res) {     // 授权成功后，调用 wx.getUserInfo 接口时会回调这个函数
        const postData = {            // 需要提交的数据
          voteID: _this.data.voteID,
          userInfo: res.userInfo,     // 获取用户信息
          pickedOption: _this.data.pickedOption
        }
        wx.cloud.callFunction({      // 调用云函数实现投票功能
          name: 'vote',             // 云函数的名称
          data: {
            postData               // 传递给云函数的参数
          }
        }).then(res => {
          console.log(res)
          _this.getVoteStatusFromServer(_this.data.voteID) // 重新从服务端
                                                              获取投票情况
        }).catch(res => {
          console.error(res)
          wx.showToast({              // 投票失败时提示用户
            title: '投票失败',
            icon: 'none'
          })
        })
```

```
    }
  })
}
}
```

这样一来，用户投票的功能就完成了。

4.5.4　获取我的投票信息

最后，还有一个功能需要实现：在我的投票页面中，需要获取用户参与的所有投票的列表。这个功能需要用到用户的openid数据，因此也必须要使用云函数来实现。

新建一个名为myVoteList的云函数，完成以下代码后将其上传至云空间。

```
const cloud = require('wx-server-sdk')// 引入云开发 SDK
cloud.init()                          // 初始化云环境
const db = cloud.database()           // 获取数据库引用
// 云函数入口函数
exports.main = async (event, context) => {
  const wxContext = cloud.getWXContext()
  const openid = wxContext.OPENID     // 获取用户的 openid
  const countResult = await db.collection('votes').count()
  const total = countResult.total     // 取出集合记录总数
  const MAX_LIMIT = 100               // 一次最多取 100 条数据
  const batchTimes = Math.ceil(total / MAX_LIMIT)   // 计算需要取几次
  let tasks = []                      // 保存所有读操作的 Promise 的数组
  for (let i = 0; i < batchTimes; i++) {
    const promise = db.collection('votes').where({
      'voteList.openid': openid       // 根据用户的 openid 筛选数据
    }).skip(i * MAX_LIMIT).limit(MAX_LIMIT).get()
    tasks.push(promise)
  }
  // 等待所有 Promise 执行完毕后，将获取的数据合并到一起，然后返回
  return (await Promise.all(tasks)).reduce((acc, cur) => {
    return {
      data: acc.data.concat(cur.data),
      errMsg: acc.errMsg,
    }
  })
}
```

接下来在pages/myVote/myVote.js文件中修改getMyVoteListFromServer方法。代码如下：

```
getMyVoteListFromServer() {
```

```
wx.cloud.callFunction({
  name: 'myVoteList'
}).then(res => {
  console.log(res)
  this.setData({
    voteList: res.result.data
  })
}).catch(res => {
  console.error(res)
  wx.showToast({
    title: '获取数据失败',
    icon: 'none'
  })
})
}
```

至此，投票小程序就完成了。

第5章　小程序的上传和发布

在前几章中，我们开发了一款投票小程序。小程序开发完毕后，还需要经过上传代码、提交审核与发布等几个步骤才能够在微信的小程序页面中搜索到。本章来介绍如何发布已经完成的小程序项目。

通过本章的学习，你将了解到以下内容。

（1）什么是小程序的开发版、体验版与正式版。

（2）小程序的上传代码、提交审核、发布等流程。

（3）什么是迭代更新。

（4）如何收集用户反馈。

5.1　小程序的版本类型

在第1章中介绍了如何在手机中预览小程序的效果，开发者预览小程序时手机端打开的是开发版的小程序。当小程序发布以后，用户在微信中使用的是正式版的小程序。

实际上，小程序一共有三种版本类型，分别为开发版、体验版和正式版。其中开发版和体验版需要拥有一定的权限才可以使用。本节将对这三种版本类型进行详细的介绍。

5.1.1　开发版、体验版和正式版

在微信的小程序列表中，不同版本类型的小程序是独立存在的，如图5.1所示。

图5.1　小程序的三种版本类型

一般情况下，小程序的开发流程是：开发者编写代码，同时利用模拟器和开发版小程序预览效果并完成自测试。当小程序实现了一定的功能，并达到一个稳定可体验的状态时，开发者

将上传一个体验版小程序，并把这个体验版本给产品经理和测试人员进行体验测试。

体验版小程序经过反复测试后，可能会暴露出来一些问题，这时由开发者修复测试出来的问题，并重新上传体验版本。当小程序没有问题后，将体验版小程序提交给微信团队进行审核，等小程序审核通过后，就可以发布小程序的正式版供外部用户正式使用了。

因此，一个小程序从开发到上线一般要经过以下步骤：开发→上传开发版自测→上传体验版→提交审核→发布正式版。

5.1.2　上传开发版

上传开发版的方法非常简单，前面也有过介绍。在微信开发者工具中单击工具栏中的"预览"按钮，如果代码中没有语法错误，就可以将当前的小程序代码编译，并上传为开发版小程序。等待几秒钟后会弹出一个二维码，使用微信扫描该二维码即可在手机中打开开发版小程序，如图5.2所示。

第一次只能通过扫描二维码打开开发版小程序，之后就可以在微信的小程序列表中找到开发版小程序。但是由于小程序在手机端存在缓存，不能及时更新，因此每次修改代码后，如果希望立即看到修改的结果，一定要以扫描二维码的形式重新打开开发版小程序，此时微信会主动下载已上传的最新版的开发版小程序。

图5.2　上传开发版

5.1.3　上传体验版

上传体验版小程序的方法与上传开发版小程序类似。在微信开发者工具的工具栏中有一个"上传"按钮，如图5.3所示。该按钮的功能就是将当前的代码打包上传成为体验版小程序。

单击"上传"按钮以后，会弹出一个表单，要求开发者填写小程序的版本号和项目备注，如图5.4所示。

图5.3　工具栏中的"上传"按钮　　　　　图5.4　填写版本号和项目备注

这里的版本号和项目备注一定要认真填写，因为每一个体验版都有可能会作为正式版本发布，而这些信息也会随之成为正式版小程序的版本号和项目备注。填写完毕后，单击"上传"按钮，即可将代码打包上传。

代码上传以后，还需要小程序账号管理员登录微信公众平台的管理页面，将上传的版本选为体验版。在微信公众平台管理页面的左侧选择"版本管理"，页面下方可以找到刚才提交的版本信息。单击右侧的下三角按钮，然后选择"选为体验版本"，如图5.5所示。

图5.5　将上传的版本选为体验版

这时会弹出一个表单，要求开发者设置体验版的入口页面和页面路径参数，如图5.6所示。如果没有特殊需求，这里保持默认即可。

注意：只有第一次上传体验版小程序时需要进入微信公众平台后台进行相关设置，以后再次上传时会直接将体验版小程序替换为新的版本，并默认使用本次的设置。

设置好体验版小程序后，页面中的版本号下方会多出一个体验版二维码按钮，如图5.7所示。

图5.6　体验版设置　　　　　图5.7　版本号下方的体验版二维码按钮

单击体验版二维码按钮就可以看到体验版的二维码，扫描该二维码即可打开体验版小程序。

5.1.4　发布正式版

体验版小程序如果测试通过，就可以将它提交审核，并发布为正式版。

在微信公众平台后台"版本管理"页面中，已上传的代码信息右侧有一个"提交审核"按钮，单击该按钮，并填写审核需要的一些信息，最后确认即可。

提交审核后，微信审核团队会对用户的小程序进行审查，确保其内容不违反法律及相关规定。一般审核需要几天时间，不过如果用户的小程序做得很好，各项指标优异，那么就有可能进入2小时极速审核通道中，这样会大大缩短小程序的审核时间。

审核通过后，微信会通过"微信公众平台"公众号向小程序管理员推送一个审核通过的通知，如图5.8所示。

图 5.8　小程序审核通过的通知

此时小程序管理员可以登录到微信公众平台后台"版本管理"页面,单击"发布"按钮,将审核通过的小程序发布为正式版。发布时,可以选择全量发布或灰度发布。灰度发布也称为分阶段发布,它可以让一定比例的用户更新到最新的正式版本,同时保持一定比例的用户仍然使用更新前的旧版本,防止新版本可能存在的未发现的问题对大量用户造成影响。

一般来说,普通小程序发布时采用全量发布即可,当小程序承载的功能越来越多、使用的用户数越来越多时,采用分阶段发布是一个非常好的控制风险的办法。

小程序正式版发布以后,用户就可以在微信中搜索并使用开发的小程序。

5.1.5　成员管理

小程序发布前,并不是所有用户都拥有查看开发版与体验版的权限,小程序管理员需要在微信公众平台的后台对项目成员进行管理。

在微信公众平台后台的"成员管理"页面,可以分别设置小程序的管理员、项目成员和体验成员。

小程序的管理员拥有小程序的全部权限。管理员不能设置多个人,当需要变更管理员时,可以在页面中进行操作,如图 5.9 所示。

图 5.9　管理员设置

小程序可以添加一定数量的项目成员,根据主体类型不同,可以添加的人数也不同。项目成员可以拥有三种不同的权限,包括运营者权限、开发者权限和数据分析者权限。运营者拥有微信公众平台后台的管理、推广和设置等模块的权限,可使用体验版小程序;开发者拥有开发模块权限,可使用体验版小程序、开发版小程序和微信开发者工具;数据分析者拥有统计模块权限,可使用体验版小程序。项目成员也可以同时拥有以上三种权限,如图 5.10 所示。

图5.10　项目成员管理

　　小程序还可以添加一定数量的体验成员，体验成员仅拥有体验版小程序的权限，如图5.11所示。

图5.11　体验成员管理

5.2　小程序的迭代更新

　　小程序开发并非一蹴而就，为了做出一款优秀的小程序，需要在小程序发布后继续对它进行改进升级。通常将这一过程称为小程序的迭代更新。

5.2.1　迭代更新

　　一般情况下，开发流程可以简化为几个步骤，如图5.12所示。

图5.12　小程序开发流程

这是一个不断循环的过程：产品发布后，可以通过用户提出的反馈建议，再次进行需求分析，决定对小程序做哪些方面的调整（也许是修复测试时未曾发现的问题，也许是增加一些新的功能）。通常将这一过程称作小程序的迭代更新。

在这个过程中，开发者需要注意尽量保持更新前后的版本的兼容性，因为每次发布正式版时，旧版本的小程序与更新后的小程序会同时存在一段时间。这可能是由于用户手机中存在小程序的缓存，也可能是由于管理员或运营者在发布时选择了一定比例的灰度发布。

5.2.2　用户反馈与客服

为了收集用户反馈优化小程序，开发者最好在小程序中增加用户反馈与客服的功能。使用button按钮组件可以非常方便地实现这两个功能，如在页面中适当位置加入以下代码，并为它们添加合适的样式即可。

```
<!-- 页面 WXML 文件 -->
<button open-type="feedback">意见反馈</button>
<button open-type="contact">客服</button>
```

当用户单击页面中的"意见反馈"按钮时，会看到由微信提供的界面，如图5.13所示。

用户可以在页面中选择与自己情况相符的类别，进入下一级页面填写自己的反馈内容然后提交，如图5.14所示。

图5.13　微信小程序"意见反馈"页面

图5.14　用户反馈表单页面

小程序管理员或运营者可以在微信公众平台后台的"用户反馈"页面中查看所有的用户反馈内容，如图5.15所示。

图5.15   查看用户反馈

　　用户单击小程序中的客服按钮时，可以打开客服对话窗口直接反馈内容。客服相比于意见反馈要求时效性更高一些，如果48小时内没有任何互动，客服人员就不能再回复用户的消息了。

　　在微信公众平台后台的"客服"页面中可以绑定微信账号成为客服人员。绑定的客服人员可以通过网页端客服(https://mpkf.weixin.qq.com/)或移动端小程序客服(客服小助手)对用户的消息进行回复。

第6章 小程序API

前面的章节介绍了小程序的基础，以及从开发到上线一款小程序的全部流程。在这个过程中，我们已经接触到了小程序的一些API，如wx.navigateTo、wx.showToast和wx.getUserInfo等。

对于小程序而言，API是一系列预定义好的函数，它们都被封装在wx对象中，这个对象可以在页面js文件或app.js文件中直接使用。开发者调用API中的函数，可以方便地调起微信提供的功能。

本章将对小程序API进行系统的介绍，主要包括以下内容。

（1）介绍小程序基础API。

（2）介绍小程序账号信息API。

（3）介绍小程序路由API。

（4）介绍小程序交互API。

（5）介绍小程序界面API。

（6）介绍小程序网络API。

（7）介绍小程序数据缓存API。

（8）介绍小程序文件API。

（9）介绍小程序图片API。

（10）介绍小程序录音API。

（11）介绍小程序内部音频API。

（12）介绍小程序背景音频API。

（13）介绍小程序视频API。

（14）介绍小程序位置API。

（15）介绍小程序设备API。

（16）介绍小程序事件监听API。

6.1 基础API

首先介绍的是小程序的基础API。基础API是一类API的统称，通过它们可以在小程序中获取一些基础信息，或实现一些基本功能。

6.1.1 系统信息API

使用系统信息API可以获取用户手机的品牌、型号、屏幕大小、操作系统、微信版本号、小程序基础库版本号等系统信息。该API有同步和异步两个版本，使用方式分别如下：

```
// 同步版本，系统信息随返回值直接返回，异常处理需要使用 try catch 语法
try {
  const res = wx.getSystemInfoSync()
  console.log(res.version)
} catch (e) {
  // Do something when catch error
}
// 异步版本，系统信息在 success 回调中返回，异常处理在 fail 回调中进行
wx.getSystemInfo({
  success (res) {
    console.log(res.version)
  },
  fail (e) {
    // 接口调用失败的回调函数
  },
  complete(res) {
    // 接口调用结束的回调函数（调用成功、失败都会执行）
  }
})
```

通过系统信息API可以获取一个Object类型的值，其中包含的属性及属性含义如表6.1所示。

表6.1　返回值res中的内容

属　　　性	类　型	说　　明	最低版本
brand	string	设备品牌	1.5.0
model	string	设备型号	
pixelRatio	number	设备像素比	
screenWidth	number	屏幕宽度，单位:px	1.1.0
screenHeight	number	屏幕高度，单位:px	1.1.0
windowWidth	number	可使用窗口宽度，单位:px	
windowHeight	number	可使用窗口高度，单位:px	
statusBarHeight	number	状态栏的高度，单位:px	1.9.0
language	string	微信设置的语言	
version	string	微信版本号	

续表

属 性	类 型	说 明	最低版本
system	string	操作系统及版本	
platform	string	客户端平台	
fontSizeSetting	number	用户字体大小(单位px)。以微信客户端"我–设置–通用–字体大小"中的设置为准	1.5.0
SDKVersion	string	客户端基础库版本	1.1.0
albumAuthorized	boolean	允许微信使用相册的开关(仅 iOS 有效)	2.6.0
cameraAuthorized	boolean	允许微信使用摄像头的开关	2.6.0
locationAuthorized	boolean	允许微信使用定位的开关	2.6.0
microphoneAuthorized	boolean	允许微信使用麦克风的开关	2.6.0
notificationAuthorized	boolean	允许微信通知的开关	2.6.0
notificationAlertAuthorized	boolean	允许微信通知带有提醒的开关(仅 iOS 有效)	2.6.0
notificationBadgeAuthorized	boolean	允许微信通知带有标记的开关(仅 iOS 有效)	2.6.0
notificationSoundAuthorized	boolean	允许微信通知带有声音的开关(仅 iOS 有效)	2.6.0
bluetoothEnabled	boolean	蓝牙的系统开关	2.6.0
locationEnabled	boolean	地理位置的系统开关	2.6.0
wifiEnabled	boolean	Wi-Fi 的系统开关	2.6.0
safeArea	Object	在竖屏正方向下的安全区域(即保证不被系统的状态栏、导航栏等区域覆盖的可视区域)	2.7.0

res.safeArea的结构如表6.2所示。

表6.2 res.safeArea的结构

属 性	类 型	说 明
left	number	安全区域左上角横坐标
right	number	安全区域右下角横坐标
top	number	安全区域左上角纵坐标
bottom	number	安全区域右下角纵坐标
width	number	安全区域的宽度,单位: 逻辑像素
height	number	安全区域的高度,单位: 逻辑像素

前面介绍过解决小程序兼容性问题的方法有两种: 第一种方法是设置小程序的基础库最低版本; 第二种方法则是在程序中通过逻辑判断用户的微信版本,对低版本和高版本分别进行处理。使用系统信息API就可以获取微信版本和小程序基础库版本信息,于是通过这种方法就可以用第二种方式解决兼容性问题。

6.1.2　兼容性检查API

解决兼容性问题时，除了判断用户的微信版本外，还有一种更加方便的方法。使用兼容性检查API可以直接判断小程序的API、回调、参数和组件等是否在当前版本可用。它的具体使用方式如下。

```
boolean wx.canIUse(string schema)
```

向wx.canIUse接口中传入一个string类型的schema变量，可以得到一个boolean类型的值，由此判断当前版本是否兼容某个功能。

schema需要由开发者来构造，它有两种格式，分别如下。

```
${API}.${method}.${param}.${options}      // 用于判断 API 兼容性
${component}.${attribute}.${option}       // 用于判断组件兼容性
```

其中，${API}代表API名字；${method}代表调用方式，有效值为return, success, object, callback；${param}代表参数或者返回值；${options}代表参数的可选值；${component}代表组件名字；${attribute}代表组件属性；${option}代表组件属性的可选值。

下面举几个使用兼容性检查API的例子。

```
wx.canIUse('openBluetoothAdapter') // 是否支持 wx.openBluetoothAdapter 接口
wx.canIUse('getSystemInfoSync.return.screenWidth')    // 系统信息是否返回
                                                        screenWidth
wx.canIUse('getSystemInfo.success.screenWidth')      // 系统信息回调是否包含
                                                        screenWidth
wx.canIUse('showToast.object.image') // wx.showToast 参数是否支持传入 image
                                        属性
wx.canIUse('onCompassChange.callback.direction')     // 罗盘回调函数参数是否包
                                        含 direction
wx.canIUse('request.object.method.GET')   // wx.request 参数的 method 属性是
                                        否支持 GET 值
wx.canIUse('live-player')              // 是否支持 live-player 组件
wx.canIUse('text.selectable')          // 是否支持 text 组件的 selectable 属性
wx.canIUse('button.open-type.contact')   // button 组件 open-type 属性是否支
                                        持 contact 值
```

6.1.3　版本更新API

小程序管理员在微信公众平台后台发布新版本的小程序之后，无法立刻影响所有现网用户。如果某个用户本地有小程序的历史版本，用户在新版本发布后的一段时间内打开的可能还是旧版本。

小程序检测更新的逻辑是由微信App实现的，小程序新版本发布之后，最坏的情况下可能会在24小时后才下发到用户的手机上。但是开发者可以使用版本更新API让小程序主动更新到最新的版本，该API自基础库1.9.90版本开始支持。

使用版本更新API时，首先需要获取小程序的版本更新管理器，代码如下。

```
const updateManager = wx.getUpdateManager()
```

接下来就可以调用UpdateManager对象中的方法，让小程序实现版本更新的功能了。UpdateManager对象中一共有四个方法，分别如下。

1. UpdateManager.onCheckForUpdate(function callback)

监听向微信后台请求检查更新结果事件。微信在每次小程序启动时会自动检查更新，不需由开发者主动触发。

2. UpdateManager.onUpdateReady(function callback)

监听小程序有版本更新事件。客户端会主动触发下载更新（无须开发者触发），下载成功后回调callback函数。

3. UpdateManager.applyUpdate()

强制小程序重启并使用新版本。需要在小程序新版本下载完成后调用（即收到onUpdateReady回调时）。

4. UpdateManager.onUpdateFailed(function callback)

监听小程序更新失败事件。小程序有新版本时，客户端主动触发下载（无须开发者触发），如果下载失败（可能是网络原因等），则回调callback函数。

以下为版本更新API的使用示例。

```
const updateManager = wx.getUpdateManager()
updateManager.onCheckForUpdate(function (res) {
  console.log(res.hasUpdate)   // 请求完新版本信息的回调
})
updateManager.onUpdateReady(function () {
  // 新的版本已经下载好，提示用户是否立即重启小程序应用更新
  wx.showModal({
    title: '更新提示',
    content: '新版本已经准备好，是否重启应用？',
    success: function (res) {
      if (res.confirm) {
        updateManager.applyUpdate()   // 调用 applyUpdate 重启并更新小程序
      }
    }
  })
})
updateManager.onUpdateFailed(function () {
  // 新版本下载失败
})
```

6.1.4　调试API

在开发小程序的过程中可能会遇到各种问题，开发者需要借助调试API去分析问题的原因并最终解决问题。

最常见的调试API是向调试器Console面板打印日志的API，这些API被封装在console对象中，包括以下内容。

1.　console.debug( )

向调试面板中打印debug级别的日志。

2.　console.log( )

向调试面板中打印log级别的日志。

3.　console.info( )

向调试面板中打印info级别的日志。

4.　console.warn( )

向调试面板中打印warning级别的日志。

5.　console.error( )

向调试面板中打印error级别的日志。

6.　console.group(string label)

在调试面板中创建一个新的分组。随后输出的内容都会被添加一个缩进，表示该内容属于当前分组。调用console.groupEnd之后分组结束。

7.　console.groupEnd( )

结束由console.group创建的分组。

以上这些API打印的内容除了在微信开发者工具的调试器Console面板中可以看到，还可以在手机端小程序的vConsole中看到。本书第1章介绍过如何在开发版小程序中开启vConsole功能，体验版小程序也可以使用同样的方法打开该功能。如果希望在正式版小程序中开启vConsole，需要使用wx.setEnableDebug(Object object)接口实现。代码如下：

```
// 打开调试
wx.setEnableDebug({
  enableDebug: true,
  success() {
    // 接口调用成功的回调函数
  },
  fail() {
    // 接口调用失败的回调函数
  },
```

```
    complete() {
        // 接口调用结束的回调函数（调用成功、失败都会执行）
    }
})
// 关闭调试
wx.setEnableDebug({
    enableDebug: false
})
```

另外，在小程序中，除了使用console对象中的方法打印日志外，还可以使用日志管理器LogManager打印日志信息。需要获取日志管理对象就可以调用对象中的方法打印日志。代码如下：

```
// 获取日志管理器对象
const logger = wx.getLogManager({level: 1})
// 写 log 日志
logger.log({str: 'hello world'})
// 写 info 日志
logger.info('info log')
// 写 debug 日志
logger.debug(100)
// 写 warn 日志
logger.warn([1, 2, 3])
// LogManager 无法写 error 日志
```

获取日志管理器对象时，可以传入一个Object类型的参数，对象中只有一个有效属性level。level取值为0或1，表示是否会把App、Page的生命周期函数和wx命名空间下的函数调用写入日志，取值为0表示会，取值为1则表示不会，默认值是0。

使用LogManager打印日志的好处在于：当用户通过使用button按钮组件的open-type="feedback"反馈问题时，会将LogManager打印的日志一同上传。开发者在微信公众平台后台页面中可以通过左侧菜单选择"反馈管理"页面查看。但是LogManager最多只能保存5MB大小的日志内容，超过5MB后旧的日志内容会被删除，因此最好只打印关键的日志内容。

LogManager自小程序基础库2.1.0版本开始支持。

6.1.5 定时器API

小程序中可以设置两种定时器，灵活使用定时器可以实现很多动态的功能。

第一种定时器为周期定时器。使用setInterval方法可以设置周期定时器，让小程序按照指定的时间周期不断地调用回调函数。使用clearInterval方法可以取消setInterval方法设置的定时器。它们的使用方法如下：

```
// 设置一个周期定时器，每隔 1500 毫秒调用一次回调函数 function
const intervalID = setInterval(() => {
  // do something
}, 1500)

// 取消由 setInterval 设置的定时器，取消时需要传入定时器 ID
clearInterval(intervalID)
```

第二种定时器为延时定时器。使用setTimeout方法可以设置延时定时器，让小程序等待一段时间后再调用回调函数（只调用一次）。使用clearTimeout方法可以取消setTimeout方法设置的定时器。它们的使用方法如下：

```
// 设置一个延时定时器，等待 3 秒后调用一次回调函数 function
const timeoutID = setTimeout(() => {
  // do something
}, 3000)
// 取消由 setTimeout 设置的定时器，取消时需要传入定时器 ID
clearTimeout(timeoutID)
```

6.1.6　授权API

在小程序中，部分接口需要经过用户授权同意才能调用。有些接口的功能相近，微信团队将这些接口按使用范围划分成了多个scope，用户对scope进行授权。当授权给一个scope之后，该scope对应的所有接口都可以直接使用。

当调用需要授权的API时，如果用户已授权过此权限，可以直接调用接口；如果用户未授权过此权限，会弹窗询问用户，用户单击同意后方可调用接口；如果用户已拒绝授权，则不会出现弹窗，而是直接进入接口的fail回调。开发者需要兼容用户拒绝授权的场景。

使用wx.getSetting接口可以获取该用户当前的授权情况，接口返回值中只会出现小程序已经向用户请求过的权限。使用wx.openSetting接口可以调起客户端小程序的设置界面，让用户重新设置权限授权，设置界面中也只会出现小程序已经向用户请求过的权限。这两个接口的示例代码如下。

```
wx.getSetting({
  success (res) {
    // 返回当前授权设置的状况
    console.log(res.authSetting)
    // res.authSetting = {
    //   "scope.userInfo": true,
    //   "scope.userLocation": true
    // }
  }
```

```
  })
wx.openSetting({
  success (res) {
    // 这里返回的是用户设置的操作结果
    console.log(res.authSetting)
  }
})
```

开发者也可以使用wx.authorize接口，在调用需授权API之前提前向用户发起授权请求。调用该接口后会立刻弹窗，询问用户是否同意授权小程序使用某项功能或获取用户的某些数据，但不会实际调用对应接口。如果用户之前已经同意授权，则不会出现弹窗，直接返回成功。示例代码如下：

```
// 可以通过 wx.getSetting 先查询一下用户是否授权了 "scope.record" 这个 scope
wx.getSetting({
  success(res) {
    if (!res.authSetting['scope.record']) {
      wx.authorize({
        scope: 'scope.record',
        success () {
          // 用户已经同意小程序使用录音功能，后续调用 wx.startRecord 接口不会弹窗询问
          wx.startRecord()
        }
      })
    }
  }
})
```

6.2　账号信息API

本节将介绍小程序的账号信息API。账号信息API包括登录API、用户信息API和小程序账号信息API，通过它们可以获取用户的微信账号信息或小程序的AppID信息。

6.2.1　登录API

使用云开发技术实现服务端功能时，微信可以帮助开发者对小程序用户做鉴权。但是当小程序需要接入自研的服务端时，就需要由开发者自己来实现小程序用户的权限验证了。

小程序可以使用wx.login接口获取登录的凭证，小程序端将登录凭证发送至服务端，再由服务端对接微信后台就可以实现鉴权。小程序端代码如下：

```
wx.login({
```

```
  success (res) {
    if (res.code) {
      // 发起网络请求，将登录凭证 code 发送给服务端
      wx.request({
        url: 'https://test.com/onLogin',
        data: {
          code: res.code
        }
      })
    } else {
      console.log(' 登录失败！ ' + res.errMsg)
    }
  }
})
```

通过wx.login接口获得的用户登录态拥有一定的时效性，用户越久未使用小程序，用户登录态越有可能失效。反之，如果用户一直在使用小程序，则用户登录态一直保持有效。具体时效逻辑由微信维护，对开发者透明。开发者需要调用wx.checkSession接口检测当前用户登录态是否有效。代码如下：

```
wx.checkSession({
  success () {
    //session_key 未过期，并且在本生命周期一直有效
  },
  fail () {
    // session_key 已经失效，需要重新执行登录流程
    wx.login() // 重新登录
  }
})
```

6.2.2 用户信息API

使用wx.getUserInfo接口可以获取用户信息。使用该接口前，需要先对获取用户信息这一操作向用户发起授权请求。发起授权请求的方式非常简单，只需要让用户单击包含open-type="getUserInfo"属性的button按钮组件。用户同意授权后，就可以直接调用wx.getUserInfo接口了。

该接口传入一个Object类型的参数，参数对象的有效属性包含boolean类型的withCredentials、string类型的lang和三个回调函数success、fail、complete。代码如下：

```
wx.getUserInfo({
  withCredentials: false,    // 是否返回加密信息，非必填，默认为 false
  lang: 'zh_CN',             // 显示用户信息的语言，非必填，可选值为 en、zh_CN、
                             // zh_TW，默认为 en
```

```
  success: function(res) { // 接口调用成功的回调函数
    // res 中包含用户信息
    const userInfo = res.userInfo    // 用户信息对象, 不包含 openid 等敏感信息
    const nickName = userInfo.nickName    // 微信昵称
    const avatarUrl = userInfo.avatarUrl  // 微信头像图片 URL
    const gender = userInfo.gender        // 性别 0: 未知、1: 男、2: 女
    const province = userInfo.province    // 省份
    const city = userInfo.city            // 城市
    const country = userInfo.country      // 国家
  }
})
```

如果希望通过该接口获得用户openid等敏感信息, 则需要设置withCredentials属性为true。此时, 要求之前有调用过wx.login接口, 且登录态尚未过期。相关代码如下:

```
wx.login({
  success (r) {
    if (r.code) {
      wx.getUserInfo({
        withCredentials: true,
        success: function(res) {
          const userInfo = res.userInfo // 用户信息对象, 不包含 openid 等敏
                                          感信息
          // 将登录凭证、加密数据和加密向量发送给服务端, 服务端解密数据后获取
            openid 信息
          wx.request({
            url: 'https://test.com/onLogin',
            data: {
              code: r.code, // 登录凭证
              encryptedData: res.encryptedData, // 加密数据
              iv: res.iv // 加密向量
            },
            success(response) {
              // 服务端可能会返回一些内容, 在这里进行处理
            }
          })
        }
      })
    }
  }
})
```

6.2.3 小程序账号信息API

使用wx.getAccountInfoSync接口可以获取小程序账号的信息，该接口自基础库2.2.2版本开始支持。相关代码如下：

```
const accountInfo = wx.getAccountInfoSync()
console.log(accountInfo.miniProgram.appId) // 小程序 appId
```

6.3 路由API

小程序使用路由API从一个页面跳转到另一个页面。用户打开的所有页面都会保存到一种名叫"页面栈"的存储结构中。在从页面A跳转到页面B时，两个页面都有一些生命周期函数会被调用。本节将对这三部分内容进行详细介绍。

小程序通过调用API还可以跳转到其他的小程序中，虽然该接口不属于路由API，但是由于功能相近，也在本节中进行介绍。

6.3.1 页面栈

小程序将用户打开的所有页面保存在一种名叫"栈"的存储结构中。

所谓"栈"，是指一种逻辑上的数据结构，用于存储数据。最初，栈里面没有任何数据。可以对栈进行两种操作：一种是将数据放进去，称为"入栈"（或"进栈"）；另一种是将栈里面的数据取出来，称为"出栈"（或"退栈"）。栈里面保存的数据拥有先后顺序，第一个入栈的数据位于"栈底"，最后一个入栈的数据位于"栈顶"。只有当栈里面包含数据时才可以执行出栈操作，出栈时只能取出位于栈顶的数据，在这之后，被取出的数据的前一个数据会成为新的栈顶。

"页面栈"是指专门用于存储页面的栈。页面栈的示意图如图6.1所示。

小程序将已经打开的页面保存在页面栈中，位于栈顶的页面就是当前用户看到的页面。用户刚刚打开小程序时，小程序的首页会被自动加入页面栈，成为栈中的第一个元素。使用路由API时，实际上就是在对页面栈进行操作。每当用户打开新的页面时，该页面就会入栈，当用户返回到前一个页面时，实际上就是对页面栈执行了出栈操作。

因此，页面栈决定了小程序的当前页面，以及用户可以后退到哪些页面。

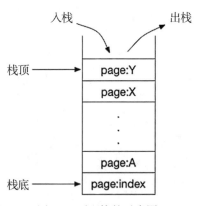

图6.1 页面栈的示意图

6.3.2　路由API

小程序使用路由API从一个页面跳转到另一个页面。用户单击页面A中的按钮跳转到页面B时，实际上是开发者在页面A的按钮上设置了单击事件监听函数，并在监听函数中使用路由API将页面切换到页面B。

路由API实际上是在对页面栈进行操作。一共有五种页面路由API，它们实现了不同的页面切换功能，下面分别对它们进行介绍。

1.　wx.navigateTo(Object object)

调用该接口时，将保留当前页面，并跳转到一个新的页面。

该接口对页面栈的操作：保留页面栈中的所有内容，将新的页面入栈。调用该接口会使页面栈的内容增加。小程序规定页面栈中最多保存10个页面，超过时则会导致调用接口失败。因此开发者需要避免让用户打开过多层级的页面，也要避免页面之间的循环跳转（如页面A可以打开页面B，页面B也可以打开页面A）。

wx.navigateTo函数传入一个Object类型的参数，该参数支持四个属性，分别为url属性和3个回调函数success、fail和complete。url是其中最主要的属性，表示需要跳转的页面的路径。url属性中可以带页面路径参数，参数与路径之间使用"?"分隔，不同参数用"&"分隔，如'path?key=value&key2=value2'。该接口的示例代码如下。

```
wx.navigateTo({
  url: 'test?id=1'
})
```

注意：不能使用该接口跳转到tabBar页面，跳转tabBar页面需要使用另外一个接口。

2.　wx.navigateBack(Object object)

wx.navigateBack接口是wx.navigateTo接口的逆操作。调用该接口时，将关闭当前页面，并返回到上一页面或多级页面。

该接口对页面栈的操作：让页面栈中的栈顶页面依次出栈，使它前一个（或多个）页面重新成为栈顶。调用该接口会使页面栈的内容减少。如果当前页面栈中只有一个页面，调用该接口会失败。

wx.navigateBack函数传入一个Object类型的参数，该参数支持四个属性，其中三个为回调函数success、fail和complete，最后一个属性为delta，表示返回的页面数。delta默认值为1，表示返回一页。如果delta大于现有页面数，则返回到首页。该接口的示例代码如下。

```
// 此处是 A 页面
wx.navigateTo({
  url: 'B?id=1'
})
// 此处是 B 页面
```

```
wx.navigateTo({
  url: 'C?id=1'
})
// 在 C 页面内 navigateBack 返回 2 个页面，将返回到 A 页面
wx.navigateBack({
  delta: 2
})
```

3. wx.redirectTo(Object object)

调用该接口时，将关闭当前页面，然后跳转到一个新的页面。

该接口对页面栈的操作：让页面栈中的栈顶页面出栈，然后将新的页面入栈。显然，调用该接口时页面栈的内容不会增加，也不会减少。灵活使用该接口可以很好地避免页面栈超出容量限制。

wx.redirectTo函数传入一个Object类型的参数，该参数支持的属性与wx.navigateTo接口相同。示例代码如下。

```
wx.redirectTo({
  url: 'test?id=1'
})
```

注意：不能使用该接口跳转到tabBar页面，跳转tabBar页面需要使用另外一个接口。

4. wx.reLaunch(Object object)

调用该接口时，将关闭所有已打开的页面，然后打开一个新的页面（既可以是tabBar页面，也可以是非tabBar页面）。

该接口对页面栈的操作：清空页面栈，然后将新的页面入栈。调用该接口会使页面栈中只保留一个页面。

wx.reLaunch函数传入一个Object类型的参数，该参数支持的属性与wx.navigateTo接口相同。示例代码如下：

```
wx.reLaunch({
  url: 'test?id=1'
})
```

5. wx.switchTab(Object object)

该接口是路由API中最特殊的一个接口，只能在小程序开启tabBar功能时使用。调用该接口时，将关闭所有非tabBar页面，并跳转到指定的tabBar页面。

该接口对页面栈的操作：删除页面栈中所有的非tabBar页面，如果新打开的页面不在页面栈中，则将它入栈。

wx.switchTab函数传入一个Object类型的参数，该参数支持的属性与wx.navigateTo接口相同。需要注意的是，参数对象中的url属性必须是在app.json的tabBar字段声明的页面，并且不能带页面路径参数。示例代码如下：

```
wx.switchTab({
  url: '/index'
})
```

6.3.3　页面切换时的生命周期

小程序中的每一个页面都有很多生命周期函数:onLoad函数用于监听页面加载,onShow函数用于监听页面显示,onReady函数用于监听页面初次渲染完成,onHide函数用于监听页面隐藏,onUnload函数用于监听页面卸载。

当小程序发生页面切换时,跳转前后的两个页面都有一些生命周期函数会被调用。具体情况可以参考表6.3。

表6.3　页面切换时的生命周期函数调用情况(不含tabBar页面切换)

路由方式	路由前页面	路由后页面
打开小程序		onLoad, onShow
打开新页面	onHide	onLoad, onShow
页面返回	onUnload	onShow
页面重定向	onUnload	onLoad, onShow
重启动	onUnload	onLoad, onShow

当使用wx.switchTab接口切换tabBar页面时,情况会稍微复杂一些。假设A、B页面为tabBar页面,C是从A页面打开的页面,D是从C页面打开的页面,E是用户通过转发卡片进入的页面(此时页面栈中只有一个E页面)。各种情况的生命周期函数调用如表6.4所示。

表6.4　页面切换时的生命周期函数调用情况(tabBar页面切换)

当前页面	路由后页面	触发的生命周期情况(按顺序)
A	A	
A	B	A.onHide(), B.onLoad(), B.onShow()
A	B(再次打开)	A.onHide(), B.onShow()
C	A	C.onUnload(), A.onShow()
C	B	C.onUnload(), B.onLoad(), B.onShow()
D	B	D.onUnload(), C.onUnload(), B.onLoad(), B.onShow()
E	A	E.onUnload(), A.onLoad(), A.onShow()

6.3.4　小程序跳转API

使用wx.navigateToMiniProgram接口可以打开另外一个小程序。开发者需要在app.json的全局配置中设置需要跳转的小程序的appId。一个小程序最多设置10个可以跳转的其他小程序。

为了防止该功能被滥用,从基础库版本2.3.0开始,调用小程序跳转API前,用户必须有单击屏幕的动作。若用户未单击小程序页面任意位置，则开发者将无法调用此接口自动跳转至其他小程序。

wx.navigateToMiniProgram函数接受一个Object类型的参数，该参数支持的属性如表6.5所示。

表6.5　Object参数支持的属性

属　　性	类　　型	默认值	说　　明
appId（必填）	string		要打开的小程序 appId
path	string		打开的页面路径，默认打开首页。可以带页面路径参数，该参数在小程序的App.onLaunch、App.onShow和Page.onLoad回调函数中可以获取
extraData	Object		需要传递给目标小程序的数据，该参数在小程序的App.onLaunch和App.onShow回调函数中可以获取
envVersion	string	release	要打开的小程序版本，可选值为develop（开发版）、trial（体验版）和release（正式版）。仅在当前小程序为开发版或体验版时此参数有效
success	function		接口调用成功的回调函数
fail	function		接口调用失败的回调函数
complete	function		接口调用结束的回调函数（调用成功、失败都会执行）

示例代码如下：

```
wx.navigateToMiniProgram({
  appId: '',
  path: 'page/index/index?id=123',
  extraData: {
    foo: 'bar'
  },
  envVersion: 'develop',
  success(res) {
    // 打开成功
  }
})
```

注意： 在开发者工具上调用此API并不会真实地跳转到另外的小程序，但是开发者工具会校验本次调用跳转是否成功。

使用wx.navigateBackMiniProgram接口可以返回到上一个小程序，只有在当前小程序是被其他小程序打开时可以调用成功。函数接受一个Object类型的参数，该参数支持3个回调函数success、fail和complete，以及一个Object类型的extraData属性，用于传递需要返回给上一个小程序的数据，上一个小程序可在App.onShow函数中获取这份数据。Object的所有属性均为非必填项。示例代码如下：

```
wx.navigateBackMiniProgram({
```

```
extraData: {
    foo: 'bar'
  },
  success(res) {
    // 返回成功
  }
})
```

6.4 交互API

本节将介绍小程序的交互API。使用交互API可以在小程序中显示各种弹窗或动画，达到交互反馈的目的。

6.4.1 提示框API

使用wx.showToast接口可以向用户显示消息提示框。该接口接受一个Object类型的参数，参数支持的属性如表6.6所示。

表6.6　Object参数支持的属性

属　　性	类　　型	默认值	说　　明
title（必填）	string		提示的内容
icon	string	success	图标，可选值为success、loading和none
image	string		自定义图标的本地路径，image的优先级高于icon
duration	number	1500	提示框的显示时长，单位为毫秒
mask	boolean	false	是否显示透明蒙层，防止触摸穿透
success	function		接口调用成功的回调函数
fail	function		接口调用失败的回调函数
complete	function		接口调用结束的回调函数（调用成功、失败都会执行）

示例代码如下：

```
wx.showToast({
  title: '成功',
  icon: 'success',
  duration: 2000
})
```

显示效果如图6.2所示。

使用wx.hideToast接口可以提前关闭消息提示框。该接口接受一个Object类型的参数，支持的属性包括3个回调函数success、fail和complete。

也可以使用wx.showLoading接口显示loading提示框。接口的参数Object支持的属性包括

title（必填）、mask、duration、success、fail和complete。当duration未填写时，loading提示框会一直存在，必须主动调用wx.hideLoading接口才能关闭提示框。

图6.2　消息提示框

示例代码如下：

```
// 显示 loading 提示框
wx.showLoading({
  title: '加载中',
})
// 2秒后关闭消息提示框（通常的做法是在网络请求前显示提示框，然后在 complete 回调中关闭提示框）
setTimeout(() => {
  wx.hideLoading()
}, 2000)
```

注意：wx.showLoading和wx.showToast同时只能显示一个。

6.4.2　对话框API

使用wx.showModal接口可以显示模态对话框。该接口接受一个Object类型的参数，参数支持的属性如表6.7所示。

表6.7　Object参数支持的属性

属　性	类　型	默认值	说　明
title	string		提示的标题
content	string		提示的内容
showCancel	boolean	true	是否显示取消按钮
cancelText	string	取消	取消按钮的文字，最多4个字符
cancelColor	HexColor	#000000	取消按钮的文字颜色，必须是十六进制格式的颜色字符串
confirmText	string	确定	确认按钮的文字，最多4个字符
confirmColor	HexColor	#576B95	确认按钮的文字颜色，必须是十六进制格式的颜色字符串
success	function		接口调用成功的回调函数
fail	function		接口调用失败的回调函数
complete	function		接口调用结束的回调函数(调用成功、失败都会执行)

示例代码如下：

```
wx.showModal({
  title: '提示',
  content: '这是一个模态弹窗',
  success (res) {
    if (res.confirm) {
      console.log('用户单击确定')
    } else if (res.cancel) {
      console.log('用户单击取消')
    }
  }
})
```

显示效果如图6.3所示。

图6.3 "模态"对话框

6.4.3 操作菜单API

使用wx.showActionSheet接口可以显示操作菜单。该接口接受一个Object类型的参数，参数支持的属性如表6.8所示。

表6.8 Object参数支持的属性

属 性	类 型	默认值	说 明
itemList（必填）	string[]		数组的每一项代表一个菜单选项，最多支持6个选项
itemColor	HexColor	#000000	按钮的文字颜色
success	function		接口调用成功的回调函数
fail	function		接口调用失败的回调函数
complete	function		接口调用结束的回调函数(调用成功、失败都会执行)

success函数回调时，会传入一个Object类型的参数。该参数中只有一个tapIndex属性，表示用户单击的选项的序号。选项序号从0开始，从上到下依次递增。示例代码如下：

```
wx.showActionSheet({
  itemList: ['A', 'B', 'C'],
  success (res) {
    console.log(res.tapIndex)
  },
  fail (res) {
    console.log(res.errMsg)
```

```
    }
  })
```

显示效果如图6.4所示。

图6.4 操作菜单

6.4.4 下拉刷新API

使用wx.startPullDownRefresh接口可以触发小程序页面的下拉刷新动画，并触发页面的onPullDownRefresh回调函数。调用接口的效果与用户手动下拉刷新一致。该接口可以传入一个Object类型的参数，参数的有效属性包括success、fail和complete三个回调函数。

示例代码如下：

```
wx.startPullDownRefresh()
```

使用wx.stopPullDownRefresh接口可以停止当前页面下拉刷新动画。该接口可以传入一个Object类型的参数，参数的有效属性包括success、fail和complete三个回调函数。

示例代码如下：

```
Page({
  onPullDownRefresh() {
    wx.stopPullDownRefresh()
  }
})
```

6.4.5 页面滚动 API

使用wx.pageScrollTo接口可以使页面自动滚动到目标位置。该接口接受一个Object类型的参数，参数支持的属性如表6.9所示。

表6.9 Object参数支持的属性

属　　性	类　　型	默认值	说　　明
scrollTop（必填）	number		滚动到页面的目标位置，单位为px
duration	number	300	滚动动画的时长，单位为毫秒

续表

属 性	类 型	默认值	说 明
success	function		接口调用成功的回调函数
fail	function		接口调用失败的回调函数
complete	function		接口调用结束的回调函数(调用成功、失败都会执行)

示例代码如下：

```
// 在300毫秒时间内将页面滚动到最上面的内容
wx.pageScrollTo({
  scrollTop: 0,
  duration: 300
})
```

6.4.6 导航栏加载动画API

使用wx.showNavigationBarLoading接口可以在当前页面的导航栏显示加载动画。该接口可以传入一个Object类型的参数，参数的有效属性包括success、fail和complete三个回调函数。示例代码如下：

```
wx.showNavigationBarLoading()
```

使用wx.hideNavigationBarLoading接口可以隐藏导航栏的加载动画。该接口可以传入一个Object类型的参数，参数的有效属性包括success、fail和complete三个回调函数。

示例代码如下：

```
wx.hideNavigationBarLoading()
```

6.5 界面API

本节将介绍小程序的界面API。使用界面API可以动态改变小程序页面中的各种界面设置。

6.5.1 导航栏API

使用wx.setNavigationBarTitle接口可以动态改变当前页面导航栏的标题。该接口可以传入一个Object类型的参数，参数的有效属性包括success、fail和complete三个回调函数，以及一个string类型的title属性。

示例代码如下：

```
wx.setNavigationBarTitle({
  title: '新的页面标题'
})
```

使用wx.setNavigationBarColor接口可以动态改变当前页面导航栏的颜色。该接口可以传入一个Object类型的参数,参数支持的属性如表6.10所示。

表6.10　Object参数支持的属性

属　性	类　型	说　明
frontColor(必填)	HexColor	前景颜色值,包括按钮、标题、状态栏的颜色,仅支持#ffffff和#000000
backgroundColor(必填)	HexColor	背景颜色值
animation	Object	动态变化时的动画效果,详细内容见下文
success	function	接口调用成功的回调函数
fail	function	接口调用失败的回调函数
complete	function	接口调用结束的回调函数(调用成功、失败都会执行)

animation属性是一个Object类型的值,其中支持两个有效属性:number类型的duration,表示动画变化时间,单位为毫秒,默认值为0;string类型的timingFunc,表示动画的变化方式,默认值为linear。timingFunc属性的可选值如表6.11所示。

表6.11　timingFunc属性的可选值

值	说　明
linear	动画从头到尾的速度是相同的
easeIn	动画以低速开始
easeOut	动画以低速结束
easeInOut	动画以低速开始和结束

示例代码如下:

```
wx.setNavigationBarColor({
  frontColor: '#ffffff',
  backgroundColor: '#ff0000',
  animation: {
    duration: 400,
    timingFunc: 'easeIn'
  }
})
```

6.5.2　导航栏菜单API

使用wx.getMenuButtonBoundingClientRect接口可以获取导航栏菜单按钮(右上角"胶囊"按钮)的布局位置信息。坐标信息以屏幕左上角为原点。调用该接口时不传入任何参数,返回值为Object类型,返回值中包含的属性(全部为number类型)如表6.12所示。

表6.12 返回值中包含的属性（均为number类型）

属　　性	说　　明
width	宽度，单位为px
height	高度，单位为px
top	上边界坐标，单位为px
right	右边界坐标，单位为px
bottom	下边界坐标，单位为px
left	左边界坐标，单位为px

6.5.3 tab栏API

本小节所介绍的tab栏相关的API都是自基础库1.9.0版本开始支持，低版本需要做兼容处理。

使用wx.showTabBarRedDot接口可以显示tabBar某一项的右上角的红点。该接口支持传入一个Object类型的参数，其中number类型的index属性指定了在tabBar从左数第几个按钮上显示红点，参数中还支持success、fail和complete三个回调函数。

使用wx.hideTabBarRedDot接口可以隐藏tabBar某一项右上角的红点。该接口传入的参数与wx.showTabBarRedDot接口完全一致。

使用wx.setTabBarBadge接口可以为tabBar某一项的右上角添加文本。该接口传入的参数为Object类型，参数支持的属性比wx.showTabBarRedDot接口多一个string类型的text，其内容为显示文本（如果超过4个字符，会显示成为省略号）。

使用wx.removeTabBarBadge接口可以移除tabBar某一项右上角的文本。该接口传入的参数与wx.showTabBarRedDot接口完全一致。

使用wx.hideTabBar接口可以隐藏tabBar，使用wx.showTabBar接口可以重新显示被隐藏的tabBar。这两个接口的Object参数除了支持success、fail和complete三个回调函数，还支持一个boolean类型的animation属性，该属性表示隐藏或显示tabBar时是否需要动画效果，默认值为false。

使用wx.setTabBarStyle接口可以动态设置tabBar的整体样式，即tabBar的color、selectedColor、backgroundColor和borderStyle等样式。示例代码如下：

```
wx.setTabBarStyle({
  color: '#FF0000',
  selectedColor: '#00FF00',
  backgroundColor: '#0000FF',
  borderStyle: 'white'
})
```

使用wx.setTabBarItem接口可以动态设置tabBar某一项的内容。自基础库2.7.0版本起图片支持临时文件和网络文件。示例代码如下：

```
wx.setTabBarItem({
  index: 0,
  text: 'text',
  iconPath: '/path/to/iconPath',
  selectedIconPath: '/path/to/selectedIconPath'
})
```

6.6　网络API

很多时候，小程序的服务端功能不是用云开发技术来实现的，而是由开发人员使用后端开发语言实现的（如Java、PHP、Golang等）。这时在小程序中需要使用网络API与服务端进行交互，可以与服务端交换数据、上传或下载文件等。

6.6.1　服务器域名配置

在小程序中使用网络相关的API时，需要事先设置通信域名，小程序只可以跟指定的域名与进行网络通信。

注意： 在开发版和体验版小程序中，打开调试模式可以绕过域名验证。

服务器域名需要在微信公众平台后台进行设置。在后台页面中，选择"开发"→"开发设置"，在页面中就可以看到"服务器域名"的设置，如图6.5所示。

图6.5　服务器域名设置

可以看到，这里需要分别对网络请求（wx.request）、上传文件（wx.uploadFile）、下载文件（wx.downloadFile）和WebSocket通信（wx.connectSocket）的域名进行设置。需要注意的是，设置的域名只支持https和wss协议，不能使用IP地址或者localhost，并且域名必须经过ICP的备案。

开发者可以使用网络云计算服务搭建自己的服务器，注册自己的域名，并进行备案。

6.6.2 网络请求API

使用wx.request接口可以发起网络请求。该接口接受一个Object类型的参数，参数支持的属性如表6.13所示。

表6.13 Object参数支持的属性

属　性	类　型	默认值	说　明
url（必填）	string		开发者服务器接口地址
data	string / object / ArrayBuffer		请求的参数
header	Object		设置请求的Header。Header中不能设置Referer。content-type默认为application/json
method	string	GET	HTTP请求方法，支持 OPTIONS / GET / HEAD / POST / PUT / DELETE / TRACE / CONNECT
dataType	string	json	返回的数据格式，如果设置为json，会对返回的数据进行一次 JSON.parse 解析
responseType	string	text	响应的数据类型，支持text和arraybuffer
success	function		接口调用成功的回调函数
fail	function		接口调用失败的回调函数
complete	function		接口调用结束的回调函数(调用成功、失败都会执行)

data属性是最终发送给服务器的数据，如果传入的数据不是string类型，会先被转换为string类型，然后再发送。转换的规则如下。

（1）对于GET方法，会将数据转换成query string。

```
url?encodeURIComponent(key1)=encodeURIComponent(value1)&encodeURIComponent
(key2)=encodeURIComponent(value2)...
```

（2）对于POST方法，且header['content-type']为application/x-www-form-urlencoded的数据，同样会将数据转换成query string。

（3）对于POST方法且header['content-type']为application/json的数据，会对数据进行JSON序列化。

调用网络请求API时，只要成功接收到服务器返回，无论statusCode是多少，都会进入success回调。success回调的Object参数中支持三个属性，分别为data、statusCode和header。data为服务端返回的数据，其类型根据服务器的具体返回值确定，可能为string、Object或ArrayBuffer类型；statusCode为number类型，正常情况下该值为200；header为服务器返回的HTTP报文的头部，其类型为Object类型。

网络请求API会返回一个RequestTask对象，可以通过该对象中断网络请求，或监听服务端返回Header的事件(比请求完成的回调事件更早)。示例代码如下：

```
const requestTask = wx.request({
```

```
    url: 'https://somewebsite.com/test', // 仅为示例，并非真实的接口地址
    data: {
      x: '123',
      y: true
    },
    header: {
      'content-type': 'application/json' // 默认值
    },
    success(res) {
      if (res.statusCode === 200) {
        console.log(res.data)
      }
    }
  })
  // 监听 HTTP Response Header 事件
  requestTask.onHeadersReceived(function(res) {
    console.log(res.header); // 服务器返回的 HTTP Response Header，类型为
                             Object
  })
  // 取消监听 HTTP Response Header 事件
  requestTask.offHeadersReceived()
  // 取消请求任务
  requestTask.abort()
```

6.6.3 下载文件API

使用wx.downloadFile接口可以使小程序发起HTTPS GET请求，下载文件到手机端。单次下载允许的最大文件为50MB。该接口接受一个Object类型的参数，参数支持的属性如表6.14所示。

表6.14　Object参数支持的属性

属　　性	类　　型	说　　明
url（必填）	string	下载文件的URL
header	Object	设置请求的Header。Header中不能设置Referer
filePath	string	指定文件下载后的存储路径，如果不设置将保存为临时文件
success	function	接口调用成功的回调函数
fail	function	接口调用失败的回调函数
complete	function	接口调用结束的回调函数（调用成功、失败都会执行）

success回调函数接受一个Object类型的返回值。其中statusCode属性表示服务器返回的HTTP状态码；tempFilePath或filePath属性表示下载文件的位置，具体为哪个属性取决于调用

wx.downloadFile接口时是否传入了filePath指定文件的路径。

下载文件API会返回一个DownloadTask对象，可以通过该对象取消文件下载或监听下载进度变化。示例代码如下：

```
const downloadTask = wx.downloadFile({
  url: 'https://somewebsite.com/audio/123', // 仅为示例，并非真实的资源
  success (res) {
    if (res.statusCode === 200) {
      // 可以对文件进行一些操作
    }
  }
})
// 监听下载进度变化事件
downloadTask.onProgressUpdate(res => {
  console.log('下载进度', res.progress)
  console.log('已经下载的数据长度', res.totalBytesWritten)
  console.log('预期需要下载的数据总长度', res.totalBytesExpectedToWrite)
})
// 取消监听下载进度变化事件
downloadTask.onProgressUpdate()
// 监听 HTTP Response Header 事件
downloadTask.onHeadersReceived(function(res) {
  console.log(res.header); // 服务器返回的 HTTP Response Header，类型为
  Object
})
// 取消监听 HTTP Response Header 事件
downloadTask.offHeadersReceived()
// 取消下载任务
downloadTask.abort()
```

6.6.4　上传文件API

使用wx.uploadFile接口可以使小程序发起HTTPS POST请求，上传文件到服务端。该接口接受一个Object类型的参数，参数支持的属性如表6.15所示。

表6.15　Object参数支持的属性

属　　性	类　　型	说　　明
url（必填）	string	上传文件到服务器的URL
filePath（必填）	string	要上传的文件路径
name（必填）	string	文件对应的key，开发者在服务端可以通过这个key获取文件的二进制内容

续表

属 性	类 型	说 明
header	Object	设置请求的Header。Header中不能设置Referer
formData	Object	HTTP请求中其他额外的form data
success	function	接口调用成功的回调函数
fail	function	接口调用失败的回调函数
complete	function	接口调用结束的回调函数(调用成功、失败都会执行)

上传文件时，HTTP请求中的content-type会被设置为multipart/form-data。在上传文件的同时还可以使用formData属性向服务端传送一些其他的数据。

success回调函数接受一个Object类型的返回值。其中statusCode属性表示服务器返回的HTTP状态码；另外还有一个string类型的data属性，代表开发者从服务器返回的数据。

上传文件API会返回一个UploadTask对象，可以通过该对象取消文件上传或监听上传进度变化。该对象的使用方法与下载文件API中的DownloadTask对象完全一致，不再重复介绍。示例代码如下：

```javascript
// 先使用选择图片 API 获取一张本地照片的路径
wx.chooseImage({
  success (res) {
    // res.tempFilePaths 为一个数组，其中保存了选择的照片文件的临时路径
    const tempFilePaths = res.tempFilePaths
    // 上传第一张图片
    const uploadTask = wx.uploadFile({
      url: 'https://somewebsite.com/upload', // 仅为示例，非真实的接口地址
      filePath: tempFilePaths[0],
      name: 'file',
      formData: {
        'user': 'test'
      },
      success (res){
        if (res.statusCode === 200) {
          const data = res.data
          //do something
        }
      }
    })
  }
})
```

6.6.5　WebSocket API

使用WebSocket API可以使小程序端与服务器建立长连接，实现长时间的双向数据通信。即小程序端与服务端会保持一个连接，小程序端和服务端都可以主动向对端发送一些数据。

使用WebSocket方式通信时，需要先调用wx.connectSocket接口创建一个连接，该接口会返回一个SocketTask对象。

在SocketTask对象上，可以建立四个监听函数：监听WebSocket连接打开事件的onOpen函数；监听WebSocket接收到服务器消息事件的onMessage函数；监听WebSocket错误的onError函数；监听WebSocket连接关闭事件的onClose函数。

在SocketTask对象上还可以调用send函数主动向服务端发送数据，或调用close函数主动关闭WebSocket连接。示例代码如下：

```
// 使用一个变量记录 WebSocket 连接是否已经建立
let socketOpen = false
// 消息队列数组，在 WebSocket 连接建立之前是不能发送数据的，可以先将数据缓存在这里
const socketMsgQueue = []
// 建立 WebSocket 连接
const socketTask = wx.connectSocket({
  url: 'wss://somewebsite.com',
  header:{
    'content-type': 'application/json'
  }
})
// 需要注意,调用建立连接接口后,建立连接需要一定时间,大约为数毫秒或数秒(与网络情况有关)
// 封装一个发送数据的函数，如果当前建立连接还未完成，就先将需要发送的数据缓存到消息队
   列中
function sendSocketMessage(msg) {
  if (socketOpen) {
    // 当前已建立连接
    socketTask.send({
      data: msg // 发送的数据需要放到 data 属性中
    })
  } else {
    // 当前还未建立连接
    socketMsgQueue.push(msg)
  }
}
// 监听 WebSocket 连接打开事件
socketTask.onOpen(function(res) {
```

```
    // 标记连接已经建立
    socketOpen = true
    // 将消息队列中的缓存数据全部发送到服务端，并清空消息队列
    for (let i = 0; i < socketMsgQueue.length; i++){
      sendSocketMessage(socketMsgQueue[i])
    }
    socketMsgQueue = []
})
// 监听 WebSocket 接收到服务器消息的事件
socketTask.onMessage(function(res) {
    console.log(res.data)    // 服务器返回的数据
})
// 监听 WebSocket 错误的事件
socketTask.onError(function(res) {
    console.log(res.errMsg) // 错误信息
})
// 监听 WebSocket 关闭事件
socketTask.onClose(function() {
    // 标记连接已经关闭
    socketOpen = false
})
// 主动关闭 WebSocket 连接
socketTask.close({
    code: 1000  // 关闭连接的状态号，表示连接被关闭的原因。默认为 1000，表示正常关闭连接
    reason: '', // 表示连接被关闭的原因，这个字符串必须是不长于 123 字节的 UTF-8 文本
    success() {
      // 标记连接已经关闭
      socketOpen = false
    }
})
```

6.6.6　网络状态API

使用wx.getNetworkType接口可以了解到当前用户使用的网络类型，如Wi-Fi网络或4G网络。该接口的使用方法如下。

```
wx.getNetworkType({
  success (res) {
    const networkType = res.networkType // 网络类型
  }
})
```

networkType表示用户的网络类型，它的可能取值如表6.16所示。

表6.16 networkType的可能取值

取 值	说 明
wifi	Wi-Fi网络
2g	2G网络
3g	3G网络
4g	4G网络
unknown	Android系统下不常见的网络类型
none	无网络

使用wx.onNetworkStatusChange接口可以监听用户的网络状态变化事件。该接口的使用方法如下：

```
wx.onNetworkStatusChange(function(res) {
  console.log(res.isConnected) // 网络状态变化后，是否还有网络连接
  console.log(res.networkType) // 网络状态变化后的网络类型，取值与表6.16相同
})
```

6.7 数据缓存API

在小程序中可以使用数据缓存API将数据保存在手机本地。对于一些需要从网络中获取，却不经常改变的数据，可以利用该API缓存一段时间。需要注意的是，缓存的数据存在本地，有可能会因为用户更换手机等原因而丢失。

6.7.1 缓存数据API

使用wx.setStorageSync或wx.setStorage接口可以将数据存储在本地缓存中指定的key中。其中带Sync的接口为同步接口，另外一个为异步接口。两个接口的使用方式如下：

```
// 异步接口，可以使用 success、fail 和 complete 回调函数
wx.setStorage({
  key:"key",
  data:"value"
})
// 同步接口
try {
  wx.setStorageSync('key', 'value')
} catch (e) {
  // Do something when catch error
}
```

异步接口的key属性与同步接口的第一个参数为保存数据的key，如果保存数据时key中已经存在数据，则会被覆盖。单个key允许存储的最大数据长度为1MB，所有数据存储上限为10MB。

异步接口的data属性与同步接口的第二个参数为保存的数据。该参数支持任意类型的数据，如number、boolean、string、Object和Array等。

6.7.2 获取数据API

使用wx.getStorageSync或wx.getStorage接口可以从本地缓存中读取指定key中的数据。其中带Sync的接口为同步接口，另外一个为异步接口。两个接口的使用方式如下：

```
// 异步接口，可以使用 success、fail 和 complete 回调函数
wx.getStorage({
  key: 'key',
  success (res) {
    console.log(res.data)   // 读取的数据保存在 data 属性中，如果数据不存在则 data
为 null
  }
})
// 同步接口
try {
  const value = wx.getStorageSync('key')
  if (value) {
    // Do something with return value
  }
} catch (e) {
  // Do something when catch error
}
```

6.7.3 查询缓存信息API

使用wx.getStorageInfoSync或wx.getStorageInfo接口可以查询当前本地缓存中的数据情况。其中，带Sync的接口为同步接口，另外一个为异步接口。两个接口的使用方式如下：

```
// 异步接口，可以使用 success、fail 和 complete 回调函数
wx.getStorageInfo({
  success (res) {
    console.log(res.keys)         // string[] 类型，包含当前本地存储中所有的 key
    console.log(res.currentSize)  // 当前占用的空间大小，单位为 KB
    console.log(res.limitSize)    // 限制的空间大小，单位为 KB
  }
```

```
})

// 同步接口
try {
  const res = wx.getStorageInfoSync()
  console.log(res.keys)              // string[] 类型，包含当前本地存储中所有的 key
  console.log(res.currentSize)       // 当前占用的空间大小，单位为 KB
  console.log(res.limitSize)         // 限制的空间大小，单位为 KB
} catch (e) {
  // Do something when catch error
}
```

6.7.4　删除数据API

使用wx.removeStorageSync或wx.removeStorage接口可以从本地缓存中删除指定key中的数据。其中带Sync的接口为同步接口，另外一个为异步接口。两个接口的使用方式如下：

```
// 异步接口，可以使用 success、fail 和 complete 回调函数
wx.removeStorage({
  key: 'key',
  success (res) {
    console.log(res)
  }
})
// 同步接口
try {
  wx.removeStorageSync('key')
} catch (e) {
  // Do something when catch error
}
```

6.7.5　清空缓存API

使用wx.clearStorageSync或wx.clearStorage接口可以清空本地缓存中的所有数据。其中带Sync的接口为同步接口，另外一个为异步接口。两个接口的使用方式如下：

```
// 异步接口，可以使用 success、fail 和 complete 回调函数
wx.clearStorage()
// 同步接口
try {
  wx.clearStorageSync()
```

```
} catch(e) {
  // Do something when catch error
}
```

6.8 文件API

本节将介绍小程序的文件API。使用文件API可以对用户手机设备中的文件进行一些操作。

为了安全考虑，不同的小程序之间保存的文件是互相隔离的，另外从小程序外部获取的文件（如从手机中选择的文件）在小程序中也都是以临时文件的形式存在的，这些临时文件都会是原文件的一个副本。

6.8.1 选择文件API

使用wx.chooseMessageFile接口可以从客户端会话中选择文件，该接口自基础库版本2.5.0开始支持。接口接受一个Object类型的参数，参数支持的属性如表6.17所示。

表6.17　Object参数支持的属性

属　　性	类　　型	默认值	说　　　　明	最低版本
count（必填）	number		最多可以选择的文件个数，可选值为0 ~ 100	
type	string	all	文件的类型，可选值为all、video、image和file	
extension	string[]		根据文件拓展名过滤，仅type==file时有效。每一项都不能是空字符串。默认不过滤	2.6.0
success	function		接口调用成功的回调函数	
fail	function		接口调用失败的回调函数	
complete	function		接口调用结束的回调函数(调用成功、失败都会执行)	

其中，type表示选择文件时关注的文件的类型：当type为all时表示从所有文件中选取；当type为video时表示只能选择视频文件；当type为image时表示只能选择图片文件；当type为file时表示可以选择除了图片和视频之外的其他的文件。该接口的示例代码如下：

```
wx.chooseMessageFile({
  count: 10,
  type: 'image',
  success (res) {
    // res.tempFiles 是一个数组，其中保存的是被选中的文件的信息
    const tempFile1 = res.tempFiles[0] // 获取第一个被选中的文件
    console.log(tempFile1.path) // 临时文件的路径
    console.log(tempFile1.size) // 临时文件的大小，单位为B
    console.log(tempFile1.name) // 文件的名称
    console.log(tempFile1.type) // 文件的类型，可能取值为 video、image 或 file
```

```
    console.log(tempFile1.time) // 选择的文件的会话发送时间（number 类型的 UNIX
                                   时间戳）
  }
})
```

6.8.2 保存文件API

通过调用小程序的某些接口，有时可以拿到文件的临时路径，如下载文件API、选择文件API等。临时文件的保存周期并不持久，不确定何时就会被微信清理。

使用wx.saveFile接口可以将临时文件保存下来，延长该文件的保存周期。该接口的示例代码如下：

```
// 先使用选择图片 API 获取一张本地照片的路径，该路径为临时路径
wx.chooseImage({
  success: function(res) {
    // res.tempFilePaths 为一个数组，其中保存了选择的照片文件的临时路径
    const tempFilePaths = res.tempFilePaths
    // 将临时文件保存下来
    wx.saveFile({
      tempFilePath: tempFilePaths[0],
      success (res) {
        const savedFilePath = res.savedFilePath // 存储后的文件路径
      }
    })
  }
})
```

注意：本地文件存储的大小限制为10MB。另外，saveFile会把临时文件移动，因此调用成功后传入的tempFilePath将不可用。

6.8.3 文件列表API

使用wx.getSavedFileList接口可以获取小程序下已保存的本地文件的列表。该接口的使用方式如下：

```
wx.getSavedFileList({
  success(res) {
    console.log(res.fileList)
  }
})
```

success回调中的fileList属性是一个数组，数组的每一项元素都是一个Object类型的值，

其中包含小程序保存的所有文件信息。例如，string类型的filePath属性表示文件的本地路径；number类型的size属性表示文件的大小，以字节为单位；number类型的createTime属性表示文件保存时的时间戳，即从1970/01/01 08:00:00到当前时间的秒数。

6.8.4　删除文件API

使用wx.removeSavedFile接口可以删除小程序中保存的本地文件。示例代码如下：

```
// 获取文件列表
wx.getSavedFileList({
  success(res) {
    if (res.fileList.length > 0){
      // 删除第一个文件
      wx.removeSavedFile({
        filePath: res.fileList[0].filePath,
        complete (res) {
          // 接口调用结束的回调函数（调用成功、失败都会执行）
          console.log(res)
        }
      })
    }
  }
})
```

6.8.5　文件信息API

使用wx.getSavedFileInfo接口可以获取小程序本地文件的文件信息。该接口只能用于已保存到小程序本地的文件，不能用于临时文件。示例代码如下：

```
wx.getSavedFileInfo({
  filePath: someFilePath,
  success(res) {
    console.log(res.size)        // 文件大小
    console.log(res.createTime)  // 文件保存的时间
  }
})
```

如果希望获取临时文件的文件信息，可以使用wx.getFileInfo接口。该接口的示例代码如下：

```
wx.getFileInfo({
  filePath: someFilePath,
  digestAlgorithm: 'md5', // 计算文件摘要的算法，默认为 md5，其他可选值为 sha1
```

```
    success (res) {
      console.log(res.size)    // 文件大小
      console.log(res.digest)  // 根据摘要算法计算出来的文件摘要
    }
})
```

6.8.6 打开文档API

使用wx.openDocument接口可以在小程序中打开文档文件。支持的文件格式包括doc、docx、xls、xlsx、ppt、pptx和pdf。示例代码如下：

```
wx.downloadFile({
  // 示例 url, 并非真实存在
  url: 'http://example.com/somefile.pdf',
  success: function(res) {
    const filePath = res.tempFilePath
    wx.openDocument({
      filePath: filePath,
      success: function (res) {
        console.log(' 打开文档成功 ')
      }
    })
  }
})
```

6.9 图片API

本节将介绍小程序的图片API。使用图片API可以对用户手机设备中的图片进行一些操作。

6.9.1 保存图片API

使用wx.saveImageToPhotosAlbum接口可以将图片文件保存到系统相册。调用该接口时需要用户授权scope.writePhotosAlbum。示例代码如下：

```
wx.saveImageToPhotosAlbum({
  filePath: someImagePath, // 图片路径，可以是临时文件路径或永久文件路径，不支持网
                              络路径

  success(res) {
    // do something
  }
})
```

6.9.2 预览图片API

使用wx.previewImage接口可以在新页面中全屏预览图片。预览的过程中用户可以进行保存图片、发送给朋友等操作。示例代码如下：

```
wx.previewImage({
  urls: [],   // 需要预览的图片 http 链接列表，基础库 2.2.3 版本起支持云文件 ID
  current: '' // 当前显示图片的链接，默认为 urls 的第一张
})
```

6.9.3 选择图片API

使用wx.chooseImage接口可以从本地相册选择图片，或使用相机拍照并获取该文件。该接口的使用方式如下：

```
wx.chooseImage({
  count: 1, // 最多可以选择的图片张数，默认为 9
  sizeType: ['original', 'compressed'], // 所选图片的尺寸（原图、缩略图）
  sourceType: ['album', 'camera'],        // 选择图片的来源（相册、相机）
  success (res) {
    if (res.tempFiles.length > 0) {
      console.log(res.tempFiles[0].path) // 第一个图片的路径（临时文件）
      console.log(res.tempFiles[0].size) // 第一个图片的大小
    }
  }
})
```

6.9.4 图片信息API

使用wx.getImageInfo接口可以获取图片信息。图片路径通过Object参数的src属性传入，这个路径可以是小程序项目中的图片路径，也可以是小程序的临时文件路径、存储文件路径，还可以是网络图片的路径（网络图片需先配置download域名才能生效）。

该接口的示例代码如下：

```
wx.getImageInfo({
  src: '/imgs/btn-img1.png',       // 小程序项目中的文件的路径
  success(res) {
    console.log(res.width)         // 图片的宽度
    console.log(res.height)        // 图片的高度
    console.log(res.path)          // 图片的路径
```

```
    console.log(res.type)        // 图片的格式, 基础库 1.9.90 版本开始支持
    console.log(res.orientation) // 拍照时设备的方向, 基础库 1.9.90 版本开始支持
  }
})
```

其中, res.orientation的合法值如表6.18所示。

表6.18　res.orientation的合法值

值	说　明
up	默认方向(手机横持拍照), 对应 Exif 中的 1; 或无 orientation 信息
up-mirrored	同 up, 但镜像翻转, 对应 Exif 中的 2
down	旋转180°, 对应 Exif 中的 3
down-mirrored	同 down, 但镜像翻转, 对应 Exif 中的 4
left-mirrored	同 left, 但镜像翻转, 对应 Exif 中的 5
right	顺时针旋转90°, 对应 Exif 中的 6
right-mirrored	同 right, 但镜像翻转, 对应 Exif 中的 7
left	逆时针旋转90°, 对应 Exif 中的 8

6.9.5　压缩图片API

使用wx.compressImage接口可以压缩图片的质量, 减小图片的大小。该接口自基础库版本2.4.0开始支持。接口的示例代码如下:

```
wx.compressImage({
  src: someImagePath, // 图片路径。支持项目中的文件、临时文件和存储文件
  quality: 80, // 压缩质量。范围 0 ~ 100, 默认 80。数值越小质量越低 (仅对 jpg 有效)
  success(res) {
    console.log(res.tempFilePath) // 压缩后图片的临时文件路径
  }
})
```

6.10　录音API

本节将介绍小程序的录音API。使用录音API可以让小程序完成录音的功能。

6.10.1　录音API

小程序使用录音管理器实现录音操作。在进行录音前, 首先需要获取全局唯一的录音管理器。代码如下:

```
const recorderManager = wx.getRecorderManager()
```

使用recorderManager上的start、pause、resume和stop方法可以开始录音、暂停录音、继续录音及停止录音。示例代码如下：

```
recorderManager.start()    // 开始录音
recorderManager.pause()    // 暂停录音
recorderManager.resume()   // 继续录音
recorderManager.stop()     // 停止录音
```

开始录音的start函数可以传入一个Object类型的参数，参数支持的属性如表6.19所示。

表6.19　Object参数支持的属性

属　　性	类　　型	默认值	说　　明	最低版本
duration	number	60000	录音的时长，单位为毫秒，最大值600000（10分钟）	
sampleRate	number	8000	采样率	
numberOfChannels	number	2	录音通道数，有效值为1和2	
encodeBitRate	number	48000	编码码率	
format	string	aac	音频格式，有效值为aac和mp3	
frameSize	number		指定帧大小，单位KB。传入frameSize后，每录制指定帧大小的内容后，会回调录制的文件内容，不指定则不会回调。暂仅支持mp3格式	
audioSource	string	auto	指定录音的音频输入源，可通过wx.getAvailableAudioSources接口获取当前可用的音频源	2.1.0

其中，采样率sampleRate的有效值包括8000、11025、12000、16000、22050、24000、32000、44100和48000。每种采样率有对应的编码码率范围有效值，设置不合法的采样率或编码码率会导致录音失败，具体对应关系如表6.20所示。

表6.20　采样率与编码码率对应关系

采　样　率	编码码率
8000	16000 ~ 48000
11025	16000 ~ 48000
12000	24000 ~ 64000
16000	24000 ~ 96000
22050	32000 ~ 128000
24000	32000 ~ 128000
32000	48000 ~ 192000
44100	64000 ~ 320000
48000	64000 ~ 320000

6.10.2 音频输入源API

使用wx.getAvailableAudioSources接口可以获取当前支持的音频输入源，该接口自基础库
2.1.0版本开始支持。接口的示例代码如下：

```
wx.getAvailableAudioSources({
  success(res) {
    console.log(res.audioSources)
  }
})
```

res.audioSources是一个数组，数组每一项都是一个string类型的值，代表一种音频输入源。
其合法值如表6.21所示。

表6.21 音频输入源的合法值

值	说　　明
auto	自动设置，默认使用手机麦克风，插上耳麦后自动切换使用耳机麦克风，所有平台适用
buildInMic	手机麦克风，仅限 iOS
headsetMic	耳机麦克风，仅限 iOS
mic	麦克风(没插耳麦时是手机麦克风，插耳麦时是耳机麦克风)，仅限 Android
camcorder	同 mic，适用于录制音视频内容，仅限 Android
voice_communication	同 mic，适用于实时沟通，仅限 Android
voice_recognition	同 mic，适用于语音识别，仅限 Android

6.10.3 录音事件监听API

在录音管理器上可以设置一些录音事件监听函数，在录音过程中的特定事件发生时可以执
行一些操作。示例代码如下：

```
// 监听录音开始事件
recorderManager.onStart(function() {
  console.log('Record start')
})
// 监听录音暂停事件
recorderManager.onPause(function() {
  console.log('Record pause')
})
// 监听录音继续事件
recorderManager.onResume(function() {
  console.log('Record resume')
```

```
})
// 监听录音结束事件
recorderManager.onStop(function() {
  console.log('Record stop')
})
// 监听录音错误事件
recorderManager.onError(function(res) {
  console.log(res.errMsg)
})
// 监听已录制完指定帧大小的文件事件。如果设置了frameSize，则会回调此事件
recorderManager.onFrameRecorded(function(res) {
  console.log(res.frameBuffer)   // 录音分片数据
  console.log(res.isLastFrame)  // 当前帧是否是正常录音结束前的最后一帧
})
// 监听录音因为受到系统占用而被中断开始事件。基础库2.3.0版本开始支持
// 以下场景会触发此事件：微信语音聊天、微信视频聊天
// 此事件触发后，录音会被暂停。因此pause事件在此事件后触发
recorderManager.onInterruptionBegin(function() {
  console.log('Record interruption begin')
})
// 监听录音中断结束事件。基础库2.3.0版本开始支持
// 在收到interruptionBegin事件之后，小程序内所有录音会暂停，收到此事件之后才可再次
   录音成功
recorderManager.onInterruptionEnd(function() {
  console.log('Record interruption end')
})
```

6.11　内部音频API

　　小程序播放音频的方式有两种：内部音频和背景音频。内部音频支持用户在使用小程序过程中播放音效；而背景音频支持在用户离开小程序后继续播放音效。首先在本节中介绍内部音频，背景音频将在6.12节中进行介绍。

6.11.1　内部音频API

　　使用内部音频播放音效时，首先需要使用wx.createInnerAudioContext接口创建内部音频上下文对象。在上下文对象中可以设置一些属性值。示例代码如下：

```
// 创建音频上下文对象
const innerAudioContext = wx.createInnerAudioContext()
```

```
// 设置为自动开始播放
innerAudioContext.autoplay = true
// 设置音频资源地址
innerAudioContext.src='http://xxxx.mp3'
```

在内部音频上下文对象中，还可以设置很多其他属性，它们的具体名称和功能如表6.22所示。

表6.22　内部音频上下文对象可以设置的属性

属　性	类　型	默认值	说　明	最低版本
src	string		音频资源的地址，基础库2.2.3版本开始支持云文件ID	
startTime	number	0	从音频的第几秒开始播放	
autoplay	boolean	false	是否自动开始播放	
loop	boolean	false	是否循环播放	
obeyMuteSwitch	boolean	true	是否遵循系统静音开关。当参数为false时，即使用户手机设置为静音，也能继续发出声音。从基础库2.3.0版本开始此参数不生效，需要使用wx.setInnerAudioOption接口进行设置	
volume	number	1	音量，范围0~1	1.9.90

在内部音频上下文对象中，还可以通过一些属性读取到关于内部音频的信息。它们是只读属性，只能查询它们的值，但不可以修改。这些属性的具体名称和含义如表6.23所示。

表6.23　内部音频上下文对象中的只读属性

属　性	类　型	说　明
duration	number	当前音频的长度(单位为秒)。只有当设置了合法src属性后才生效
currentTime	number	当前音频的播放位置(单位为秒)，精确到小数点后6位。只有当设置了合法src属性后才生效
paused	boolean	当前是否为暂停或停止状态
buffered	number	音频缓冲的时间点，保证当前播放时间点到该时间点的内容已缓冲

在内部音频上下文对象上，可以使用一些函数控制音频的播放行为。相关示例代码如下：

```
// 播放音频
innerAudioContext.play()
// 暂停音频，再次播放时会从暂停处开始播放
innerAudioContext.pause()
// 跳转到音频文件的 3.1 秒处。跳转时间单位为秒，精确到小数点后 3 位
innerAudioContext.seek(3.1)
// 停止音频，再次播放时会从头开始播放
innerAudioContext.stop()
// 销毁音频上下文，上下文对象将失效
```

```
innerAudioContext.destroy()
```

6.11.2　内部音频事件监听API

在内部音频上下文对象上，可以设置一些事件监听函数。在音频播放过程中，如果发生了特定事件，则会执行特定的回调函数。示例代码如下：

```
// 监听音频进入可以播放状态的事件。但不保证后面可以流畅播放
innerAudioContext.onCanPlay(() => {
  // do something
})
// 监听音频播放事件
innerAudioContext.onPlay(() => {
  // do something
})
// 监听音频加载中事件（当音频因为数据不足，需要停下来加载时会触发）
innerAudioContext.onWaiting(() => {
  // do something
})
// 监听音频播放进度更新事件
innerAudioContext.onTimeUpdate(() => {
  // do something
})
// 监听音频暂停事件
innerAudioContext.onPause(() => {
  // do something
})
// 监听音频进行跳转操作的事件
innerAudioContext.onSeeking(() => {
  // do something
})
// 监听音频完成跳转操作的事件
innerAudioContext.onSeeked(() => {
  // do something
})
// 监听音频停止事件
innerAudioContext.onStop(() => {
  // do something
})
// 监听音频自然播放至结束的事件
innerAudioContext.onEnded(() => {
```

```
  // do something
})
// 监听音频播放错误事件
innerAudioContext.onError(res => {
  // 10001 系统错误、10002 网络错误, 10003 文件错误, 10004 格式错误, -1 未知错误
  console.log(res.errCode)
})
```

6.12 背景音频API

背景音频支持在用户离开小程序后继续播放音效。当小程序切入后台时，音频如果处于播放状态，就可以继续播放。但是后台状态下不能通过调用API操纵音频的播放状态。

从微信客户端6.7.2版本开始，若需要在小程序切入后台后继续播放音频，需要在app.json中配置requiredBackgroundModes属性。具体设置方式如下：

```
{
  "requiredBackgroundModes": ["audio"]
}
```

开发版和体验版上可以直接生效，正式版需通过审核。

6.12.1 背景音频API

小程序使用背景音频管理器实现背景音频的相关操作。首先需要获取全局唯一的背景音频管理器。代码如下：

```
const backgroundAudioManager = wx.getBackgroundAudioManager()
```

像内部音频上下文对象一样，在背景音频管理器中可以设置或读取一些属性值。示例代码如下：

```
// 设置音频标题（必填）。原生音频播放器中的分享功能，分享出去的卡片标题，也将使用该值
backgroundAudioManager.title = 'Music Title'
// 设置音频专辑名。原生音频播放器中的分享功能，分享出去的卡片简介，也将使用该值
backgroundAudioManager.epname = 'Episode Name'
// 设置音频歌手名。原生音频播放器中的分享功能，分享出去的卡片简介，也将使用该值
backgroundAudioManager.singer = 'Singer'
// 设置封面图 URL，用于做原生音频播放器背景图。原生音频播放器中的分享功能，分享出去的
   卡片配图及背景也将使用该图
backgroundAudioManager.coverImgUrl='http://xxxx.jpg'
// 设置页面链接。原生音频播放器中的分享功能，分享出去的卡片简介，也将使用该值
backgroundAudioManager.webUrl='http://xxxx.jpg'
// 设置音频协议。基础库 1.9.94 版本开始支持。默认为 http，设置 hls 可以播放 HLS 协议的
```

```
    直播音频
backgroundAudioManager.protocol='hls'
// 设置音频开始播放的位置为 30 秒处
backgroundAudioManager.startTime = 30
// 设置音频链接，基础库 2.2.3 版本开始支持云文件 ID。设置了 src 之后会自动播放
backgroundAudioManager.src='http://xxxx.mp3'
// 当前音频的长度，单位为秒
console.log(backgroundAudioManager.duration)
// 当前音频的播放位置，单位为秒
console.log(backgroundAudioManager.currentTime)
// 当前音频是否暂停或停止
console.log(backgroundAudioManager.paused)
// 音频已缓冲时间
console.log(backgroundAudioManager.buffered)
```

在背景音频管理器上，可以使用一些函数控制音频的播放行为。相关示例代码如下：

```
// 播放音频
backgroundAudioManager.play()
// 暂停音频，再次播放时会从暂停处开始播放
backgroundAudioManager.pause()
// 跳转到音频文件的 3.1 秒处。跳转时间单位为秒，精确到小数点后 3 位
backgroundAudioManager.seek(3.1)
// 停止音频，再次播放时会从头开始播放
backgroundAudioManager.stop()
```

6.12.2　背景音频事件监听API

在背景音频管理器上，可以设置一些事件监听函数。在音频播放过程中，如果发生了特定事件，则会执行特定的回调函数。示例代码如下：

```
// 监听音频进入可以播放状态的事件。但不保证后面可以流畅播放
backgroundAudioManager.onCanPlay(() => {
  // do something
})
// 监听音频播放事件
backgroundAudioManager.onPlay(() => {
  // do something
})
// 监听用户在系统音乐播放面板单击上一曲事件（仅 iOS）
backgroundAudioManager.onPrev(() => {
  // do something
```

```
})
// 监听用户在系统音乐播放面板单击下一曲事件（仅 iOS）
backgroundAudioManager.onNext(() => {
  // do something
})
// 监听音频加载中事件（当音频因为数据不足，需要停下来加载时会触发）
backgroundAudioManager.onWaiting(() => {
  // do something
})
// 监听音频播放进度更新事件，只有小程序在前台时会回调
backgroundAudioManager.onTimeUpdate(() => {
  // do something
})
// 监听音频暂停事件
backgroundAudioManager.onPause(() => {
  // do something
})
// 监听音频进行跳转操作的事件
backgroundAudioManager.onSeeking(() => {
  // do something
})
// 监听音频完成跳转操作的事件
backgroundAudioManager.onSeeked(() => {
  // do something
})
// 监听音频停止事件
backgroundAudioManager.onStop(() => {
  // do something
})
// 监听音频自然播放至结束的事件
backgroundAudioManager.onEnded(() => {
  // do something
})
// 监听音频播放错误事件
backgroundAudioManager.onError(res => {
  // 10001 系统错误，10002 网络错误，10003 文件错误，10004 格式错误，-1 未知错误
  console.log(res.errCode)
})
```

6.12.3 监听音频中断API

在小程序中播放音频时，有时会因为受到系统占用而中断音频，如闹钟、电话、FaceTime 通话、微信语音聊天、微信视频聊天等。

小程序可以使用wx.onAudioInterruptionBegin和wx.onAudioInterruptionEnd接口对音频中断 开始事件和音频中断结束事件进行监听。这两个接口自基础库2.6.2版本开始支持。相关示例 代码如下：

```
// 监听音频因为受到系统占用而被中断开始事件。此事件触发后，小程序内所有音频会暂停。
wx.onAudioInterruptionBegin(() => {
  console.log('do something')
})
// 监听音频中断结束事件。收到此事件之后才可再次播放音频。
wx.onAudioInterruptionEnd(() => {
  console.log('do something')
})
```

6.13 视频API

本节将介绍小程序的视频API。使用视频API可以对用户手机设备中的视频进行一些操作。
如果希望播放视频内容，需要使用小程序中的video组件。对该内容的讲解将在后面介绍 组件的章节中进行。

6.13.1 保存视频API

使用wx.saveVideoToPhotosAlbum接口可以将视频保存到系统相册，支持MP4视频格式。
该接口在使用前需要用户授权scope.writePhotosAlbum。接口的示例代码如下：

```
wx.saveVideoToPhotosAlbum({
  filePath: 'xxx.mp4', // 视频文件路径。可以是临时文件路径或永久文件路径
  success (res) {
    console.log(res.errMsg)
  }
})
```

6.13.2 选择视频API

使用wx.chooseVideo接口可以从手机相册中选择视频，或使用摄像头拍摄一段视频并获取 该文件。该接口的使用方式如下：

```
wx.chooseVideo({
    sourceType: ['album','camera'], // 选择视频的来源（相册、相机）
    compressed: true, // 是否压缩视频文件。默认为 true
    maxDuration: 60,   // 拍摄视频最长拍摄时间，单位为秒。默认为 60
    camera: 'back',    // 默认拉起的是前置或者后置摄像头。支持 back 和 front
    success(res) {
        console.log(res.tempFilePath) // 视频的路径（临时文件）
        console.log(res.duration)      // 视频的时间长度
        console.log(res.size)          // 视频的数据量大小
        console.log(res.width)         // 视频的宽度
        console.log(res.height)        // 视频的高度
    }
})
```

6.13.3 video组件

在小程序中获取视频的链接后，可以使用video组件播放该视频，该组件在页面中显示为一个视频播放器。为了保持章节的完整性，对于video组件的介绍将在后面介绍组件的章节中进行。如果感兴趣可以提前阅读该部分的内容。

6.14 位置API

本节将介绍小程序的位置API。使用位置API可以获取用户的位置信息，或在用户手机中以地图的形式显示某个位置。

6.14.1 获取位置API

使用wx.getLocation接口可以获取用户当前的地理位置坐标和移动速度。调用该接口前需要用户授权scope.userLocation权限。

scope.userLocation权限与其他权限有所不同，开发者使用与该权限有关的接口时，必须在app.json文件中配置地理位置用途的说明，否则无法使用相关的接口。配置方式如下：

```
// app.json
{
    "pages": ["pages/index/index"],
    "permission": {
        "scope.userLocation": {
            "desc": "你的位置信息将用于xxxxxx"
        }
}
```

```
    }
  }
```

地理位置用途的说明会显示在向用户请求权限的提示窗口中，如图6.6所示。

图6.6　地理位置授权提示框

wx.getLocation接口可以传入一个Object类型的参数，参数支持的属性如表6.24所示。

表6.24　Object参数支持的属性

属性	类型	默认值	必填	说　　　明
type	string	wgs84	否	wgs84返回GPS坐标，gcj02返回可用于wx.openLocation的坐标
altitude	boolean	false	否	传入true会返回高度信息，由于获取高度需要较高精确度，会减慢接口返回速度
success	function		否	接口调用成功的回调函数
fail	function		否	接口调用失败的回调函数
complete	function		否	接口调用结束的回调函数(调用成功、失败都会执行)

在接口的success回调中，可以获取用户的地理位置相关信息。示例代码如下：

```
wx.getLocation({
  type: 'wgs84', // 返回 GPS 坐标
  altitude: true, // 返回高度信息
  success (res) {
    const latitude = res.latitude     // 纬度，范围为 -90~90，负数表示南纬
    const longitude = res.longitude   // 经度，范围为 -180~180，负数表示西经
    const speed = res.speed           // 速度，单位为 m/s
    const accuracy = res.accuracy     // 位置的精确度
    const altitude = res.altitude     // 高度，单位为 m
    const verticalAccuracy = res.verticalAccuracy     // 垂直精度，单位为 m( 仅
                                                         iOS 支持 )
    const horizontalAccuracy = res.horizontalAccuracy // 水平精度，单位为 m
  }
})
```

6.14.2　查看位置API

使用wx.openLocation接口可以在小程序新页面中打开微信内置地图，在地图中显示具体经

纬度对应的区域。调用该接口无须任何权限授权。

该接口可以传入一个Object类型的参数，参数支持的属性如表6.25所示。

表6.25　Object参数支持的属性

属性	类型	默认值	必填	说　明
latitude	number		是	纬度，范围为–90~90，负数表示南纬。使用gcj02国测局坐标系
longitude	number		是	经度，范围为–180~180，负数表示西经。使用gcj02国测局坐标系
scale	number	18	否	缩放比例，取值范围为5~18
name	string		否	位置名
address	string		否	地址的详细说明
success	function		否	接口调用成功的回调函数
fail	function		否	接口调用失败的回调函数
complete	function		否	接口调用结束的回调函数(调用成功、失败都会执行)

接口示例代码如下：

```
// 首先获取当前经纬度坐标
wx.getLocation({
  type: 'gcj02', // 返回可以用于 wx.openLocation 的经纬度
  success (res) {
    const latitude = res.latitude
    const longitude = res.longitude
    // 在地图中打开该位置
    wx.openLocation({
      latitude,
      longitude,
      scale: 18
    })
  }
})
```

6.14.3　选择位置API

使用wx.openLocation接口可以在小程序新页面中打开微信内置地图，用户可以在地图中选择一个位置，并在接口的success回调中获取该位置的经纬度及名称等信息。调用该接口前需要用户授权scope.userLocation权限。该接口的示例代码如下：

```
// 打开内置地图让用户选择一个位置
wx.chooseLocation({
  // 用户选择位置后回调 success 函数
  success(res) {
```

```
        console.log(res.name)        // 选择的位置的名称
        console.log(res.address)     // 选择的位置的详细地址
        console.log(res.latitude)    // 选择的位置的纬度
        console.log(res.longitude)   // 选择的位置的经度
    }
})
```

6.14.4 map组件

使用map组件可以在小程序中实现更加复杂的地图功能。为了保持章节的完整性，对于map组件的介绍将在后面介绍组件的章节中进行。感兴趣的读者可以提前阅读该部分的内容。

6.15 设备API

本节将介绍小程序的设备API。使用设备API可以调用手机的各种系统功能或硬件功能。

6.15.1 拨打电话API

使用wx.makePhoneCall接口可以在小程序中调用手机设备的拨打电话功能。该接口的使用方式如下：

```
wx.makePhoneCall({
    phoneNumber: '10086' // 需要拨打的电话号码，必填参数
})
```

接口中还支持success、fail和complete三个回调函数。

6.15.2 添加联系人API

使用wx.addPhoneContact接口可以在用户的手机通讯录中添加联系人信息。用户可以选择"新增联系人"或"添加到已有联系人"这两种方式进行添加。

该接口可以传入一个Object类型的参数，参数支持的属性如表6.26所示。

表6.26 Object参数支持的属性

属 性	类型	必填	说 明
firstName	string	是	名字
photoFilePath	string	否	头像本地文件路径
nickName	string	否	昵称
lastName	string	否	姓氏
middleName	string	否	中间名

续表

属　　性	类型	必填	说　　明
remark	string	否	备注
mobilePhoneNumber	string	否	手机号
weChatNumber	string	否	微信号
addressCountry	string	否	联系地址国家
addressState	string	否	联系地址省份
addressCity	string	否	联系地址城市
addressStreet	string	否	联系地址街道
addressPostalCode	string	否	联系地址邮政编码
organization	string	否	公司
title	string	否	职位
workFaxNumber	string	否	工作传真
workPhoneNumber	string	否	工作电话
hostNumber	string	否	公司电话
email	string	否	电子邮件
url	string	否	网站
workAddressCountry	string	否	工作地址国家
workAddressState	string	否	工作地址省份
workAddressCity	string	否	工作地址城市
workAddressStreet	string	否	工作地址街道
workAddressPostalCode	string	否	工作地址邮政编码
homeFaxNumber	string	否	住宅传真
homePhoneNumber	string	否	住宅电话
homeAddressCountry	string	否	住宅地址国家
homeAddressState	string	否	住宅地址省份
homeAddressCity	string	否	住宅地址城市
homeAddressStreet	string	否	住宅地址街道
homeAddressPostalCode	string	否	住宅地址邮政编码
success	function	否	接口调用成功的回调函数
fail	function	否	接口调用失败的回调函数
complete	function	否	接口调用结束的回调函数(调用成功、失败都会执行)

示例代码如下：

```
wx.addPhoneContact({
  firstName: '张三',
  mobilePhoneNumber: '11111111' // 仅为示例，非真实号码
})
```

6.15.3 电量API

使用wx.getBatteryInfo接口可以查询用户手机当前的电量。该接口的示例代码如下：

```
wx.getBatteryInfo({
  success(res) {
    console.log(res.level)       // 设备电量，范围1~100
    console.log(res.isCharging)  // 是否正在充电（boolean 类型）
  }
})
```

6.15.4 剪贴板API

使用wx.setClipboardData接口可以设置系统剪贴板的内容；使用wx.getClipboardData接口可以获取系统剪贴板的内容。这两个接口的示例代码如下：

```
// 将剪贴板的内容设置为 something
wx.setClipboardData({
  data: 'something',
  success (res) {
    // 获取剪贴板的内容
    wx.getClipboardData({
      success (res) {
        console.log(res.data) // res.data = 'something'
      }
    })
  }
})
```

6.15.5 屏幕亮度API

使用wx.setScreenBrightness接口可以设置屏幕亮度。示例代码如下：

```
wx.setScreenBrightness({
  value: 0.5, // 屏幕亮度值，范围 0~1。0 表示最暗，1 表示最亮
  success() {
  }
})
```

使用wx.getScreenBrightness接口可以获取屏幕亮度。示例代码如下：

```
wx.getScreenBrightness({
```

```
  success(res) {
    console.log(res.value) // 屏幕亮度值，范围 0~1。0表示最暗，1表示最亮
  }
})
```

注意：若Android系统设置中开启了自动调节亮度功能，则屏幕亮度会根据光线自动调整，该接口仅能获取自动调节亮度之前的值，而非实时的亮度值。

6.15.6　屏幕常亮API

使用wx.setKeepScreenOn接口可以设置是否保持屏幕常亮状态。该接口仅在当前小程序生效，离开小程序后设置失效。示例代码如下：

```
wx.setKeepScreenOn({
  keepScreenOn: true,  // 是否保存屏幕常亮，必填参数
  success() {
  }
})
```

6.15.7　加速计API

智能手机设备中一般都内置了加速计，可以监测到手机在x轴、y轴、z轴三个方向上的加速度。

对手机加速度的监听默认是关闭的。需要监听时，首先要调用wx.startAccelerometer接口开启监听。然后就可以使用wx.onAccelerometerChange接口获取监听到的加速度数据。当不需要继续监听加速度数据时，可以使用wx.stopAccelerometer接口关闭监听。

这几个接口的示例代码如下：

```
// 开启监听
wx.startAccelerometer({
  interval: 'game', // 监听加速度数据回调函数的执行周期
  success() {
    // 设置回调函数接收加速度数据
    wx.onAccelerometerChange(res => {
      console.log(res.x) // x轴方向上的加速度
      console.log(res.y) // y轴方向上的加速度
      console.log(res.z) // z轴方向上的加速度
    })
    // 5秒后关闭监听
    setTimeout(() => {
      wx.stopAccelerometer()
```

```
    }, 5000)
  }
})
```

调用wx.startAccelerometer接口开启加速度监听时可以传入一个interval属性，该属性用于设置监听回调函数的执行周期。interval的默认设置为normal，即普通的回调周期，在200毫秒/次左右。从基础库2.1.0版本开始，该属性支持传入game和ui两个值。game表示适用于更新游戏的回调周期，在20毫秒/次左右；ui表示适用于更新UI的回调周期，在60毫秒/次左右。

注意：根据机型性能、当前CPU与内存的占用情况，interval的设置与实际wx.onAccelerometerChange()回调函数的执行周期会有一些出入。

6.15.8 罗盘API

智能手机设备中一般都内置了罗盘，可以监测到手机面对的方向度数。

罗盘API的使用方式与加速计API类似。对手机方向的监听默认是关闭的。需要监听时，首先要调用wx.startCompass接口开启监听。然后就可以使用wx.onCompassChange接口获取监听到的方向数据以及数据精度。当不需要继续监听方向数据时，可以使用wx.stopCompass接口关闭监听。

罗盘数据变化事件的回调频率无法自定义，其频率值为固定的5次/秒。这几个接口的示例代码如下：

```
// 开启监听
wx.startCompass({
  success() {
    // 设置回调函数接收罗盘数据
    wx.onCompassChange(res => {
      console.log(res.direction) // 面对的方向度数, number 类型
      console.log(res.accuracy)  // 精度, 基础库 2.4.0 版本开始支持
    })
    // 5 秒后关闭监听
    setTimeout(() => {
      wx.stopCompass()
    }, 5000)
  }
})
```

其中，表示方向的direction为number类型。0表示正北，当手机顺时针旋转时该值开始增大，逐渐增大至360时刚好旋转一周，并且又重新变为0。

表示精度的accuracy从基础库2.4.0版本开始支持。由于平台差异，accuracy在iOS和Android系统的值不同。在iOS系统中，accuracy是一个number类型的值，表示相对于磁北极的偏差。0表示设备指向磁北，90表示指向东，180表示指向南，以此类推。在Android系统中，

accuracy是一个string类型的值，其有效取值如表6.27所示。

表6.27 accuracy在Android系统的有效取值

值	说 明
high	高精度
medium	中等精度
low	低精度
no-contact	不可信，传感器失去连接
unreliable	不可信，原因未知
unknown	未知的精度枚举值，即该Android系统此时返回的表示精度的值不是一个标准的精度枚举值

6.15.9 设备方向API

从基础库2.3.0版本开始，小程序支持监听设备方向变化事件。

设备方向API的使用方式与加速计API类似。对设备方向的监听默认是关闭的。需要监听时，首先要调用wx.startDeviceMotionListening接口开启监听。然后就可以使用wx.onDeviceMotionChange接口获取监听到的方向数据。当不需要继续监听方向数据时，可以使用wx.stopDeviceMotionListening接口关闭监听。

调用wx.startDeviceMotionListening接口开启设备方向监听时可以传入一个interval属性，该属性用于设置监听回调函数的执行周期，可选值为normal、game和ui。normal为默认值，表示普通的回调周期，在200毫秒/次左右；game表示适用于更新游戏的回调周期，在20毫秒/次左右；ui表示适用于更新UI的回调周期，在60毫秒/次左右。接口的示例代码如下：

```
// 开启监听
wx.startDeviceMotionListening({
  interval: 'ui', // 监听设备方向数据回调函数的执行周期
  success() {
    // 设置回调函数接收设备方向数据
    wx.onDeviceMotionChange(res => {
      console.log(res.alpha) // 当手机坐标 X/Y 和地球 X/Y 重合时，绕着 Z 轴转动的
                             //    夹角为 alpha。范围值为 [0, 360]。逆时针转动为正
      console.log(res.beta)  // 当手机坐标 Y/Z 和地球 Y/Z 重合时，绕着 X 轴转动的
                             //    夹角为 beta。范围值为 [-180, 180]。顶部朝着地
                             //    球表面转动为正。也有可能朝着用户为正
      console.log(res.gamma) // 当手机坐标 X/Z 和地球 X/Z 重合时，绕着 Y 轴转动的
                             //    夹角为 gamma。范围值为 [-90, 90]。右边朝着地球
                             //    表面转动为正
    })
    // 5秒后关闭监听
    setTimeout(() => {
```

```
    wx.stopDeviceMotionListening()
  }, 5000)
 }
})
```

6.15.10　陀螺仪API

智能手机设备中一般都内置了陀螺仪,可以监测到手机在x轴、y轴、z轴三个方向上的角速度。

陀螺仪API自基础库2.3.0版本开始支持,它的使用方式与加速计API类似。对设备角速度的监听默认是关闭的。需要监听时,首先要调用wx.startGyroscope接口开启监听。然后就可以使用wx.onGyroscopeChange接口获取监听到的角速度数据。当不需要继续监听角速度数据时,可以使用wx.stopGyroscope接口关闭监听。

调用wx.startGyroscope接口开启角速度监听时可以传入一个interval属性,该属性用于设置监听回调函数的执行周期,可选值为normal、game和ui。normal为默认值,表示普通的回调周期,在200毫秒/次左右;game表示适用于更新游戏的回调周期,在20毫秒/次左右;ui表示适用于更新UI的回调周期,在60毫秒/次左右。接口的示例代码如下:

```
// 开启监听
wx.startGyroscope({
  success() {
    // 设置回调函数接收陀螺仪数据
    wx.onGyroscopeChange(res => {
      console.log(res.x) // x轴方向上的角速度
      console.log(res.y) // y轴方向上的角速度
      console.log(res.z) // z轴方向上的角速度
    })
    // 5秒后关闭监听
    setTimeout(() => {
      wx.stopGyroscope()
    }, 5000)
  }
})
```

6.15.11　震动API

使用wx.vibrateShort接口可以使手机发生较短时间的振动(15毫秒)。该接口仅在Android机型及iPhone 7/7 Plus以上版本机型中生效。

使用wx.vibrateLong接口可以使手机发生较长时间的振动(400毫秒)。

这两个接口的示例代码如下：

```
wx.vibrateShort()
wx.vibrateLong()
```

6.15.12 扫码API

使用wx.scanCode接口可以调用客户端扫码界面进行扫码，或从相册中选择图片进行扫码。该接口可以传入一个Object类型的参数，参数支持的属性如表6.28所示。

表6.28 Object参数支持的属性

属 性	类 型	默认值	说 明
onlyFromCamera	boolean	false	是否只能从相机扫码，不允许从相册选择图片
scanType	string[]	['barCode', 'qrCode']	扫码类型
success	function		接口调用成功的回调函数
fail	function		接口调用失败的回调函数
complete	function		接口调用结束的回调函数(调用成功、失败都会执行)

其中scanType的合法值如表6.29所示。

表6.29 scanType的合法值

值	说 明
barCode	一维码
qrCode	二维码
datamatrix	Data Matrix码
pdf417	PDF417码

该接口的示例代码如下：

```
// 允许从相机和相册扫码
wx.scanCode({
  success (res) {
    console.log(res.result)    // 所扫码的内容
    console.log(res.scanType)  // 所扫码的类型
    console.log(res.charSet)   // 所扫码的字符集，如 UTF-8
    console.log(res.path)      // 当所扫的码为当前小程序二维码时会返回此字段，内
                               //   容为二维码携带的 path
    console.log(res.rawData)   // 原始数据，base64 编码
  }
})
```

返回值中的scanType比调用接口时使用的scanType更加准确，它的合法值如表6.30所示。

表6.30　返回值中的scanType的合法值

值	说　　明
QR_CODE	二维码
AZTEC	一维码
CODABAR	一维码
CODE_39	一维码
CODE_93	一维码
CODE_128	一维码
DATA_MATRIX	二维码
EAN_8	一维码
EAN_13	一维码
ITF	一维码
MAXICODE	一维码
PDF_417	二维码
RSS_14	一维码
RSS_EXPANDED	一维码
UPC_A	一维码
UPC_E	一维码
UPC_EAN_EXTENSION	一维码
WX_CODE	二维码
CODE_25	一维码

6.16　事件监听API

本节将介绍小程序的事件监听API。使用事件监听API可以对小程序中可能发生的全局事件进行监听。

6.16.1　监听窗口尺寸变化API

使用wx.onWindowResize接口可以监听窗口尺寸变化事件。该接口自基础库2.3.0版本开始支持。示例代码如下：

```
wx.onWindowResize(res => {
  console.log(res.size.windowWidth)  // 变化后的窗口宽度，单位为 px
  console.log(res.size.windowHeight) // 变化后的窗口高度，单位为 px
})
```

6.16.2 监听键盘高度变化API

使用wx.onKeyboardHeightChange接口可以监听键盘高度变化事件。该接口自基础库2.7.0版本开始支持。示例代码如下：

```
wx.onKeyboardHeightChange(res => {
  console.log(res.height)  // 变化后的键盘高度
})
```

6.16.3 监听用户截屏API

使用wx.onUserCaptureScreen接口可以监听用户主动截屏事件。该接口的示例代码如下：

```
wx.onUserCaptureScreen(res => {
  console.log('用户截屏了')
})
```

6.16.4 监听内存不足API

当用户手机内存资源不足时，微信可能会回收一部分小程序占用的资源。

开发者可以使用wx.onMemoryWarning接口监听内存不足告警事件。当该事件发生时，开发者可以主动回收一些不必要的资源，避免进一步加剧内存紧张，致使小程序被关闭。

该接口自基础库2.0.2版本开始支持，示例代码如下：

```
wx.onMemoryWarning(res => {
  console.log(res.level) // 内存告警等级。只有Android才有，对应系统宏定义
})
```

告警回调函数中的level属性只有Android系统才可以获取，该值表示内存告警的等级，其合法值如表6.31所示。

表6.31　level的合法值

值	说　　明
5	TRIM_MEMORY_RUNNING_MODERATE
10	TRIM_MEMORY_RUNNING_LOW
15	TRIM_MEMORY_RUNNING_CRITICAL

第7章 小程序组件

组件是小程序视图层的基本组成单元，它们通常自带一些功能与样式。几乎所有组件都有各自定义的属性，通过设置属性值可以对该组件的功能或样式进行修饰。开发者可以通过WXSS修改组件的样式。

小程序为开发者提供了一系列基础组件，开发者通过组合这些基础组件可以进行快速开发。当基础组件不能满足使用需求时，开发者也可以自定义组件，或使用第三方开发的自定义组件实现功能。

本章将对小程序的组件进行详细的介绍，主要包括以下内容。

(1)介绍小程序的视图容器组件。

(2)介绍小程序的基础内容组件。

(3)介绍小程序的表单组件。

(4)介绍小程序的视频组件。

(5)介绍小程序的相机组件。

(6)介绍小程序的地图组件。

(7)介绍小程序的画布组件。

(8)介绍小程序的广告组件。

(9)学习如何自定义小程序组件。

7.1 视图容器组件

视图容器组件简称容器组件。容器组件中可以包含其他的组件，它的主要作用是使页面的WXML代码形成层次结构。被包含的组件既可以是容器组件，也可以是非容器组件。使用容器组件再结合一些WXSS代码可以实现页面的各种布局。

前面介绍过的view组件是最基础的视图容器组件，小程序中还提供了一些有额外功能的容器组件，本节将对它们进行详细的介绍。

7.1.1 view组件

view组件是最基础的容器组件，也是最常用的容器组件。view组件支持的属性如表7.1所示。

表7.1　view组件支持的属性

属 性	类 型	默认值	说 明	最低版本
hover-class	string	none	指定按下去的样式类。none表示没有单击态效果	1.0.0
hover-start-time	number	50	按住后多久出现单击态，单位为毫秒	1.0.0
hover-stay-time	number	400	手指松开后单击态保留时间，单位为毫秒	1.0.0
hover-stop-propagation	boolean	false	指定是否阻止本节点的祖先节点出现单击态	1.5.0

hover-class属性的作用与class属性类似，也可以用于设置组件的类，以便在组件的类上设置样式。hover-class设置的类只在单击组件时才生效，因此只有在用户单击view组件时，才会显示hover-class对应的样式。

hover-start-time和hover-stay-time可以设置单击态的出现时间和保留时间，即按住view组件后多久后hover-class开始生效，以及手指松开多久后hover-class的样式消失。两个属性的单位都是毫秒。

hover-stop-propagation默认设置为false，表示不阻止view组件的祖先节点出现单击态。所谓祖先节点，即组件的父节点，以及父节点的父节点，以及再往上的所有父节点，以此类推。子组件往往位于父组件的内部，因此当单击子组件时，实际上也单击了父组件。该属性就是用于设置是否允许事件向父组件传递的。如果将该属性设置为true，当用户单击view组件时，view组件的所有祖先节点都不会变为单击态。

用下面这段代码举例说明。

```
<!-- WXML -->
<view class="parent" hover-class="parent-hover">
  <view class="child" hover-stop-propagation="{{true}}"></view>
</view>

/* WXSS */
.parent {
  width: 200rpx;
  height: 200rpx;
  background: blue;
}
.parent-hover {
  background: yellow;
}
.child {
  width: 100rpx;
  height: 100rpx;
  background: red;
}
```

在上面这段代码中，外层view组件是边长为200rpx的正方形，背景颜色为蓝色，内层view组件是边长为100rpx的正方形，背景颜色为红色。child位于parent内部，默认会显示在左上角的位置，如图7.1所示。

图7.1　两个view组件的显示效果

当单击蓝色区域时，parent会变为单击态，此时就会应用parent-hover类上面的样式，即背景色变为黄色。当单击红色区域时，child会变为单击态，但是由于child组件没有对单击态的样式进行设置，因此child组件的样式不会发生变化。另外，尽管单击的位置也位于parent组件的内部，但是由于child组件中设置了hover-stop-propagation="{{true}}"，因此parent组件并不会出现单击态，parent的样式也保持不变。

7.1.2　scroll-view组件

scroll-view组件是可滚动的视图容器，它可以在竖直方向或水平方向上滚动，借此展示超出屏幕高度或宽度的内容。

使用竖向滚动时，需要通过WXSS的height样式给scroll-view设置一个固定高度，超出设定高度的内容会被隐藏，通过页面滚动可以将它们显示出来。

scroll-view组件支持的属性如表7.2所示。

表7.2　scroll-view组件支持的属性

属　　性	类　　型	默认值	说　　　　明	最低版本
scroll-x	boolean	false	允许横向滚动	1.0.0
scroll-y	boolean	false	允许纵向滚动	1.0.0
upper-threshold	number/string	50	距顶部/左边多远时，触发scrolltoupper事件	1.0.0
lower-threshold	number/string	50	距底部/右边多远时，触发scrolltolower事件	1.0.0
scroll-top	number/string		设置竖向滚动条位置	1.0.0
scroll-left	number/string		设置横向滚动条位置	1.0.0
scroll-into-view	string		值应为某子元素id（id不能以数字开头）。设置哪个方向可滚动，则在哪个方向滚动到该元素	1.0.0

续表

属 性	类 型	默认值	说 明	最低版本
scroll-with-animation	boolean	false	在设置滚动条位置时使用动画过渡	1.0.0
enable-back-to-top	boolean	false	iOS单击顶部状态栏、安卓双击标题栏时，滚动条返回顶部，只支持竖向	1.0.0
bindscrolltoupper	eventhandle		滚动到顶部/左边时触发	1.0.0
bindscrolltolower	eventhandle		滚动到底部/右边时触发	1.0.0
bindscroll	eventhandle		滚动时触发，event.detail = {scrollLeft, scrollTop, scrollHeight, scrollWidth, deltaX, deltaY}	1.0.0

scroll-x和scroll-y属性用于设置组件允许滚动的方向，默认为false。

upper-threshold和lower-threshold是两个边界值，用于设置触发scrolltoupper事件和scrolltolower事件的时机。这两个属性的单位默认为px，从基础库2.4.0版本起可以传入单位（可以是rpx或px）。

scroll-top属性、scroll-left属性和scroll-into-view属性都是用于设置滚动条位置的属性，这三个属性通常应该设置成变量的形式，而不应该设置成一个固定值。

```
scroll-into-view="{{toView}}"
scroll-top="{{scrollTop}}"
```

scroll-top与scroll-left的单位默认为px。同样从基础库2.4.0版本起支持传入单位。

scroll-into-view属性通过子组件的id属性设定滚动的位置。id属性是所有组件都支持的一个通用属性，该属性与class属性类似，不影响组件的功能或样式。与class属性不同的是，id属性的值在一个页面中必须唯一，即同一个页面中的两个组件不能取相同的id值。

例如下面这段代码，如果在JS文件中将toView的值更改为view2，scroll-view就会滚动到第二个view的位置。

```
<scroll-view scroll-y style="height: 200px;" scroll-into-
view="{{toView}}">
  <view id="view1" class="scroll-view-item"></view>
  <view id="view2" class="scroll-view-item"></view>
</scroll-view>
```

设置滚动条位置时默认是没有动画过渡的，可以将scroll-with-animation属性值设置为true，即可开启动画过渡效果。

enable-back-to-top属性是一个开关，如果将其设置为true，当用户单击标题栏时可以让scroll-view中的内容快速地回到最顶部。在实际使用时，iOS系统与Android系统的操作方式略有不同，在iOS中只需要单击标题栏即可返回最顶部，而Android系统中需要双击标题栏。

剩下的bindscrolltoupper、bindscrolltolower和bindscroll三个属性可以用于绑定事件监听函数，具体功能可以参考表格中的介绍。另外，在使用scroll-view组件时还需要注意以下两点。

（1）基础库2.4.0版本以下不支持嵌套textarea、map、canvas、video组件。

(2)在scroll-view中滚动无法触发onPullDownRefresh。

7.1.3 swiper与swiper-item组件

swiper是滑块容器组件,它需要与swiper-item组件结合使用。swiper组件的内部只能放置swiper-item组件,在swiper-item组件中才可以放置其他内容。

每个swiper-item代表一个滑块的内容,同一时刻swiper组件中只能显示一个swiper-item的内容,通过左右滑动可以切换显示不同的swiper-item。swiper组件的显示效果如图7.2所示。

图7.2 swiper组件的显示效果

swiper组件支持的属性如表7.3所示。

表7.3 swiper组件支持的属性

属 性	类 型	默认值	说 明	最低版本
indicator-dots	boolean	false	是否显示面板指示点	1.0.0
indicator-color	color	rgba(0,0,0,0.3)	指示点颜色	1.1.0
indicator-active-color	color	#000000	当前选中的指示点颜色	1.1.0
current	number	0	当前所在滑块的 index	1.0.0
autoplay	boolean	false	是否自动切换	1.0.0
interval	number	5000	自动切换时间间隔	1.0.0
duration	number	500	滑动动画时长	1.0.0
easing-function	string	default	指定 swiper 切换动画类型,可选值如下。 default: 默认动画 linear: 线性动画 easeInCubic: 缓入动画 easeOutCubic: 缓出动画 easeInOutCubic: 缓入缓出动画	2.6.5
circular	boolean	false	是否采用衔接滑动	1.0.0
vertical	boolean	false	滑动方向是否为纵向	1.0.0
previous-margin	string	0px	前边距,可用于露出前一项的一小部分,接受 px 和 rpx 值	1.9.0

续表

属　　性	类　　型	默认值	说　　明	最低版本
next-margin	string	0px	后边距，可用于露出后一项的一小部分，接受 px 和 rpx 值	1.9.0
display-multiple-items	number	1	同时显示的滑块数量	1.9.0
bindchange	eventhandle		current 改变时会触发 change 事件，event.detail = {current, source}，source表示导致变更的原因，可能值如下。 autoplay: 自动播放 touch: 用户滑动 空字符串: 其他原因	1.0.0
bindtransition	eventhandle		swiper-item 的位置发生改变时会触发 transition 事件，event.detail = {dx: dx, dy: dy}	2.4.3
bindanimationfinish	eventhandle		动画结束时会触发 animationfinish 事件，event.detail 同上	1.9.0

其中，indicator-dots、indicator-color和indicator-active-color三个属性用于设置swiper组件下方的指示点。将indicator-dots属性设置为true即可显示指示点，用于标明当前显示的是第几个swiper-item。设置指示点的颜色时，可以使用HexColor，也可以使用rgba。rgba后面括号中的四个数字分别表示red、green、blue和alpha的值，前三个值即颜色的RGB数值，取值范围是0~255，对应十六进制的00~FF。Alpha的值表示的是颜色的透明度，它的取值范围是0~1的小数，从0到1表示透明度从完全透明逐渐变为不透明。

current属性用于设置swiper组件当前显示的滑块，其值对应swiper-item所处位置的序号（从0开始）。如果将current的值设定为一个固定的数值，则该值表示swiper显示的初始滑块的序号。如果将current的值设定为一个变量，则当变量的值改变时，swiper显示的滑块也会随之切换。

如果将autoplay属性设置为true，则swiper会自动切换滑块的内容。自动切换的时间间隔由interval属性设置，单位为毫秒。

duration属性可以设置滑块滑动的动画时长，该设置对手动切换与自动切换都会生效。如果希望改变切换的动画类型，可以设置easing-function属性，该属性支持设置五种动画类型，具体内容可以参考表7.3中的介绍。

如果将circular属性设置为true，则最后一个滑块会与第一个滑块衔接，滑块内容会循环重复。

vertical属性用于设置滑块是否为纵向。滑块的滑动方向默认为横向，如果将vertical属性设置为true，则滑块的滑动方向会变为纵向。

previous-margin和next-margin属性可以设置滑块的前后边距。设置边距后可以显示出当前的swiper-item前后相邻项的一部分内容。这两个属性设置时需要传入单位，它们支持px和rpx值。

display-multiple-items属性可以设置swiper组件中同时显示的swiper-item的个数。默认只显示一项内容。

剩下的bindchange、bindtransition和bindanimationfinish三个属性可以用于绑定事件监听函数，具体功能可以参考表7.3中的介绍。

关于swiper组件的示例代码如下：

```
<swiper indicator-dots>
  <swiper-item>
    <image src="/imgs/img1.jpg" class="slide-image" width="355"
    height="150"/>
  </swiper-item>
  <swiper-item>
    <image src="/imgs/img2.jpg" class="slide-image" width="355"
    height="150"/>
  </swiper-item>
</swiper>
```

7.1.4 movable-view与movable-area组件

movable-view是可移动的视图容器，它需要与movable-area组件结合使用。movable-view组件只能放在movable-area组件中，它在movable-area组件的范围内可以拖曳滑动。

movable-view组件支持的属性如表7.4所示。

表7.4 movable-view组件支持的属性

属 性	类 型	默认值	说 明	最低版本
direction	string	none	movable-view的移动方向，可选值为all、vertical、horizontal、none	1.2.0
inertia	boolean	false	movable-view是否带有惯性	1.2.0
out-of-bounds	boolean	false	超过可移动区域后，movable-view是否还可以移动	1.2.0
x	number		定义x轴方向的偏移，如果x的值不在可移动范围内，会自动移动到可移动范围；改变x的值会触发动画	1.2.0
y	number		定义y轴方向的偏移，如果y的值不在可移动范围内，会自动移动到可移动范围；改变y的值会触发动画	1.2.0
damping	number	20	阻尼系数，用于控制x或y改变时的动画和过界回弹的动画，值越大移动越快	1.2.0
friction	number	2	摩擦系数，用于控制惯性滑动的动画，值越大摩擦力越大，滑动越快停止；必须大于0，否则会被设置成默认值	1.2.0

续表

属 性	类 型	默认值	说 明	最低版本
disabled	boolean	false	是否禁用	1.9.90
scale	boolean	false	是否支持双指缩放	1.9.90
scale-min	number	0.5	定义缩放倍数最小值	1.9.90
scale-max	number	10	定义缩放倍数最大值	1.9.90
scale-value	number	1	定义缩放倍数，取值范围为 0.5 ~ 10	1.9.90
animation	boolean	true	是否使用动画	2.1.0
bindchange	eventhandle		拖动过程中触发的事件，event.detail = {x, y, source}，source表示产生移动的原因，可能值如下： touch: 拖动 touch-out-of-bounds: 超出移动范围 out-of-bounds: 超出移动范围后的回弹 friction: 惯性 空字符串: setData设置了位置	1.9.90
bindscale	eventhandle		缩放过程中触发的事件，event.detail = {x, y, scale}，x 和y字段在基础库2.1.0版本之后支持	1.9.90
htouchmove	eventhandle		初次手指触摸后移动为横向的移动时触发，如果catch此事件，则意味着touchmove事件也被catch	1.9.90
vtouchmove	eventhandle		初次手指触摸后移动为纵向的移动时触发，如果catch此事件，则意味着touchmove事件也被catch	1.9.90

表7.4中的大部分属性都很好理解，并且在表7.4中都有详细的介绍，这里不再过多说明。

这里补充说明一下缩放相关的属性。scale属性用于设置是否支持双指缩放。在默认情况下，支持缩放手势的区域是在movable-view范围内，在movable-area组件上可以设置一个boolean类型的scale-area属性，当设置其值为true时可将缩放手势生效区域修改为整个movable-area组件内。

另外，使用movable-view时需要注意，movable-view与movable-area组件都需要设置width和height属性，如果不设置默认为10px。

7.1.5 cover-view和cover-image组件

在小程序中，有一些组件是由微信创建的原生组件，包括camera、canvas、input（仅在focus时表现为原生组件）、live-player、live-pusher、map、textarea和video组件。

原生组件与非原生组件是不同的渲染流程，它们在界面显示上会有一些差异，其中最明显的一点是原生组件的层级高于非原生组件，即页面中的非原生组件无论将z-index设置为多少，都无法覆盖在原生组件之上。

为了解决原生组件层级最高的限制，小程序专门提供了cover-view和cover-image组件。这两个组件也是原生组件，它们可以覆盖在部分原生组件上，包括camera、canvas、live-player、 live-pusher、map和video组件。

　　cover-view组件是可以覆盖在原生组件之上的容器组件，但是它的内部只能包含文本或嵌套cover-view、cover-image和button组件，因此它只能包含文字、图片或按钮。

　　cover-image组件不是容器组件，它的作用与image组件类似，可以用于显示一张图片。不同的是cover-image组件显示的图片可以覆盖在原生组件之上，而image组件则不可以。cover-image支持传入一个src属性，用于指定图片的路径。该路径支持临时路径、网络路径等，并从基础库2.2.3版本起支持云文件ID。

　　注意： 微信开发者工具上的原生组件是用web组件模拟的，因此很多情况并不能很好地还原真机的表现，开发者在使用原生组件时应该尽量在真机上进行调试。

7.2　基础内容组件

　　接下来要介绍的是小程序的基础内容组件。在页面中如果需要展示一些内容时，往往需要使用基础内容组件。

7.2.1　text组件

　　text组件是最常见的基础内容组件，它可以用于在页面中显示一些文本内容。在前面的章节中对它已经进行了介绍，为了保持章节的完整性，这里再次提及text组件。读者如果希望了解text组件相关的内容，请查阅第2章中的介绍。

7.2.2　icon组件

　　icon组件也是十分常见的基础内容组件，它可以用于在页面中显示一些图标。icon组件的内容在第3章中有过介绍，读者如果希望了解相关的内容，请查阅相关章节。

7.2.3　image组件

　　image组件可以用于在页面中显示图片。在第3章中同样介绍过image组件的内容，读者如果希望了解相关的内容，请查阅相关章节。

7.2.4　progress组件

　　progress是一个进度条组件，用于在页面中显示进度数据。该组件支持的属性如表7.5所示。

表7.5 progress组件支持的属性

属 性	类 型	默认值	说 明	最低版本
percent	number		百分比，取值0 ~ 100	1.0.0
show-info	boolean	false	是否在进度条右侧显示百分比文字	1.0.0
border-radius	number/string	0	圆角大小	2.3.1
font-size	number/string	16	右侧百分比字体大小	2.3.1
stroke-width	number/string	6	进度条线的宽度	1.0.0
activeColor	string	#09BB07	已完成的进度条的颜色	1.0.0
backgroundColor	string	#EBEBEB	未完成的进度条的颜色	1.0.0
active	boolean	false	进度条从左往右的动画	1.0.0
active-mode	string	backwards	backwards: 动画从头播； forwards: 动画从上次结束点接着播	1.7.0
bindactiveend	eventhandle		绑定动画完成事件监听函数	2.4.1

表7.5中的属性都很好理解，不再过多说明。

progress组件的示例代码如下：

```
<progress percent="20" show-info />
```

progress组件的显示效果如图7.3所示。

20%

图7.3 progress组件的显示效果

7.3 表单组件

表单组件是用于收集信息的组件。在第3章中已经介绍了很多表单组件，包括form、input、textarea、picker、switch、button、radio、radio-group、checkbox、checkbox-group和label等。这些组件在本节中不再重复介绍，读者如果希望了解相关的内容，请查阅相关章节。在本节中将只介绍还未讲解过的表单组件。

7.3.1 picker-view与picker-view-column组件

前面介绍过的picker组件是选择器组件，在页面中通常显示为一个按钮，当单击按钮时会从底部弹出一个滚动选择器让用户进行选择。picker-view的功能与picker组件类似，它是嵌入在页面中的滚动选择器，即用户在页面中可以直接看到滚动选择器的选项。

picker-view组件需要与picker-view-column组件结合使用，并且其内部只能包含picker-view-column组件。一个picker-view-column代表了一个滚动选择器子项，一个picker-view组件中可以包含多个picker-view-column组件，这样可以一次性选择多项内容，如年、月、日等。

　　每个picker-view-column组件中需要包含多个子元素，这些子元素就是滚动选择器子项的选项列表。

　　picker-view组件支持的属性如表7.6所示。

表7.6　picker-view组件支持的属性

属　　性	类　　型	说　　明	最低版本
value	number[]	数组中的数字依次表示 picker-view 内的 picker-view-column 选择的第几项(下标从 0 开始)，数字大于 picker-view-column 可选项长度时，选择最后一项	1.0.0
indicator-style	string	设置选择器中间选中框的样式	1.0.0
indicator-class	string	设置选择器中间选中框的类名	1.1.0
mask-style	string	设置蒙层的样式	1.5.0
mask-class	string	设置蒙层的类名	1.5.0
bindchange	eventhandle	滚动选择时触发change事件，event.detail = {value};value为数组，表示 picker-view 内的 picker-view-column 当前选择的是第几项(下标从 0 开始)	1.0.0
bindpickstart	eventhandle	当滚动选择开始时触发事件	2.3.1
bindpickend	eventhandle	当滚动选择结束时触发事件	2.3.1

　　下面是一个日期选择的示例代码，三个picker-view-column分别代表了年、月、日的选择子项。

```
<!-- WXML -->
<view>
  <view style="text-align: center;">{{year}}年{{month}}月{{day}}日</
view>
  <picker-view indicator-style="height: 50px;" style="width: 100%;
height: 300px;" value="{{value}}" bindchange="bindChange">
    <picker-view-column>
      <view wx:for="{{years}}" style="line-height: 50px">{{item}}年</
      view>
    </picker-view-column>
    <picker-view-column>
      <view wx:for="{{months}}" style="line-height: 50px">{{item}}月</
      view>
    </picker-view-column>
    <picker-view-column>
      <view wx:for="{{days}}" style="line-height: 50px">{{item}}日</
      view>
    </picker-view-column>
  </picker-view>
```

```
</view>

// JS
const date = new Date()
const years = []
const months = []
const days = []
for (let i = 1990; i <= date.getFullYear(); i++) {
  years.push(i)
}
for (let i = 1 ; i <= 12; i++) {
  months.push(i)
}
for (let i = 1 ; i <= 31; i++) {
  days.push(i)
}

Page({
  data: {
    years: years,
    year: date.getFullYear(),
    months: months,
    month: 2,
    days: days,
    day: 2,
    value: [9999, 1, 1],
  },
  bindChange: function(e) {
    const val = e.detail.value
    this.setData({
      year: this.data.years[val[0]],
      month: this.data.months[val[1]],
      day: this.data.days[val[2]]
    })
  }
})
```

以上代码在页面中的显示效果如图7.4所示。

图7.4　picker-view组件的显示效果

7.3.2　slider组件

slider是滑动选择器组件，使用该组件可以让用户通过滑动滑块的方式设置数值大小。该组件支持的属性如表7.7所示。

表7.7　slider组件支持的属性

属　　性	类　　型	默认值	说　　明	最低版本
min	number	0	最小值	1.0.0
max	number	100	最大值	1.0.0
step	number	1	步长，取值必须大于0，并且可被(max − min)整除	1.0.0
disabled	boolean	false	是否禁用	1.0.0
value	number	0	当前取值	1.0.0
activeColor	color	#1aad19	已选择的颜色	1.0.0
backgroundColor	color	#e9e9e9	背景条的颜色	1.0.0
block-size	number	28	滑块的大小，取值范围为 12 ～ 28	1.9.0
block-color	color	#ffffff	滑块的颜色	1.9.0
show-value	boolean	false	是否显示当前value	1.0.0
bindchange	eventhandle		完成一次拖动后触发的事件，event.detail = {value}	1.0.0
bindchanging	eventhandle		拖动过程中触发的事件，event.detail = {value}	1.7.0

表7.7中的属性都很好理解，这里不再过多说明。

使用slider组件的示例代码如下：

```
<slider bindchange="onSliderChange" show-value />
```

slider组件的显示效果如图7.5所示。

图7.5　slider组件的显示效果

7.4　视频组件

如果希望在小程序中播放视频，就需要用到小程序的视频（video）组件。本节将对video组件的功能及相关的API进行介绍。

7.4.1　video组件

video组件在页面中显示为一个视频播放器，开发者可以使用video组件播放网络视频。该组件支持的属性如表7.8所示。

表7.8　video组件支持的属性

属　　性	类　型	默认值	说　　明	最低版本
src（必填）	string		要播放视频的资源地址，基础库2.3.0版本开始支持云文件ID	1.0.0
controls	boolean	true	是否显示默认播放控件(播放/暂停按钮、播放进度、时间)	1.0.0
enable-danmu	boolean	false	是否展示弹幕，只在初始化时有效，不能动态变更	1.0.0
danmu-btn	boolean	false	是否显示弹幕按钮，只在初始化时有效，不能动态变更	1.0.0
danmu-list	Object[]		弹幕列表	1.0.0
autoplay	boolean	false	是否自动播放	1.0.0
loop	boolean	false	是否循环播放	1.4.0
muted	boolean	false	是否静音播放	1.4.0
initial-time	number	0	指定视频初始播放位置	1.6.0
direction	number		设置全屏时视频的方向，不指定则根据宽高比自动判断。可选值及其含义如下。 0: 正常竖向 90: 屏幕逆时针90° -90: 屏幕顺时针90°	1.7.0
show-progress	boolean	true	若不设置，宽度大于240时才会显示	1.9.0
show-fullscreen-btn	boolean	true	是否显示全屏按钮	1.9.0
show-play-btn	boolean	true	是否显示视频底部控制栏的播放按钮	1.9.0
show-center-play-btn	boolean	true	是否显示视频中间的播放按钮	1.9.0
enable-progress-gesture	boolean	true	是否开启控制进度的手势	1.9.0

续表

属 性	类 型	默认值	说 明	最低版本
object-fit	string	contain	当视频大小与video容器大小不一致时，视频的表现形式。可选值及其含义如下。contain: 包含 fill: 填充 cover: 覆盖	1.0.0
poster	string		视频封面的图片网络资源地址或云文件ID（2.3.0）。若controls属性值为false，则设置poster无效	1.0.0
show-mute-btn	boolean	false	是否显示静音按钮	2.4.0
title	string		视频的标题，全屏时在顶部展示	2.4.0
play-btn-position	string	bottom	播放按钮的位置。可选值及其含义如下。bottom: 在controls bar上显示播放按钮 center: 在视频中间显示播放按钮	2.4.0
enable-play-gesture	boolean	false	是否开启播放手势，即双击切换播放/暂停	2.4.0
auto-pause-if-navigate	boolean	true	当跳转到其他小程序页面时，是否自动暂停本页面的视频	2.5.0
auto-pause-if-open-native	boolean	true	当跳转到其他微信原生页面时，是否自动暂停本页面的视频	2.5.0
page-gesture	boolean	false	在非全屏模式下，是否开启亮度与音量调节手势（废弃，见vslide-gesture）	1.6.0
vslide-gesture	boolean	false	在非全屏模式下，是否开启亮度与音量调节手势（同page-gesture）	2.6.2
vslide-gesture-in-fullscreen	boolean	true	在全屏模式下，是否开启亮度与音量调节手势	2.6.2
bindplay	eventhandle		当开始/继续播放时触发play事件	1.0.0
bindpause	eventhandle		当暂停播放时触发pause事件	1.0.0
bindended	eventhandle		当播放到末尾时触发ended事件	1.0.0
bindtimeupdate	eventhandle		播放进度变化时触发, event.detail = {currentTime, duration}。触发频率250毫秒/次	1.0.0
bindfullscreenchange	eventhandle		视频进入和退出全屏时触发, event.detail = {fullScreen, direction}, direction 有效值为vertical或horizontal	1.4.0
bindwaiting	eventhandle		视频出现缓冲时触发	1.7.0
binderror	eventhandle		视频播放出错时触发	1.7.0
bindprogress	eventhandle		加载进度变化时触发，只支持一段加载。event.detail = {buffered}, 百分比	2.4.0

其中，src属性是组件中唯一一个必填的属性，用于指定视频的资源地址。自基础库2.3.0
版本开始支持云文件ID。

enable-danmu、danmu-btn和danmu-list属性分别用于设置是否显示弹幕、是否显示弹幕
开关和弹幕列表。danmu-list属性需要传入一个数组，数组中的每一项都是一个Object类型的
值，包含text、color和time三个属性，分别表示一条弹幕的文字、字体颜色和出现时间（单位
为秒）。

其他属性在表7.8中已有详细介绍，不再过多说明。

值得一提的是，video组件默认拥有一些播放控件，可以对视频的播放进行控制。开发者
也可以为video组件自定义播放控件，首先设置controls="{{false}}"将默认的控件隐藏起来，然
后在页面中添加自定义的控件即可。如果希望将自定义控件覆盖在video组件上，则需要利用
cover-view组件才可以实现。示例代码如下：

```xml
<!-- WXML -->
<video id="myVideo" src="http://xxxx.mp4" controls="{{false}}">
  <cover-view class="controls">
    <cover-view class="play" bindtap="play">
      <cover-image class="img" src="/imgs/icon_play.jpg" />
    </cover-view>
    <cover-view class="pause" bindtap="pause">
      <cover-image class="img" src="/imgs/icon_pause.jpg" />
    </cover-view>
    <cover-view class="time">00:00</cover-view>
  </cover-view>
</video>
```

```js
// JS
Page({
  onReady() {
    // 使用video组件的ID创建视频上下文对象
    this.videoCtx = wx.createVideoContext('myVideo')
  },
  play() {
    // 使用视频上下文对象上的API控制视频组件播放
    this.videoCtx.play()
  },
  pause() {
    // 使用视频上下文对象上的API控制视频组件暂停
    this.videoCtx.pause()
  }
})
```

在以上代码中可以看到，自定义控件的功能需要通过视频上下文对象来实现。视频上下文对象中封装了一些API，通过这些API可以在JS代码中控制视频的播放。

注意：video组件拥有默认的宽高样式，默认宽度为300px，默认高度为225px。可以使用wxss为其设置新的宽高样式。

7.4.2　视频上下文对象与相关API

在页面的JS文件中，可以使用wx.createVideoContext接口创建一个视频上下文对象。视频上下文对象需要与页面中的video组件进行绑定，绑定后可以使用视频上下文对象控制视频的播放。该接口传入一个string类型的id参数，对应页面中video组件的id属性值。示例代码如下：

```
<!-- somepage.wxml -->
<video id="myVideo" src="http://xxxx.mp4"></video>

// somepage.js，创建一个视频上下文对象，并绑定 id 为 myVideo 的 video 组件
const videoContext = wx.createVideoContext('myVideo')
```

这样一来，就可以在视频上下文对象上使用一些函数控制视频的播放行为。相关示例代码如下：

```
// 播放视频
videoContext.play()
// 暂停视频
videoContext.pause()
// 停止视频
videoContext.stop()
// 跳转到指定位置，单位为秒
videoContext.seek(30)
// 设置倍速播放，支持 0.5/0.8/1.0/1.25/1.5，基础库 2.6.3 版本起支持 2.0 倍速
videoContext.playbackRate(0.5)
// 进入全屏
videoContext.requestFullScreen({
  direction: 0 // 设置全屏时视频的方向，不指定则根据宽高比自动判断。0 表示正常竖向
})
// 退出全屏
videoContext.exitFullScreen()
// 发送弹幕
videoContext.sendDanmu({
  text: 'xxxxxxx', // 弹幕文字
  color: '#aabbcc' // 弹幕颜色
})
// 显示状态栏，仅在 iOS 全屏下有效，基础库 2.1.0 版本开始支持
```

```
videoContext.showStatusBar()
// 隐藏状态栏，仅在 iOS 全屏下有效，基础库 2.1.0 版本开始支持
videoContext.hideStatusBar()
```

7.5　相机组件

相机（camera）组件可以用于拍摄照片或实现扫描二维码的功能。本节将对相机组件的功能及相关API进行介绍。

7.5.1　camera组件

camera组件在页面中显示为一个矩形区域，该区域会实时显示手机摄像头捕获的图像。开发者可以使用camera组件实现拍照、录像或扫描二维码的功能。需要注意的是，同一个页面中只能插入一个camera组件。

使用camera组件需要用户授权scope.camera权限。当用户第一次打开camera组件所在的页面时，小程序会自动弹出一个授权窗口，让用户进行确认。只有当用户单击允许后camera组件才可以正常使用。

camera组件支持的属性如表7.9所示。

表7.9　camera组件支持的属性

属　性	类　型	默认值	说　明	最低版本
mode	string	normal	应用模式，只在初始化时有效，不能动态变更。可选值如下。normal: 相机模式　scanCode: 扫码模式	2.1.0
device-position	string	back	使用哪个摄像头，可选值如下。front: 前置摄像头　back: 后置摄像头	1.0.0
flash	string	auto	闪光灯，可选值如下。auto: 自动　on: 打开　off: 关闭	1.0.0
frame-size	string	medium	指定期望的相机帧数据尺寸，可选值如下。small: 小尺寸帧数据　medium: 中尺寸帧数据　large: 大尺寸帧数据	2.7.0
bindstop	eventhandle		摄像头在非正常终止时触发，如退出后台等情况	1.0.0
binderror	eventhandle		用户不允许使用摄像头时触发	1.0.0
bindinitdone	eventhandle		相机初始化完成时触发	2.7.0

属　　性	类　　型	默认值	说　　明	最低版本
bindscancode	eventhandle		在扫码识别成功时触发，仅在scanCode模式时生效	2.1.0

mode属性默认为normal，表示相机模式。如果将其值设置为scanCode即可设置为扫码模式。在扫码模式下，扫码识别成功时会触发组件上的scancode事件，可以通过bindscancode属性为该事件设置监听函数。在事件监听函数的event参数中可以获取扫码的内容和格式。

表7.9中的其他属性都很好理解，这里不再过多说明。

在相机模式下，由于camera组件中不包含拍照按钮，因此必须要结合相机上下文对象来实现拍照、录像等功能。相机上下文对象中封装了一些API，通过这些API可以在JS代码中实现相应的功能。

7.5.2　相机上下文对象与相关API

在页面的JS文件中，可以使用wx.createCameraContext接口创建一个相机上下文对象。由于同一个页面中只能插入一个camera组件，因此在创建相机上下文对象时，不需要传入camera组件的id，相机上下文对象会自动与页面中唯一的camera组件绑定。

相机上下文对象中封装了一些API，通过这些API可以在JS代码中控制相机的功能。其中最主要的两个功能就是拍照和录像了。示例代码如下：

```
<!-- somepage.wxml -->
<camera style="width: 100%; height: 300px;"></camera>
// somepage.js，创建一个相机上下文对象
const cameraContext = wx.createCameraContext()
// 拍摄照片 API
cameraContext.takePhoto({
  quality: 'high',  // 成像质量，可选值：high, low, normal。默认为normal
  success(res) {
    console.log(res.tempImagePath) // 照片文件的临时路径，安卓是 jpg 图片格式，
    ios 是 png
  }
})
// 开始录像 API，录像最多 30 秒，超时或页面 onHide 时会自动结束
cameraContext.startRecord({
  timeoutCallback(res) { // 超时回调，超过 30 秒或页面 onHide 时会结束录像
    console.log(res.tempThumbPath) // 封面图片文件的临时路径
    console.log(res.tempVideoPath) // 视频文件的临时路径
  },
  success() {
```

```
      console.log(' 开始录像 ')
    }
  })
  // 停止录像 API
  cameraContext.stopRecord({
    success(res) {
      console.log(res.tempThumbPath) // 封面图片文件的临时路径
      console.log(res.tempVideoPath) // 视频文件的临时路径
    }
  })
```

另外，自基础库2.7.0版本开始，在相机上下文对象上还可以使用onCameraFrame函数来获取摄像头的实时帧数据。示例代码如下：

```
const context = wx.createCameraContext()
// 创建实时帧数据的监听。此时监听仍然是关闭的，需要手动开启监听才可以接收到数据
const listener = context.onCameraFrame((res) => {
  console.log(res.width)   // 图像数据矩形的宽度
  console.log(res.height)  // 图像数据矩形的高度
  console.log(res.data)    // 图像像素点数据，类型为一维数组，每4项表示一个像素点
                           //   的 rgba 值
})
// 开始监听帧数据
listener.start()
// 停止监听帧数据
listener.stop()
```

7.6 地图组件

小程序支持在页面中放置地图（map）组件。地图组件不仅可以用于显示一定范围内的地图区域，还可以放置标记点，或是显示路线等。本节将对map组件的功能以及相关API进行介绍。

7.6.1 map组件

map组件支持的属性如表7.10所示（组件属性的长度单位默认为px，基础库2.4.0版本起支持传入单位，可以是rpx或px）。

表7.10　map组件支持的属性

属　　性	类　　型	默认值	说　　明	最低版本
longitude（必填）	number		中心经度，范围–180~180，负数表示西经	1.0.0
latitude（必填）	number		中心纬度，范围–90~90，负数表示南纬	1.0.0
scale	number	16	缩放级别，取值范围为3~20	1.0.0
include-points	Object[]		缩放视野以包含所有给定的坐标点	1.0.0
markers	Object[]		标记点	1.0.0
circles	Object[]		圆	1.0.0
polyline	Object[]		路线	1.0.0
polygons	Object[]		多边形	2.3.0
rotate	number	0	旋转角度，即地图正北和设备y轴角度的夹角，范围0~360	2.5.0
skew	number	0	倾斜角度，即关于z轴的倾角，范围0~40	2.5.0
show-location	boolean	false	显示当前定位点，定位点图标会通过箭头方向指示出手机的方向	1.0.0
enable-3D	boolean	false	是否展示3D楼块	2.3.0
show-compass	boolean	false	是否显示指南针	2.3.0
enable-overlooking	boolean	false	是否开启俯视	2.3.0
enable-zoom	boolean	true	是否支持缩放	2.3.0
enable-scroll	boolean	true	是否支持拖动	2.3.0
enable-rotate	boolean	false	是否支持旋转	2.3.0
enable-satellite	boolean	false	是否开启卫星图	2.7.0
enable-traffic	boolean	false	是否开启实时路况	2.7.0
bindtap	eventhandle		单击地图时触发	1.0.0
bindmarkertap	eventhandle		单击标记点时触发，会返回marker的id	1.0.0
bindcallouttap	eventhandle		单击标记点对应的气泡时触发，会返回marker的id	1.2.0
bindupdated	eventhandle		在地图渲染更新完成时触发	1.6.0
bindregionchange	eventhandle		视野发生变化时触发	2.3.0
bindpoitap	eventhandle		单击地图poi点时触发	2.3.0

其中，longitude和latitude是两个必填的属性，表示地图中心点的经度和纬度。

scale属性用于设置地图的缩放级别，取值范围3~20，数值越大显示的区域越具体。

include-points属性需要传入一个数组，数组中的每一项都是一个Object类型的值，表示一个坐标点，map组件会自动缩放视野以包含所有给定的坐标点。每个坐标点Object都包含longitude和latitude这两个属性，分别表示经度和纬度。

markers属性需要传入一个数组，数组中的每一项都是一个Object类型的值，称为marker，代表地图中的一个标记点。每个标记点marker的格式如表7.11所示。

表7.11　marker的格式

属　性	类　型	说　明	最低版本
latitude（必填）	number	纬度，范围-90~90，负数表示南纬	
longitude（必填）	number	经度，范围-180~180，负数表示西经	
id	number	标记点id。Marker单击事件回调会返回此id。建议为每个marker设置一个number类型的id，保证更新marker时有更好的性能	
title	string	标注点名。单击标注点时显示，如果设置了callout属性则会被忽略	
iconPath	string	支持项目路径、临时路径和网络图片(基础库2.3.0版本)	
zIndex	number	显示层级	2.3.0
rotate	number	标注图标顺时针旋转的角度，范围0~360，默认为0	
alpha	number	标注图标的透明度。取值范围0~1，默认值为1，表示无透明	
width	number/string	标注图标宽度。单位为px，基础库2.4.0版本开始支持传入单位(px或rpx)。默认为图片实际宽度	
height	number/string	标注图标高度。单位为px，基础库2.4.0版本开始支持传入单位(px或rpx)。默认为图片实际高度	
callout	Object	自定义标记点上方的气泡窗口	1.2.0
label	Object	为标记点旁边增加标签	1.2.0
anchor	Object	经纬度在标注图标的锚点。支持两个属性x和y，x表示横向，y表示竖向。默认为{x: 0.5, y: 1}，表示底边中点	1.2.0

　　其中，callout属性可以设置标记点上方的气泡窗口，label属性可以为标记点旁边增加标签，这两个属性都需要传入Object类型的值，它们的格式分别如表7.12和表7.13所示。

表7.12　callout的格式

属　性	类　型	说　明	最低版本
content	string	文本	1.2.0
color	string	文本颜色	1.2.0
fontSize	number	文字大小	1.2.0
borderRadius	number	边框圆角半径	1.2.0
borderWidth	number	边框宽度	2.3.0
borderColor	string	边框颜色	2.3.0
bgColor	string	背景色	1.2.0
padding	number	文本边缘留白	1.2.0
display	string	显示方式，可选值如下。 BYCLICK: 单击显示 ALWAYS: 常显	1.2.0
textAlign	string	文本对齐方式。有效值: left、right、center	1.6.0

表7.13   label的格式

属 性	类 型	说 明	最低版本
content	string	文本	1.2.0
color	string	文本颜色	1.2.0
fontSize	number	文字大小	1.2.0
x	number	label的坐标(已废弃，请使用anchorX)	1.2.0
y	number	label的坐标(已废弃，请使用anchorY)	1.2.0
anchorX	number	label的坐标，原点是 marker 对应的经纬度	2.1.0
anchorY	number	label的坐标，原点是 marker 对应的经纬度	2.1.0
borderWidth	number	边框宽度	1.6.0
borderColor	string	边框颜色	1.6.0
borderRadius	number	边框圆角	1.6.0
bgColor	string	背景色	1.6.0
padding	number	文本边缘留白	1.6.0
textAlign	string	文本对齐方式。有效值: left、right、center	1.6.0

　　marker支持的其他属性都很好理解，这里不再过多说明。下面看一个marker的例子，假如将map组件中的markers属性设置为下面这个数组。

```
markers: [{
  id: 0,
  latitude: 39.9,
  longitude: 116.4,
  width: 50,
  height: 50,
  callout: {
    content: 'callout',
    display: 'ALWAYS'
  },
  label: {
    content: 'label'
  }
}]
```

map组件中的标记点的显示效果如图7.6所示。

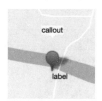

图7.6   map组件中的标记点

除了标记点以外，在map组件中还可以放置一些图形。例如，circle属性可以用于放置一些圆形，polyline属性可以用于放置一些路线，polygon属性可以用于放置一些多边形。这三个属性都需要传入数组类型的值，数组中每一项分别用于设置一个圆、一条路线或一个多边形，它们的格式分别如表7.14～表7.16所示。

表7.14　circle的格式

属　　性	类　　型	说　　明
latitude（必填）	number	纬度
longitude（必填）	number	经度
radius（必填）	number	半径
color	HexColor	描边的颜色
fillColor	HexColor	填充颜色
strokeWidth	number	描边的宽度

表7.15　polyline的格式

属　　性	类　　型	说　　明	最低版本
points（必填）	array	坐标点数组，从第一项连线至最后一项，格式为 [{latitude: 0, longitude: 0}]	
color	HexColor	线的颜色	
width	number	线的宽度	
dottedLine	boolean	是否虚线，默认为false	
arrowLine	boolean	带箭头的线，默认为false	1.2.0
arrowIconPath	string	更换箭头图标，只在arrowLine为true时生效	1.6.0
borderColor	string	线的边框颜色	1.2.0
borderWidth	number	线的厚度	1.2.0

表7.16　polygon的格式

属　　性	类　　型	说　　明	最低版本
points（必填）	array	坐标点数组，依次相连形成多边形，格式为 [{latitude: 0, longitude: 0}]	2.3.0
strokeWidth	number	描边的宽度	2.3.0
strokeColor	HexColor	描边的颜色	2.3.0
fillColor	HexColor	填充颜色	2.3.0
zIndex	number	设置多边形Z轴数值	2.3.0

例如，在map中设置如下的图形：

```
circles: [{
  longitude: 113.3245211,
  latitude: 23.10229,
  radius: 3000,
```

```
      strokeWidth: 5,
      fillColor: '#00000000'   // 设置填充色为透明
    }],
    polyline: [{
      points: [{
        longitude: 113.3245211,
        latitude: 23.10229
      }, {
        longitude: 113.324520,
        latitude: 23.21229
      }],
      dottedLine: true,
      width: 5,
      color: "#FF0000"
    }],
    polygons: [{
      points: [{
        longitude: 113.384520,
        latitude: 23.15229
      }, {
        longitude: 113.264520,
        latitude: 23.15229
      }, {
        longitude: 113.3845211,
        latitude: 23.27229
      }],
      strokeWidth: 5
    }]
```

在map中显示图形的显示效果如图7.7所示。

图7.7　在map组件中显示图形

map组件中的其他属性都很容易理解，这里就不再过多介绍了。

7.6.2 地图上下文对象与相关API

在使用map组件时，还可以在JS代码中使用wx.createMapContext接口创建地图上下文对象，调用接口时传入string类型的id参数可以与map组件进行绑定。

地图上下文对象中封装了一些API，通过这些API可以在JS代码中获取map组件中的一些信息，或对map组件进行一些操作。

示例代码如下：

```
const mapContext = wx.createMapContext('myMap')      // 假设 map 组件的 id 属性
                                                     //   为 myMap

// 获取当前地图中心点的经纬度。返回的是 gcj02 坐标系，可以用于 wx.openLocation 等接口
mapContext.getCenterLocation({
  success(res) {
    console.log(res.latitude)   // 地图中心点的纬度
    console.log(res.longitude)  // 地图中心点的经度
  }
})


// 获取当前地图的视野范围
mapContext.getRegion({
  success(res) {
    console.log(res.southwest)   // 西南角经纬度：{longitude: xxx, latitude: xxx}
    console.log(res.northeast)   // 东北角经纬度：{longitude: xxx, latitude: xxx}
  }
})


// 获取当前地图的缩放级别
mapContext.getScale({
  success(res) {
    console.log(res.scale)
  }
})


// 将地图中心移动到当前定位点，需要设置 map 组件的 show-location 属性为 true 才能使用
mapContext.moveToLocation()

// 缩放视野，展示所有给出的坐标点
mapContext.includePoints({
  points: [{
```

```
      longitude: 113.3245211,
      latitude: 23.10229
    }, {
      longitude: 113.324520,
      latitude: 23.21229
    }]
})

// 平移 marker 到一个新的位置，有过渡动画
mapContext.translateMarker({
  markerId: 0,              // 标记点 id，必填
  destination: {            // 目标点，必填
    longitude: 116.4,
    latitude:0
  },
  autoRotate: true,     // 移动过程中是否自动旋转 marker，必填
  rotate: 0,               // marker 的旋转角度，必填
  duration: 5000,       // 动画持续时长，平移与旋转分别计算，默认为 1000，单位为毫秒
  animationEnd() {
    console.log(' 动画结束 ')
  }
})
```

7.7　画布组件

小程序中还支持画布（canvas）组件。canvas组件与HTML中的canvas标签的功能一样，通过JS代码可以在组件上绘制图像。本节将对canvas组件的功能及相关API进行介绍。

7.7.1　canvas组件

canvas组件在页面中显示为一个矩形区域。默认宽度为300px，高度为150px，可以通过WXSS对其宽高进行修改。需要注意的是，要尽量避免设置过大的宽高，否则在Android系统下会导致小程序崩溃。

canvas组件支持的属性如表7.17所示。

表7.17　canvas组件支持的属性

属　　性	类　　型	说　　明
canvas-id	string	canvas组件的唯一标识符
disable-scroll	boolean	当canvas组件绑定了手势事件，在canvas中移动时，禁止屏幕滚动以及下拉刷新。默认为false

属　性	类　型	说　　　明
bindtouchstart	eventhandle	手指触摸动作开始
bindtouchmove	eventhandle	手指触摸后移动
bindtouchend	eventhandle	手指触摸动作结束
bindtouchcancel	eventhandle	手指触摸动作被打断，如来电提醒，弹窗
bindlongtap	eventhandle	手指长按500ms之后触发，触发了长按事件后进行移动不会触发屏幕的滚动
binderror	eventhandle	当发生错误时触发error事件

其中，canvas-id属性可以为canvas组件设置唯一id，这个id值可以用于创建canvas组件的上下文对象。

canvas组件中的其他属性则大多是用于绑定手势监听事件的，通过这些事件监听函数可以获取canvas组件中的触摸轨迹。

canvas组件本身不具备绘图的功能。如果希望在canvas中绘图，必须使用绘图上下文对象中的接口才可以实现。

7.7.2　绘图上下文对象与相关API

在canvas组件上绘图前，首先需要创建上下文对象。相关代码如下：

```
<!-- WXML -->
<canvas style="width: 300px; height: 200px;" canvas-id="myCanvas"></
canvas>

// JS 创建绘图上下文对象，并通过 canvas-id 与 canvas 组件绑定
const ctx = wx.createCanvasContext('myCanvas')
```

获取上下文对象后就可以调用上面的API方法了。在canvas组件中绘图需要经过两个步骤，第一步是描述绘图的形状和样式，第二步是绘制。描述绘图的形状时会用到canvas中的坐标，需要注意的是，在canvas组件中左上角的坐标为(0, 0)，x方向向右为正，y方向向下为正，长度单位为px。

例如，在画布上面绘制一个圆形。代码如下：

```
// 第一步，描述绘图的形状和样式
ctx.arc(100, 75, 50, 0, 2 * Math.PI)    // 描述一个圆形，圆心 (100, 75)，半径
                                        // 50px，起始弧度为 0，终止弧度为 2π

ctx.fillStyle = '#FF0000'               // 设置填充色为红色
ctx.fill()                              // 对当前路径中的内容进行填充，即填充圆形
// 第二步，绘制
ctx.draw()                              // 将之前在上下文中的描述绘制到 canvas 组件上
```

通过以上代码可以发现，所谓绘制实际上就是调用上下文对象上的draw函数。draw函数支持传入一个boolean类型的参数，它的值表示本次绘制时是否保留上一次绘制的内容，默认为false。例如，可以通过下面这段代码进行说明：

```
ctx.fillStyle = '#FF0000'          // 设置填充色为红色
ctx.fillRect(5, 10, 150, 100)      // 填充一个矩形，左上角坐标 (5, 10)，宽
                                      150px，高 100px
ctx.draw()                          // 第一次绘制
ctx.fillRect(50, 50, 150, 100)     // 填充第二个矩形
ctx.draw(true)                      // 第二次绘制
```

由于第二次绘制时传入了参数true，因此第一次绘制的矩形也被保留下来。显示效果如图7.8所示。

图7.8 显示两次绘制的矩形（红色）

如果在第二次绘制时不传参数或传入false，则第一次绘制的矩形将被清除，在上下文中设置的红色填充色设置也会被清除，画布上面只显示一个黑色的矩形图像。显示效果如图7.9所示。

图7.9 只显示第二次绘制的矩形（黑色）

在上下文对象中还可以绘制线条。相关的示例代码如下：

```
ctx.moveTo(10, 10)      // 将笔触移动到 (10, 10) 坐标处
ctx.lineTo(100, 10)     // 绘制到 (100, 10) 坐标处
ctx.lineTo(150, 30)     // 绘制到 (150, 30) 坐标处
ctx.lineTo(100, 50)     // 绘制到 (100, 50) 坐标处
ctx.lineTo(10, 50)      // 绘制到 (10, 50) 坐标处
ctx.stroke()            // 显示线条
ctx.draw()              // 绘制
```

从以上代码可以看出，绘制线条实际上就是利用上下文对象指挥一个虚拟的笔触在canvas组件上移动。moveTo函数和lineTo函数都可以将笔触从一个坐标移动到另一个坐标，它们的区

别是moveTo不会在画布上形成痕迹，而lineTo会在两点之间形成一个连线。

上面这段代码的显示效果如图7.10所示。

图7.10　在canvas中绘制线条

如果将上面这段代码中的stroke函数改为fill，这段代码绘制的图形就会由线条图形变成一个填充的图形。示例代码如下：

```
ctx.moveTo(10, 10)      // 将笔触移动到 (10, 10) 坐标处
ctx.lineTo(100, 10)     // 绘制到 (100, 10) 坐标处
ctx.lineTo(150, 30)     // 绘制到 (150, 30) 坐标处
ctx.lineTo(100, 50)     // 绘制到 (100, 50) 坐标处
ctx.lineTo(10, 50)      // 绘制到 (10, 50) 坐标处
ctx.fill()              // 自动将首尾点连接形成闭合图形，填充线条内部区域的颜色
ctx.draw()              // 绘制
```

这段代码的显示效果如图7.11所示。

图7.11　在canvas中绘制填充图形

此外，还可以在canvas组件上绘制文字。示例代码如下：

```
ctx.fillText('Hello', 20, 20) // 在 (20, 20) 处绘制文字 Hello
ctx.draw()                    // 绘制
```

在canvas组件上也可以直接绘制一张图片。示例代码如下：

```
// 选择一个图片
wx.chooseImage({
  success: function(res){
    ctx.drawImage(res.tempFilePaths[0], 0, 0, 150, 100)
    // 绘制图片，绘制位置 (0, 0)，图片缩放为宽度150px，高度100px
    ctx.draw()   // 绘制
  }
})
```

总之，canvas组件的功能非常丰富，使用它可以绘制出非常复杂的图形。限于篇幅，本书不再对canvas的绘制做更多的介绍，如果读者感兴趣，可以参考微信小程序的文档或互联网中对HTML的canvas的介绍。链接地址如下：

https://developers.weixin.qq.com/miniprogram/dev/component/canvas.html

7.7.3　canvas组件相关API

小程序中还有一些相关的API可以保存、读取或修改canvas组件中的图像数据，本小节将对它们进行介绍。

使用wx.canvasToTempFilePath接口可以把当前画布指定区域的内容导出，生成指定大小的图片。该接口可以传入一个Object类型的参数，参数支持的属性如表7.18所示。

表7.18　Object参数支持的属性

属　　性	类　　型	默认值	说　　　明	最低版本
canvasId（必填）	string		画布标识，传入 canvas 组件的 canvas-id	
x	number	0	指定的画布区域的左上角横坐标	1.2.0
y	number	0	指定的画布区域的左上角纵坐标	1.2.0
width	number	canvas宽度-x	指定的画布区域的宽度	1.2.0
height	number	canvas高度-y	指定的画布区域的高度	1.2.0
destWidth	number	width*屏幕像素密度	输出的图片的宽度	1.2.0
destHeight	number	height*屏幕像素密度	输出的图片的高度	1.2.0
fileType	string	png	目标文件的类型，可选值为png和jpg	1.7.0
quality	number		图片的质量，目前仅对jpg有效。取值范围为(0, 1]	1.7.0
success	function		接口调用成功的回调函数	
fail	function		接口调用失败的回调函数	
complete	function		接口调用结束的回调函数(调用成功、失败都会执行)	

该接口需要在绘图上下文draw方法的回调函数中调用（draw函数的第二个参数即为回调函数）。相关示例代码如下：

```
ctx.draw(false, () => {
 wx.canvasToTempFilePath({
   x: 100,
   y: 200,
   width: 50,
   height: 50,
   destWidth: 100,
   destHeight: 100,
   canvasId: 'myCanvas',
   success(res) {
     console.log(res.tempFilePath)  // 生成的临时文件的路径
   }
 })
```

```
})
```

下面介绍另外两个API，这两个API可以看作相反的操作。其中一个API可以从canvas组件中提取数据，另一个API可以将数据绘制到canvas组件中。

使用wx.canvasGetImageData接口可以获取canvas组件中部分区域的像素数据。相关代码如下：

```
wx.canvasGetImageData({
  canvasId: 'myCanvas',      // 画布 id
  x: 0,                      // 截取区域的左上角横坐标
  y: 0,                      // 截取区域的左上角纵坐标
  width: 100,                // 截取区域的宽度
  height: 100,               // 截取区域的高度
  success(res) {
    console.log(res.width)   // 100
    console.log(res.height)  // 100
    console.log(res.data)    // 截取区域的像素点数据，一维数组，每 4 项表示一个像
                             //   素点的 rgba
  }
})
```

使用wx.canvasPutImageData接口可以将像素数据绘制到画布。相关代码如下：

```
wx.canvasPutImageData({
  canvasId: 'myCanvas',    // 画布 id
  x: 0,                    // 源图像数据放置在目标画布中的位置偏移量（x 方向）
  y: 0,                    // 源图像数据放置在目标画布中的位置偏移量（y 方向）
  width: 100,              // 图像宽度
  height: 100,             // 图像高度
  data: data,             // 图像像素点数据，一维数组，每 4 项表示一个像素点的 rgba
  success (res) {}        // 成功回调函数
})
```

7.8 广告组件

广告是小程序变现的方式之一，使用小程序提供的广告组件和接口可以非常方便地创建一条广告。目前小程序支持三种广告组件，分别是Banner广告、激励视频广告和插屏广告，本节将对它们分别进行介绍。

7.8.1 创建广告位

使用小程序广告组件前必须要先将小程序账号开通流量主功能。在微信公众平台后台左侧

导航栏中选择"流量主"，进入流量主页面，即可按照说明开通流量主功能。

接下来在流量主页面中选择"广告位管理"选项卡，即可看到如图7.12所示的界面。

图7.12　广告位管理

单击页面右侧的"新建广告位"按钮，即可进入"创建广告位"页面，如图7.13所示。

图7.13　创建广告位

在创建广告位时需要选择创建的广告位类型，并为广告位设置一个名称。单击"确认"按钮后会弹出一个创建成功的提示框，并得到一个广告位ID，如图7.14所示。

图7.14　广告位创建成功提示

再次进入广告位管理页面，也可以看到刚刚创建的广告位信息，如图7.15所示。

图7.15 广告位管理页面

这样一个广告位就创建完毕了。

7.8.2 Banner广告组件

Banner广告即横幅广告，它的使用方法非常简单。其示例代码如下：

```
<ad unit-id="xxxx" ad-intervals="30"></ad>
```

ad组件上面的unit-id属性是必填项，这里需要填入广告位的ID。

ad-intervals属性用于设置广告的自动刷新时间，单位为秒，该值必须大于等于30。当不设置该属性时，广告不会自动刷新。

在ad组件上还可以通过bindload、binderror和bindclose属性设置广告加载成功、广告加载失败和广告关闭事件的监听函数。相关示例代码如下：

```
<!-- WXML -->
<view class="adContainer">
  <ad unit-id="xxxx" bindload="adLoad" binderror="adError"
  bindclose="adClose"></ad>
</view>

// JS
Page({
  adLoad() {
    console.log('Banner 广告加载成功')
  },
  adError(err) {
    console.log('Banner 广告加载失败', err)
  },
  adClose() {
    console.log('Banner 广告关闭')
  }
})
```

Banner广告不允许直接设置样式属性，它的默认宽度为100%（width: 100%），高度会自动

等比例计算。开发者可以设置广告外层组件的宽度以调整广告的尺寸。例如:

```
.adContainer {
  width: 700rpx;
}
```

需要注意的是,广告外层组件的宽度不允许小于300px,当宽度小于300px时,Banner广告的宽度会被强制调整为300px。

7.8.3 激励视频广告组件

激励视频广告即视频形式的广告。小程序允许在激励视频广告上设置监听,当用户完整看完一个视频广告后可以为用户提供一定程度的奖励(由开发者实现,如增加积分、经验等)。该广告自基础库2.6.0版本开始支持。

使用wx.createRewardedVideoAd接口可以在小程序中创建激励视频广告组件。同一个页面中只能通过该接口创建一个激励视频广告组件,在页面的生命周期内可以重复使用同一个激励视频广告组件。该接口的使用方法如下:

```
let rewardedVideoAd = null  // 用变量保存页面中的激励视频广告组件,该变量不能跨
                               页面使用,但是在同一个页面中可以重复使用

Page({
  onLoad() {
    // 创建激励视频广告组件,广告组件创建后默认为隐藏的
    rewardedVideoAd = wx.createRewardedVideoAd({ adUnitId: 'xxxx' })
    // 设置一些事件监听函数
    rewardedVideoAd.onLoad(() => {
      console.log('激励视频广告组件加载成功')
    })
    rewardedVideoAd.onError((err) => {
      console.log('激励视频广告组件加载失败', err)
    })
    rewardedVideoAd.onClose((res) => {
      console.log('用户单击关闭按钮')
      if (res && res.isEnded) {
        // 正常播放结束,可以下发奖励
      } else {
        // 播放中途退出,不下发奖励
      }
    })
  },
  // 用户单击播放广告时调用该函数
  playAd() {
```

```
    // 显示激励视频广告。show 函数返回一个 Promise，在之后可以使用 then 或 catch 方法
    rewardedVideoAd.show().catch(() => {
      // 失败重试
      videoAd.load()                        // 尝试重新加载
        .then(() => videoAd.show())         // 加载成功后显示广告
        .catch(err => {                     // 加载失败
          console.log('激励视频 广告显示失败')
        })
    })
  }
})
```

7.8.4　插屏广告组件

使用插屏广告组件可以在页面中显示一个悬浮在所有页面元素上方的广告。该广告的使用方式与激励视频广告相似。相关示例代码如下：

```
let interstitialAd = null  // 用变量保存页面中的插屏广告组件，该变量不能跨页面使
                                用，但是在同一个页面中可以重复使用
Page({
  onLoad() {
    // 创建插屏广告组件，广告组件创建后默认为隐藏的
    interstitialAd = wx.createInterstitialAd({ adUnitId: 'xxxx' })
    // 设置一些事件监听函数
    interstitialAd.onLoad(() => {
      console.log('插屏广告加载成功')
    })
    interstitialAd.onError((err) => {
      console.log('插屏广告加载失败', err)
    })
    interstitialAd.onClose((res) => {
      console.log('插屏广告被关闭', res)
    })
  },
  // 开发者可以在适当时机调用该函数显示插屏广告
  showAd() {
    interstitialAd.show().catch((err) => {
      console.error(err)
    })
  }
})
```

7.9 其他组件

在前几节中已经介绍了小程序大部分的基础组件，本节将对小程序中一些难以归类或不是很常用的组件进行介绍。

7.9.1 web-view组件

web-view组件可以在小程序页面中显示网页。

小程序规定个人类型的小程序不能使用web-view组件，因此如果需要用到这个组件，就需要注册其他类别的小程序。

使用该组件时，每个页面中只能有一个web-view，web-view会自动铺满整个页面，并覆盖其他组件。

web-view组件支持的属性如表7.19所示。

表7.19 web-view组件支持的属性

属 性	类 型	说 明	最低版本
src	string	webview指向网页的链接。可打开关联的公众号的文章，打开其他网页必须登录小程序管理后台配置业务域名	1.6.4
bindmessage	eventhandler	网页向小程序postMessage时，会在特定时机(小程序后退、组件销毁、分享)触发并收到消息。e.detail={data}，data是多次postMessage的参数组成的数组	1.6.4
bindload	eventhandler	网页加载成功时触发此事件。e.detail={src}	1.6.4
binderror	eventhandler	网页加载失败时触发此事件。e.detail={src}	1.6.4

在web-view组件打开的网页中可以引入微信JSSDK工具，从而获得与小程序进行交互的能力。在网页中引入JSSDK的方式如下：

```
<script type="text/javascript" src="https://res.wx.qq.com/open/js/
jweixin-1.3.2.js">
</script>
```

这样，在网页的JavaScript代码中可以使用多种类型的接口。

```
wx.miniProgram.navigateTo({url: 'somepage'})   // 跳转到小程序页面
```

类似功能的接口还包括wx.miniProgram.navigateBack、wx.miniProgram.switchTab、wx.miniProgram.reLaunch、wx.miniProgram.redirectTo等，它们的参数与小程序接口一致。

使用wx.miniProgram.postMessage接口可以向小程序发送消息，会在特定时机(小程序后退、组件销毁、分享)触发组件的message事件。示例代码如下：

```
wx.miniProgram.postMessage({ data: 'foo' })
wx.miniProgram.postMessage({ data: {foo: 'bar'} })
```

另外，在网页中还可以通过接口判断当前网页是否是由小程序的web-view打开的。示例代码如下：

```
wx.miniProgram.getEnv(function(res) {
  console.log(res.miniprogram)  // true: 当前网页由小程序打开
})
```

在web-view网页中，还可以使用JSSDK实现上传图片、录音、扫一扫等功能，读者如果感兴趣可以查询微信小程序文档中对于web-view组件的介绍，这里不再过多说明，链接地址如下。

https://developers.weixin.qq.com/miniprogram/dev/component/web-view.html

7.9.2　navigator组件

使用navigator组件可以在小程序中添加跳转按钮，单击按钮时可以跳转到其他页面或其他小程序。

navigator组件支持的属性如表7.20所示。

表7.20　navigator组件支持的属性

属　性	类　型	说　明	最低版本
target	string	在哪个目标上发生跳转，可选值如下。 self: 当前小程序(默认) miniProgram: 其他小程序	2.0.7
url	string	当前小程序内的跳转链接	1.0.0
open-type	string	跳转方式，可选值如下。 navigate: 对应wx.navigateTo的功能(默认) redirect: 对应wx.redirectTo的功能 switchTab: 对应wx.switchTab的功能 reLaunch: 对应wx.reLaunch的功能 navigateBack: 对应wx.navigateBack的功能 exit: 退出小程序, target="miniProgram"时生效(基础库2.1.0版本开始支持)	1.0.0
delta	number	当open-type="navigateBack"时有效，表示回退的层数，默认为1	1.0.0
app-id	string	当target="miniProgram"时有效，要打开的小程序appId	2.0.7
path	string	当target="miniProgram"时有效，打开的页面路径如果为空则打开首页	2.0.7
extra-data	object	当target="miniProgram"时有效，需要传递给目标小程序的数据	2.0.7

续表

属 性	类 型	说 明	最低版本
version	string	当target="miniProgram"时有效，要打开的小程序版本。可选值为release、develop和trial，默认为release	2.0.7
hover-class	string	指定单击时的样式类，当hover-class="none"时表示没有单击态效果，默认为navigator-hover	1.0.0
hover-stop-propagation	boolean	是否阻止祖先节点出现单击态，默认为false	1.5.0
hover-start-time	number	按住后多久出现单击态，单位为毫秒，默认为50	1.0.0
hover-stay-time	number	手指松开后单击态保留时间，单位为毫秒，默认为600	1.0.0
bindsuccess	eventhandle	target="miniProgram"时有效，跳转小程序成功	2.0.7
bindfail	eventhandle	target="miniProgram"时有效，跳转小程序失败	2.0.7
bindcomplete	eventhandle	target="miniProgram"时有效，跳转小程序完成	2.0.7

从表7.20中可以看到，该组件的功能与小程序的路由API功能类似。

navigator组件的使用限制也与路由API类似，每个小程序可跳转的其他小程序数量限制为不超过10个，且需要在app.json文件中进行配置。从基础库2.3.0版本开始，在跳转至其他小程序前，小程序会弹窗询问用户是否跳转，用户确认后才可以跳转其他小程序。如果用户单击"取消"按钮，则触发fail事件。

使用navigator组件的示例代码如下：

```
<view class="btn-area">
  <navigator url="/page/navigate/navigate?title=navigate">跳转到新页面</navigator>
  <navigator url="../../redirect/redirect?title=redirect" open-type="redirect">在当前页打开</navigator>
  <navigator url="/page/index/index" open-type="switchTab">切换 Tab</navigator>
  <navigator target="miniProgram" open-type="navigate" app-id="xxx" version="release">打开绑定的小程序</navigator>
</view>
```

7.9.3 official-account组件

official-account组件是公众号关注组件，可以在页面中显示与小程序关联的一个公众号的信息，引导用户去关注公众号。official-account组件自基础库2.3.0版本开始支持。根据微信小程序团队的规定，只有当用户通过扫描小程序码的方式进入小程序时，该组件才能够生效。

使用组件前，需前往小程序后台，在"设置"→"关注公众号"页面中设置要展示的公众号，设置的公众号需与小程序主体一致。

使用该组件的示例代码如下。

```
<official-account bindload="xxx" binderror="xxx"></official-account>
```

其中，bindload绑定的事件函数在组件加载成功时触发，binderror绑定的事件函数在组件加载失败时触发。在页面中的显示效果如图7.16所示。

图7.16　official-account组件的显示效果

注意：每个页面中最多有一个official-account组件，组件限定最小宽度为300px，高度为定值84px。

7.9.4　live-pusher与live-player组件

在小程序中还支持使用live-pusher和live-player组件实现实时音视频的录制与播放，可以用于直播、在线课程等功能。只有设置了特定服务类目的小程序才可以使用这两个组件，通常设置这些类目时需要提供一些资质审核材料。

由于这两个组件对于小程序初学者而言并不常用，这里不对它们做过多介绍，读者如果有兴趣可以在微信小程序官网中查看相关的文档。链接地址如下：

https://developers.weixin.qq.com/miniprogram/dev/component/live-player.html

https://developers.weixin.qq.com/miniprogram/dev/component/live-pusher.html

7.9.5　自定义组件

小程序支持开发者创建自定义组件，即开发者可以把页面中的某个功能模块封装到自定义组件中，以便在不同的页面中重复使用。自定义组件创建完毕后，在使用时与基础组件非常相似。

开发一个自定义组件与开发一个页面类似，由WXML、JSON、WXSS和JS这四个文件组成。编写自定义组件时，首先需要在自定义组件的JSON文件中进行声明。代码如下：

```
{
  "component": true
}
```

接下来就可以在自定义组件的WXML文件中编写组件的结构，在WXSS文件中加入组件样式，它们的写法与页面的写法类似。示例代码如下：

```
<!-- 自定义组件的 WXML -->
<view class="inner">
  {{innerText}}
```

```
</view>

/* 自定义组件的 WXSS */
.inner {
  color: red;
}
```

之后需要在JS文件中编写自定义组件的逻辑。编写自定义组件逻辑与编写页面逻辑有所区别。示例代码如下：

```
Component({                          // 注册自定义组件时需要使用 Component
  properties: {                      // 声明自定义组件支持的属性
    innerText: {                     // 声明一个名为 innerText 的属性
      type: String,                  // 设置属性类型
      value: 'default value',        // 设置属性默认值
    }
  },
  data: {           // 这里定义组件内部使用的数据，与 page 的 data 功能类似
  },
  methods: {        // 这里定义组件内部使用的方法
    customMethod: function(){}
  }
})
```

这样就定义好了一个非常简单的自定义组件。在使用自定义组件时，首先要在页面的JSON文件中进行引用声明。示例代码如下：

```
{
  "usingComponents": {
    "my-component": "path/to/the/custom/component"
  }
}
```

以上代码中使用usingComponents属性对自定义组件进行引用声明。它是一个Object类型的属性，Object的key即成为自定义组件的标签名称（tagname），Object的value则是自定义组件代码在项目中的路径。这样一来，在页面中就可以像基础组件一样使用自定义的组件了。代码如下：

```
<view>
  <!-- inner-text 属性在组件的 JS 代码中会转换为 innerText 这种格式 -->
  <my-component inner-text="Hello World"></my-component>
</view>
```

另外，在自定义组件的WXML文件中还可以使用一个特殊的slot组件，它可以用于承载自定义组件的内容部分。例如下面这段代码：

```
<!-- 自定义组件的 WXML -->
<view>
  <view>这里是组件的内部节点 </view>
  <slot></slot>
</view>

<!-- 使用自定义组件的页面的 WXML -->
<view>
  <my-component>
    <!-- my-component 组件的内容部分将被放置在组件 <slot> 的位置上 -->
    <view>这里的内容将被插入组件 slot 中 </view>
  </my-component>
</view>
```

以上就是关于自定义组件的简单用法。在使用自定义组件时，还需要考虑组件关系、组件
生命周期、组件间数据通信等问题，这些问题对于初学者而言较为复杂，本书不对其进行深入
讲解。如果读者对于小程序的自定义组件感兴趣，可以在小程序文档中了解相关的内容。链接
地址如下：

https://developers.weixin.qq.com/miniprogram/dev/framework/custom-component/

第8章 更进一步的指导

在前几章中，我们对微信小程序的开发进行了充分而详尽的介绍。如果读者掌握了以上内容，就已经具备了独立开发一款小程序的能力。本章将继续介绍与小程序开发相关的一些参考资料和技术指导，这些内容相当于小程序开发的"进阶"课程。

本章的内容将以概述为主，希望通过本章的讲述可以让读者了解什么时候可以用这些资料和技术，以及它们可以帮助开发者解决什么样的问题。

通过本章的学习，你将了解到以下内容。

(1)小程序的官方参考资料有哪些。

(2)什么是小程序的样式库和组件库。

(3)什么是小程序的开发框架。

8.1 小程序官方参考资料

与大多数互联网应用一样，微信App与微信小程序自身也在进行着不断的迭代更新。小程序有的时候会增加一些非常好的新功能，有的时候也会禁掉那些已经过时的旧功能，这就导致有些参考资料因为这些更新而变得不再准确。

因此，开发者应该经常浏览小程序官方提供的开发文档与交流社区，从而保证能够在第一时间了解到这些变更。

8.1.1 开发者文档

小程序官方为小程序开发者提供了一份开发文档，文档中对小程序的运行原理、项目结构、基础组件、API、微信开发者工具使用说明、云开发API和服务端对接说明等内容都做了详尽的介绍，在这份文档中还可以了解小程序各个版本的变化及如何与企业微信进行兼容。

开发者文档的链接为https://developers.weixin.qq.com/miniprogram/dev/framework/，也可以在微信公众平台网站首页(https://mp.weixin.qq.com/)上找到小程序开发文档的入口链接，如图8.1所示。

图8.1　小程序开发文档入口链接

　　打开开发者文档后，在页面中能够找到小程序设计指南和运营规范等内容，开发者在分析需求及设计界面时也可以对其进行参考。

8.1.2　微信开放社区

　　微信团队为小程序开发者提供了一个社区平台——"微信开放社区"，链接地址为https://developers.weixin.qq.com/community/，使用微信账号就可以在社区中登录。

　　微信开放社区中汇集了很多微信小程序开发者。开发者们可以在这里分享、提问或搜寻问题的答案。小程序团队也会在社区中列出目前已知的问题和需求反馈，并公告当前的处理进度。

8.2　样式库、组件库和开发框架

　　小程序带来的市场机会是巨大的，越来越多的人加入小程序开发的浪潮之中。随着小程序开发者群体的逐渐扩大，一些公司和个人也开始向小程序开发者们提供技术解决方案，善于利用这些技术方案可以帮助开发者快速实现小程序的功能。

8.2.1　样式库与组件库

　　开发人员制作小程序时，往往更关心实现小程序的功能，而对于页面样式则没有太多的要求。就多数情况而言，开发者对于页面样式的设计也并不擅长。因此，为了帮助开发者快速实现页面的样式，一些团队或个人在开源社区中分享了自己的样式库和组件库。

　　样式库是由一个或多个WXSS文件组成的，在这些WXSS文件中提前定义了很多通用的样式类。开发者开发小程序时，将样式库的WXSS文件放到项目中，就可以在app.wxss文件中引入样式库WXSS文件。示例代码如下：

```
/** app.wxss **/
```

```
@import "style/weui.wxss";
```

这样一来，开发者就可以在页面的WXML文件中直接使用样式库定义好的样式类，例如以下代码。

```
<!-- weui-btn 类的样式已经在样式库 WXSS 文件中定义好了 -->
<button class="weui-btn" type="primary">Button</button>
```

样式库中定义的样式往往拥有统一的视觉体验，通常它们会定义很多与组件有关的样式，如按钮样式、图标样式、图片样式、表单样式等，有时也会定义很多通用的边距样式（margin、padding）、颜色样式（color、background-color）、文字样式（font-size）等。这在很大程度上解放了小程序开发人员的生产力，很多情况下开发者甚至都不需要自己去实现任何的WXSS样式，就可以做出非常好看的小程序。

组件库往往也包含了样式库的功能。与样式库不同的是，组件库中还会额外提供一些通用的自定义组件，如更加好用的日期时间选择器或具有额外功能的表单组件等。使用这些组件时需要按照自定义组件的要求在页面JSON文件中进行声明。

注意：样式库和组件库的概念并没有明确的定义，很多人将样式库和组件库统一称为UI组件库。

目前已经有很多流行的UI组件库，下面对它们进行一些简单的介绍。

WeUI是由微信官方团队提供的样式库。它的视觉效果与微信App的体验保持一致，简约大方。

ColorUI是由个人开发者制作的一个样式库（其中还包含了一个自定义导航栏的组件）。尽管是由个人制作，它的视觉交互也是十分优秀的。ColorUI的样式效果正如它的名字一样拥有丰富的色彩，整体视觉偏鲜艳活泼。ColorUI小程序除了支持在原生小程序中使用，还支持在uni-app项目中使用（见后面小程序开发框架的介绍）。

Vant Weapp是由有赞团队发布的小程序组件库。需要注意区分的是，有赞团队还开发了一个Vant组件库用于Web开发领域，这两个组件库的名字类似、视觉效果类似，但使用场景不一样。

此外，还有TalkingData团队发布的小程序组件库iViewUI、蘑菇街团队发布的小程序组件库MinUI、京东凹凸实验室团队发布的小程序组件库TaroUI（基于Taro框架，见后面小程序开发框架的介绍）和由个人开发者制作的小程序组件库Wux Weapp。

随着时间的推移，以后可能还会出现更多好用的组件库项目，而已有的组件库项目可能会变得功能更加强大，也可能会慢慢消失在大众的视野之中。

8.2.2 小程序开发框架

本书大部分内容都是在介绍如何使用小程序的原生框架实现小程序开发，这是小程序开发的基础知识，必须要掌握。但是在真正开发小程序时，很多人往往会选择使用其他的开发框架。

　　一方面，小程序的原生框架最初对于工程化的支持并不友好，如不支持组件化开发（自基础库1.6.3版本开始支持）、不支持npm包管理功能等（自基础库2.2.1版本开始支持）。另一方面，开发者（尤其是前端开发者）正面临着跨平台开发的问题：同一套开发方案，既要在微信小程序实现，又要在支付宝小程序、百度小程序、头条小程序及H5页面实现一遍，如果每个平台都需要单独维护一个项目，对于前端开发者来说简直是噩梦一般。

　　小程序的开发框架就是为了解决这些问题而出现的。开发框架包括一套完整的开发规范，它们会对原生开发框架进行封装和优化，因此开发时需要遵循不同的语法规则。由其他开发框架编写的小程序会通过编译的方式最终转化为基于原生框架的代码，从而能够正常运行在微信App中。目前流行的小程序开发框架包括WePY、mpvue、uni-app和Taro。

　　WePY是由微信内部团队发布的一款小程序开发框架。它仅支持编译生成微信小程序，而不支持生成其他小程序或H5页面。使用WePY的优势在于它可以让开发者使用类似于Vue.js的语法开发微信小程序，使开发小程序时比使用原生框架更加简单、高效。

　　mpvue是由美团开发团队发布的一款小程序开发框架。它与WePY类似，同样支持开发者使用Vue.js的语法开发微信小程序（mpvue号称支持完整的Vue.js开发体验，而WePY仅仅是类似于Vue.js的语法）。目前mpvue可以解决部分跨平台开发问题，能够编译生成微信小程序、支付宝小程序、百度小程序和头条小程序等，但不支持生成H5页面。

　　uni-app同样是一个使用Vue.js技术开发前端应用的框架。使用uni-app的优势在于可以实现所有小程序平台和H5页面的跨平台开发。

　　Taro是由京东凹凸实验室团队发布的跨平台开发框架。它与前面介绍的三个框架最大的不同在于Taro框架遵循的是React语法规范，而不是Vue.js的语法规范。使用Taro框架编写的小程序项目支持生成微信小程序、支付宝小程序、百度小程序、头条小程序和H5页面，甚至还可以生成基于React Native的原生App。

　　以上就是目前主流的四个小程序开发框架。开发和维护小程序开发框架的难度要比开发和维护组件库高出很多，把小程序项目从一个开发框架迁移到另一个开发框架的难度也比更换组件库高出很多，因此可以预见在今后一段时间内应该很难会有新的开发框架流行起来。

　　如果算上原生框架，目前以及可预见的未来一共有五个主流的开发框架供开发者进行选择。在开发前可以对它们进行仔细的对比，并选择最适合的一个开发框架开发小程序。

第9章 综合案例实战——任务清单

本章将通过前面学到的微信小程序与云开发技术制作一个小程序——任务清单。

9.1 界面和功能设计

在制作小程序前，先了解一下小程序的界面和功能设计。这次要制作的任务清单小程序总共需要实现两个页面：一个是任务列表页面；另一个是编辑任务页面。

9.1.1 任务列表页

任务列表页是小程序的首页。在任务列表页中，除了需要显示任务列表以外，需要一个tab栏用于切换显示已完成的任务和未完成的任务，还需要放置一个添加任务的按钮。任务列表页如图9.1和图9.2所示。

图9.1 任务列表页——未完成任务列表　　图9.2 任务列表页——已完成任务列表

9.1.2 编辑任务页

在任务列表页单击任务列表中的一项任务或单击右下角的新建任务按钮可以进入编辑任务页。通过编辑任务页既可以对已存在的任务进行修改，又可以用于新建任务。

当新建任务时，仅可以编辑任务的内容，新建的任务默认为未完成状态，如图9.3所示。

当修改已存在的任务时，编辑任务页既可以修改任务的内容，又可以修改任务是否已经完成的状态，另外还能将任务删除，如图9.4所示。

图9.3 编辑任务页——新建任务（未完成）　　图9.4 编辑任务页——编辑任务

9.2 编写代码

了解了小程序的开发需求以后，就可以开始编写代码了。开发小程序时仍然选择使用小程序的原生框架。

9.2.1 创建项目

首先在微信开发者工具中创建小程序项目。开发任务清单小程序时需要使用自定义导航栏和云开发技术等功能，为了避免解决兼容性问题，可将小程序的基础库最低版本设置为2.2.5。为了方便调试，还可以在微信开发者工具中将调试基础库设置为2.2.5版本，如图9.5所示。

图9.5　将本地调试基础库设置为2.2.5版本

　　为了快速实现小程序的功能，在这个例子中需要引入ColorUI组件库来帮助实现小程序的样式。ColorUI项目开源在GitHub网站上面，通过链接https://github.com/weilanwl/ColorUI可以打开项目页面。在页面中单击Clone or download按钮，然后单击Download ZIP按钮，将ColorUI项目打包成ZIP压缩文件下载到本地，如图9.6所示。

　　解压文件后找到/demo/colorui目录，其中的components文件夹包含了ColorUI的自定义导航栏组件，而icon.wxss文件和main.wxss文件是组件库的样式文件。将这些文件和文件夹保存到新创建的小程序项目中，如图9.7所示。

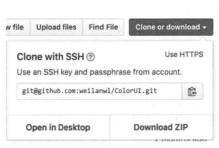

图9.6　将ColorUI项目下载到本地　　　　　　图9.7　在项目中放置ColorUI样式库文件

接下来修改app.wxss文件，引入ColorUI样式库文件。代码如下：

```
@import "colorui/main.wxss";
@import "colorui/icon.wxss";
```

然后配置app.json文件，声明两个小程序页面，并开启自定义导航栏选项。代码如下：

```
{
  "pages": [
    "pages/index/index",
    "pages/edit/edit"
  ],
  "window": {
    "navigationStyle": "custom"
  }
}
```

最后修改app.js文件，在小程序启动时获取一些系统信息，并保存在app实例的globalData属性中作为全局数据（ColorUI的自定义导航栏组件中会用到这些信息）。代码如下：

```
App({
  globalData: {}, // 用来保存全局数据
  onLaunch: function () {
    // 获取一些系统信息并保存为全局数据
    wx.getSystemInfo({
      success: res => {
        this.globalData.StatusBar = res.statusBarHeight
        const custom = wx.getMenuButtonBoundingClientRect()
        this.globalData.Custom = custom
        this.globalData.CustomBar = custom.bottom + custom.top - res.
        statusBarHeight
      }
    })
  }
})
```

9.2.2 实现任务列表页

开发任务列表页时，首先修改pages/index/index.json文件，声明需要使用的自定义导航栏组件。代码如下：

```
{
  "usingComponents": {
    "cu-custom": "../../colorui/components/cu-custom"
```

```
  }
}
```

接下来完成页面的逻辑文件pages/index/index.js。代码如下:

```
Page({
  data: {
    tab: 0,                    // 0: 显示未完成任务列表, 1: 显示已完成任务列表
    todoList: [],              // 任务列表
    /*
     * todoList = [{
     *   content: 'xxxx',      // 任务内容
     *   done: false           // 是否已完成
     * }]
     */
    tab0Empty: true,           // 未完成任务列表是否为空
    tab1Empty: true            // 已完成任务列表是否为空
  },
  onShow() {
    // 进入或回退到本页面时都会刷新任务列表
    this.getTodoList()
  },
  getTodoList() {
    // 读取任务列表数据, 初始默认为空数组
    const todoList = wx.getStorageSync('todoList') || [];
    // 判断未完成和已完成的任务列表是否为空
    const tab0Empty = todoList.filter(item => !item.done).length === 0
    const tab1Empty = todoList.filter(item => item.done).length === 0
    // 刷新任务列表数据
    this.setData({
      todoList,
      tab0Empty,
      tab1Empty
    })
  },
  // 切换 tab 时的回调函数
  onSelectTab(e) {
    const newTab = e.currentTarget.dataset.tab
    if (this.data.tab !== newTab) {
      this.setData({
        tab: newTab
      })
```

```
      }
    }
  })
```

页面中一共保存了4个变量数据。其中tab用于记录当前的tab栏按钮状态，可选值规定为0和1，分别表示当前正在显示未完成任务列表和当前正在显示已完成任务列表。

todoList是一个数组类型的数据，用于保存任务列表，任务列表的每一项都是一个对象，对象中有两个属性，分别用于保存任务内容的content属性和用于保存是否已完成任务的done属性。变量tab0Empty用于记录未完成任务列表是否为空，而变量tab1Empty用于记录已完成任务列表是否为空，当列表为空时，界面中需要用这两个变量判断是否显示"当前列表为空"的提示语。

getTodoList函数用于读取本地缓存中的任务列表数据，并根据列表数据判断未完成任务列表和已完成任务列表是否为空，然后将它们更新到页面的data中。我们希望在两个场景都进行getTodoList操作：一个是刚刚进入任务列表页时，需要调用getTodoList函数获取页面的初始数据；另一个是新建或编辑任务之后，需要再次调用getTodoList函数重新获取任务列表数据。如果将getTodoList函数放在页面生命周期函数onShow中，则刚好可以满足这一要求。

最后，在页面中还需要一个切换tab的回调函数onSelectTab，这个函数将会在WXML代码中绑定到tab栏的两个按钮上，作为单击事件的回调函数。两个tab分别携带0和1两个数据，单击不同的tab时，这个数据就会更新到data属性的tab变量中。

接下来就可以开发任务列表页的视图层了。由于使用了ColorUI组件库，在视图层中只需要写很少的WXSS代码。页面右下角的新建任务按钮需要固定在一个位置。其WXSS样式代码如下：

```css
.add-btn {
  position: fixed;
  bottom: 80rpx;
  right: 80rpx;
}
```

最后，根据已有的数据结构和回调函数，完成任务列表页的WXML代码即可。

```html
<!-- 导航栏 -->
<cu-custom bgColor="bg-olive">
  <view slot="content">任务清单</view>
</cu-custom>


<!-- 页面 tab -->
<view class="bg-white nav text-center">
  <view class="cu-item {{tab==0?'text-olive cur':''}}"
  bindtap="onSelectTab" data-tab="{{0}}">未完成</view>
  <view class="cu-item {{tab==1?'text-olive cur':''}}"
  bindtap="onSelectTab" data-tab="{{1}}">已完成</view>
```

```
</view>

<!-- 任务列表为空时显示提示文字 -->
<view wx:if="{{tab === 0 && tab0Empty}}" class="text-center padding
text-grey"> 当前没有任务，新建一个 </view>
<view wx:elif="{{tab === 1 && tab1Empty}}" class="text-center padding
text-grey"> 当前没有已完成的任务 </view>

<!-- 任务列表内容 -->
<view wx:else class="cu-list menu">
  <block wx:for="{{todoList}}">
    <!-- tab 为 0 时显示未完成任务，tab 为 1 时显示已完成任务 -->
    <block wx:if="{{tab === 0 && !item.done || tab === 1 && item.
    done}}">
      <navigator class="cu-item arrow" url="/pages/edit/
      edit?editIndex={{index}}">
        <view class="content text-cut">
          <text class="text-black">{{item.content}}</text>
        </view>
      </navigator>
    </block>
  </block>
</view>

<!-- 新建任务按钮 -->
<navigator url="/pages/edit/edit" class="add-btn">
  <button class="cu-btn lg icon bg-olive shadow">
    <text class="cuIcon-add"></text>
  </button>
</navigator>
```

9.2.3 实现编辑任务页

接下来开发编辑任务页面。同样首先修改pages/edit/edit.json文件，声明需要使用的自定义导航栏组件。代码如下：

```
{
  "usingComponents": {
    "cu-custom": "../../colorui/components/cu-custom"
  }
}
```

接下来完成页面的逻辑文件pages/edit/edit.js。代码如下：

```
Page({
  data: {
    editIndex: null,      // 编辑的任务的序号，null 表示新建任务
    content: '',          // 任务内容
    done: false           // 任务是否完成（仅编辑任务时有效）
  },
  onLoad(options) {
    // 传入 editIndex 参数表示编辑任务
    if (options.editIndex) {
      // 读取任务列表数据
      const todoList = wx.getStorageSync('todoList')
      // 根据 index 查找任务内容
      const todoItem = todoList[options.editIndex]
      // 记录到 data 中
      this.setData({
        editIndex: options.editIndex,
        content: todoItem.content,
        done: todoItem.done
      })
    }
  },
  // 修改任务内容时的回调函数
  onInputContent(e) {
    this.setData({
      content: e.detail.value
    })
  },
  // 修改任务完成状态时的回调函数
  onChangeDone(e) {
    this.setData({
      done: e.detail.value
    })
  },
  // 提交表单保存本次编辑
  onSave() {
    // 校验表单
    if (!this.data.content) {
      wx.showToast({
        icon: 'none',
```

```
        title: '内容不能为空'
      })
      return
    }
    // 获取任务列表数据
    let todoList = wx.getStorageSync('todoList') || [];
    if (this.data.editIndex) {
      // 编辑任务时直接更新到原数据中
      todoList[this.data.editIndex].content = this.data.content
      todoList[this.data.editIndex].done = this.data.done
    } else {
      // 新建任务时在任务列表中新增一项
      todoList.push({
        content: this.data.content,
        done: false // 默认为未完成任务
      })
    }
    // 保存
    this.saveTodoList(todoList)
  },
  // 单击"删除"按钮的回调函数
  onClickDelete() {
    wx.showModal({
      title: '警告',
      content: '确认删除任务吗?（注意：本操作不可恢复）',
      success: res => {
        if (res.confirm) {
          // 获取任务列表数据
          let todoList = wx.getStorageSync('todoList') || [];
          // 删除数组中从第 editIndex 开始数的 1 个元素
          todoList.splice(this.data.editIndex, 1)
          this.saveTodoList(todoList)
        } else if (res.cancel) {
          console.log('用户单击取消')
        }
      }
    })
  },
  saveTodoList(todoList) {
    wx.setStorage({
      key: 'todoList',
```

```
    data: todoList,
    success() {
      // 保存成功后回退到上一页
      wx.navigateBack()
    },
    fail(err) {
      // 保存失败时提示用户
      console.error(err)
      wx.showToast({
        icon: 'none',
        title: '保存失败'
      })
    }
  })
}
})
```

页面中需要三个数据。其中editIndex用于记录当前编辑的任务在todoList中的位置，这个数据需要从页面路径参数中获取。如果是新建任务，则editIndex为null。content和done分别用于记录当前编辑的任务的内容和该任务是否已完成，在onLoad生命周期函数中，通过本地缓存和页面路径参数editIndex可以获取这些数据。

编辑任务页面是一个表单页面，在页面中修改任务内容或任务完成状态时，需要使用回调函数将数据同步到页面data中。onInputContent和onChangeDone函数就是用于绑定表单的修改事件的。

当单击"保存"按钮时，onSave函数用于提交表单。提交表单时需要对表单的内容进行校验，校验通过后可以根据editIndex是否为null，判断当前是否为新建任务。

当单击"删除"按钮时，onClickDelete函数用于显示删除警告，如果用户单击"确认"按钮，则该项任务将被删除。

onSave和onClickDelete实际上都是对本地缓存中的todoList进行修改，然后将修改后的数据重新保存在本地，因此保存数据的过程可以封装为一个通用的函数saveTodoList。保存成功时可以立即返回到任务列表页面，保存失败时则以弹窗提示用户。

编辑任务页的视图层只需要编写WXML文件即可，它的内容十分简单。代码如下：

```html
<!-- 导航栏 -->
<cu-custom bgColor="bg-olive" isBack>
  <view slot="backText">返回 </view>
  <view slot="content">{{editIndex ? '编辑任务' : '新建任务'}}</view>
</cu-custom>

<!-- 页面内容 -->
<form bindsubmit="onSave">
```

```
<!-- 任务内容输入框 -->
<view class="cu-form-group margin-top">
  <view class="title">任务内容 </view>
  <textarea value="{{content}}" maxlength="-1"
  bindinput="onInputContent" placeholder="请输入任务内容 "></textarea>
</view>
<!-- 任务完成状态, 仅编辑任务时显示 -->
<view wx:if="{{editIndex}}" class="cu-form-group">
  <view class="title">已完成 </view>
  <switch class="olive sm" checked="{{done}}"
  bindchange="onChangeDone"></switch>
</view>
<!-- 保存按钮 -->
<view class="padding flex flex-direction">
  <button class="cu-btn bg-olive lg" form-type="submit"> 保存 </button>
</view>
<!-- 删除按钮, 仅编辑任务时显示 -->
<view wx:if="{{editIndex}}" class="padding-lr flex flex-direction">
  <button class="cu-btn bg-red lg" bindtap="onClickDelete">删除 </
  button>
</view>
</form>
```

9.3　云端持久化数据

仅仅把数据缓存在本地是不够的，任务清单的数据还需要在云端进行持久化存储。本节将通过小程序的云开发技术实现数据的云同步功能。

9.3.1　创建数据库集合与云函数

首先需要为小程序开通云开发能力，具体方法可以参考前面的章节。

任务清单数据需要保存在云环境的JSON数据库中，在数据库中创建一个名为todos的集合，用于保存云同步的数据。todos集合中的每一条记录都将对应一个用户的任务清单，它的权限应当设置为"仅创建者可读写"，如图9.8所示。

图9.8　在云环境中创建todos集合

在云环境中保存或读取数据时，需要使用云函数来实现自动鉴权，从而获取用户的openid数据。

首先在项目的project.config.json文件中设置云函数的保存目录。代码如下：

```
{
  "cloudfunctionRoot": "/cloudFunctions/",
  ...
}
```

接下来在云函数目录中创建一个用于上传任务清单数据的uploadTodoList云函数和一个用于下载任务清单数据的downloadTodoList云函数，如图9.9所示。

图9.9　创建云函数uploadTodoList和downloadTodoList

修改cloudFunctions/uploadTodoList/index.js文件，实现云同步的上传功能。代码如下：

```
const cloud = require('wx-server-sdk')        // 引入云开发 SDK
cloud.init()                                   // 初始化云能力
const db = cloud.database()                     // 获取数据库引用
```

```
exports.main = async (event, context) => {
  const wxContext = cloud.getWXContext()
  try {
    // 直接以用户的 openid 作为任务清单在集合中的 id，每次都覆盖更新已有的数据
    return await db.collection('todos').doc(wxContext.OPENID).set({
      data: {
        todoList: event.todoList
      }
    })
  } catch (e) {
    console.error(e)
  }
}
```

由于每个用户只需要在集合中保存唯一的一份任务清单列表，因此可以将用户的openid作为数据的id。每一次云同步上传任务清单数据时，可以直接覆盖数据库中已有的记录，因此这里使用set方法进行数据替换。

接下来修改cloudFunctions/downloadTodoList/index.js文件，实现云同步的下载功能。代码如下：

```
const cloud = require('wx-server-sdk')    // 引入云开发 SDK
cloud.init()                              // 初始化云能力
const db = cloud.database()               // 获取数据库引用

exports.main = async (event, context) => {
  const wxContext = cloud.getWXContext()
  try {
    // 读取数据
    const result = await db.collection('todos').doc(wxContext.OPENID).
    get()
    if (result && result.data && result.data.todoList) {
      // 如果获取了数据，直接返回 todoList 列表
      return result.data.todoList
    } else {
      // 如果未同步过数据，默认返回空数组
      return []
    }
  } catch (e) {
    console.error(e)
  }
}
```

最后将两个云函数上传并部署到云端，云端的功能就实现完毕了。

9.3.2　实现云同步功能

接下来需要在小程序端实现云同步的功能。第一步要做的事情是在app.js文件中初始化云能力，在onLaunch函数中加入以下代码即可：

```
// 初始化云能力
wx.cloud.init({
  env: 'test-633q8',   // 指定使用环境 ID 为 test-633q8 的云开发环境
  traceUser: true      // 记录用户对云资源的访问
})
```

实现云同步的思路是：在本地缓存中更新任务清单数据的同时，也必须要向云端上传任务清单数据；在从本地缓存中读取任务清单数据前，首先从云端获取最新的任务清单数据。

小程序中只有一个地方调用了wx.setStorage，即pages/edit/edit.js文件中的saveTodoList函数。将saveTodoList函数修改如下：

```
saveTodoList(todoList) {
  // 首先在云端保存
  wx.cloud.callFunction({
    name: 'uploadTodoList',
    data: {
      todoList
    }
  }).then(res => {
    // 云端保存成功后在本地缓存
    wx.setStorage({
      key: 'todoList',
      data: todoList,
      success() {
        // 保存成功后回退到上一页
        wx.navigateBack()
      },
      fail(err) {
        // 保存失败时提示用户
        console.error(err)
        wx.showToast({
          icon: 'none',
          title: '保存失败'
        })
      }
    })
  })
```

```
    }).catch(err => {
        // 保存失败时提示用户
        console.error(err)
        wx.showToast({
            icon: 'none',
            title: '保存失败'
        })
    })
}
```

这样，每当在小程序中对任务清单进行修改时（新建、修改或删除任务），就可以将改动同步到云开发数据库中。

小程序读取任务清单数据使用的是wx.getStorageSync函数，当前的小程序中一共有四处地方调用了该函数，pages/index/index页面的onShow函数中调用了一次，pages/edit/edit页面的onLoad、onSave和onClickDelete函数中分别调用了一次。如果仔细分析，可以发现只需要在pages/index/index页面的onShow函数中做一次云同步下载，就可以使小程序本地缓存与云环境数据库同步了。代码如下：

```
getTodoList() {
    const app = getApp()              // 获取小程序实例
    app.globalData.lockData = true    // 用一个变量作为锁
    // 从云端获取数据
    wx.cloud.callFunction({
        name: 'downloadTodoList'
    }).then(res => {
        if (res.result) {
            // 同步到本地缓存中
            wx.setStorage({
                key: 'todoList',
                data: res.result,
                success: () => {
                    // 同步成功后显示数据，并解锁
                    this.setTodoList(res.result)
                    app.globalData.lockData = false
                },
                fail: () => {
                    // 若云同步保存时失败，显示数据，但不解锁
                    const todoList = wx.getStorageSync('todoList') || [];
                    this.setTodoList(todoList)
                }
            })
        }
    }
```

```
  }).catch(err => {
    // 若云同步下载时失败，显示数据，但不解锁
    const todoList = wx.getStorageSync('todoList') || [];
    this.setTodoList(todoList)
  })
},
setTodoList(todoList) {
  // 判断未完成和已完成的任务列表是否为空
  const tab0Empty = todoList.filter(item => !item.done).length === 0
  const tab1Empty = todoList.filter(item => item.done).length === 0
  // 刷新任务列表数据
  this.setData({
    todoList,
    tab0Empty,
    tab1Empty
  })
}
```

这样，每次进入小程序的任务列表页时，都会进行一次云同步下载，将本地缓存的数据与云端数据进行同步。

为了防止因为网络问题导致的同步失败，同步前在小程序实例中定义了一个lockData变量作为锁，并且定义只有当lockData锁为true时才允许在本地修改任务清单数据。再次修改pages/edit/edit.js文件中的saveTodoList函数，在函数最前面加入对锁的判断。

```
saveTodoList(todoList) {
  const app = getApp()  // 获取小程序实例
  // 根据锁的值判断当前是否可以修改数据
  if (app.globalData.lockData) {
    wx.showToast({
      icon: 'none',
      title: '未进行云同步，不能修改数据'
    })
    return
  }
  // 后面的内容省略
}
```

这样，一个简单的任务清单小程序就完成了。

第10章 综合案例实战——跑步达人

本章将介绍另一个小程序案例——跑步达人。这个小程序的主要功能是记录使用者的跑步轨迹，开发时会使用map组件和与定位相关的API。

10.1 界面和功能设计

这次要制作的跑步达人小程序总共需要实现三个页面：第一个是轨迹绘制页，用于记录和显示使用者的跑步轨迹；第二个是跑步记录列表页，用于显示该用户的所有跑步记录；第三个是跑步记录详情页，用于展示某个跑步记录的轨迹。

10.1.1 轨迹绘制页

轨迹绘制页是小程序的首页。在这个页面中需要有一个全屏显示的map组件，用于实时显示用户的运动轨迹。在页面中可以通过按钮控制开始跑步、暂停跑步、继续跑步和结束跑步，也可以通过按钮跳转到跑步记录列表页面。轨迹绘制页如图10.1所示。

10.1.2 跑步记录列表页

在轨迹绘制页单击跑步记录按钮可以跳转到跑步记录列表页。在这个页面中会显示用户所有的跑步记录，每一项跑步记录以上传时间作为标题，如图10.2所示。

在页面中单击任意一项跑步记录可以跳转到跑步记录详情页。

10.1.3 跑步记录详情页

这个页面主要用于显示某一次跑步记录的运动轨迹。运动轨迹可能会有多条，每一条运动轨迹都包含一个起点、一条轨迹路线和一个终点。页面示例如图10.3所示。

图 10.1　轨迹绘制页

图 10.2　跑步记录列表页

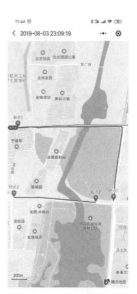

图 10.3　跑步记录详情页

10.2　编写代码

在本例中，仍然使用小程序的原生框架编写代码，并引入ColorUI组件库辅助实现页面的样式效果。

10.2.1　创建项目

首先，在微信开发者工具中创建小程序项目，并按照第9章介绍的方法引入ColorUI组件库。在这个项目中不需要使用自定义导航栏，因此在引入ColorUI时可以只将其中的WXSS样式文件放到项目中，如图10.4所示。

图 10.4　在项目中放置ColorUI样式库文件

修改app.wxss文件，为小程序设置一些全局的样式。代码如下：

```
@import "colorui/main.wxss";
@import "colorui/icon.wxss";
/* page 为小程序默认的最外层组件, 这里要将它的宽、高设置为100%
   page 类似于 view 组件, 只是一个容器组件, 没有特殊功能 */
page {
  width: 100%;
  height: 100%;
}
```

除了引入ColorUI的样式文件外, 为了能让页面中的map组件全屏显示, 这里还需要将page组件的宽度和高度设置为100%。

接下来, 修改app.json文件, 增加地理位置授权原因的描述, 并设置好页面导航栏的内容和样式。代码如下:

```
{
  "pages": [
    "pages/index/index"
  ],
  "permission": {
    "scope.userLocation": {
      "desc": " 地理位置信息将用于绘制运动轨迹 "
    }
  },
  "window": {
    "backgroundTextStyle": "light",
    "navigationBarBackgroundColor": "#fff",
    "navigationBarTitleText": " 跑步达人 ",
    "navigationBarTextStyle": "black"
  }
}
```

然后, 修改app.js文件, 在小程序启动时设置屏幕常亮, 并初始化云能力。代码如下:

```
App({
  onLaunch: function () {
    wx.setKeepScreenOn({      // 设置屏幕常亮
      keepScreenOn: true
    })
    wx.cloud.init({           // 初始化云能力
      env: 'test-633q8',      // 指定使用环境 ID 为 test-633q8 的云开发环境
      traceUser: true         // 记录用户对云资源的访问
    })
  }
})
```

最后还需要在云开发控制台中创建一个数据库集合，用于保存用户的跑步记录数据。将这个集合命名为run，将权限设置为"仅创建者可读写"，如图10.5所示。

图 10.5　创建数据库集合run

10.2.2　实现地理位置授权和轨迹绘制页样式

轨迹绘制页中的内容虽然比较少，但是实现逻辑却稍微有一些复杂。首先来看页面中需要使用的数据。代码如下：

```
// pages/index/index.js
Page({
  data: {
    authFailed: false,     // 地理位置信息授权是否失败
    latitude: 0,           // 用户当前位置的纬度
    longitude: 0,          // 用户当前位置的经度
    status: 'stop',        // 当前状态，可选值包括 stop/starting/running/pause
    countingNum: 3,        // 跑步开始时的倒计时秒数
    polyline: [],          // 跑步轨迹
    markers: []            // 标记点
  }
})
```

其中，latitude、longitude、polyline和markers会直接设置在map组件的属性中。latitude和longitude表示纬度和经度，在这个例子中它们会根据用户的定位坐标进行更新，当这两个值发生改变时，map组件就会自动改变显示区域，将这一坐标变为显示区域的中点。polyline和markers分别用于记录用户的移动轨迹和起点、终点的坐标，将它们设置在map的属性中可以在地图上显示这些轨迹和标记点。

在小程序中使用地理位置API时，需要获取scope.userLocation权限的授权。如果用户拒绝授权，在小程序中还需要显示一些提示文字，引导用户重新授权该权限。authFailed就是为了实现这一功能引入的变量。在进入轨迹绘制页时需要先对地理位置权限进行判断，如果授权失败，则将authFailed设置为true。相关代码如下：

```
onLoad() {
  wx.authorize({          // 请求授权地理位置信息
```

```
      scope: 'scope.userLocation',
      success: () => {                    // 用户同意了授权
        this.makeUserCenter()             // 地图居中显示用户定位地点
      },
      fail: () => {                       // 用户拒绝了授权
        this.setData({                    // 修改页面状态，显示提示文字引导用户重新授权
          authFailed: true
        })
      }
    })
}
```

这样，在WXML代码中就可以根据authFailed的值决定页面中是否显示提示文字以引导用户重新授权权限了。代码如下：

```
<view class="container">
  <!-- 用户拒绝授权地理位置信息时，显示提示文字引导用户重新授权 -->
  <block wx:if="{{authFailed}}">
    <text> 地理位置信息将用于绘制运动轨迹 </text>
    <text class="margin-tb"> 请同意授权，否则小程序无法使用 </text>
    <button class="cu-btn bg-orange lg" bindtap="openSetting"> 地理位置授权
    </button>
  </block>
  <!-- 授权成功时，显示地图 -->
  <block wx:else>
    <!-- TODO 地图组件 -->
  </block>
</view>
```

当用户单击页面中的“地理位置授权”按钮时，就会调用openSetting函数，打开设置页面，让用户能够重新开启地理位置授权。其代码如下：

```
openSetting() {                         // 引导用户重新授权时调用该函数
  wx.openSetting({                      // 打开设置页面
    success: res => {
      if (res.authSetting['scope.userLocation']) { // 判断用户是否授权了地理
                                                    //                位置信息
        this.setData({                  // 修改页面状态，显示地图组件
          authFailed: false
        })
        this.makeUserCenter()           // 地图居中显示用户定位地点
      }
    }
```

```
    })
  }
```

如果进入页面时授权权限成功，或者用户重新授权权限成功，makeUserCenter函数会被调用。该函数可以获取用户的定位信息，并更新data中的latitude和longitude数据。其代码如下：

```
makeUserCenter() {            // 地图居中显示用户定位地点
  wx.getLocation({            // 获取用户当前定位坐标
    type: 'gcj02',
    success: res => {
      this.setData({          // 更新用户定位坐标数据
        latitude: res.latitude,
        longitude: res.longitude
      })
    }
  })
}
```

这样在显示map组件时，就会将用户的定位坐标作为地图的中心点。

页面的data属性中还定义了一个status变量，用于记录当前的状态。在轨迹绘制页面一共有四种不同的状态，分别是未跑步状态（stop）、跑前倒计时状态（starting）、正在跑步状态（running）和暂停跑步状态（pause）。

当status为stop时，页面中显示两个按钮，分别是"开始跑步"和"跑步记录"，如图10.6所示。

单击"跑步记录"按钮可以进入跑步记录列表页。单击"开始跑步"按钮可以将status转换为starting。当status为starting时，页面中不显示按钮，只显示一个倒计时的数字，如图10.7所示。倒计时3秒后status自动转换为running状态。

图10.6　status为stop时页面中显示的按钮　　图10.7　status为starting时页面中显示倒计时数字

当status为running时，页面开始绘制轨迹，并且在页面中显示一个"暂停跑步"按钮，如图10.8所示。

单击"暂停跑步"按钮可以将status转换为pause。当status为pause时，页面中显示两个按钮，分别是"继续跑步"和"结束跑步"，如图10.9所示。

图10.8　status为running时页面中显示的按钮　　图10.9　status为pause时页面中显示的按钮

单击"继续跑步"按钮可以将status转换为starting。单击"结束跑步"按钮可以将跑步轨迹保存到云开发数据库中，同时将status转换为stop。

按照上面的状态设计，WXML中的map组件部分的代码如下：

```
<map scale="{{17}}" show-location show-scale latitude="{{latitude}}"
longitude="{{longitude}}" markers="{{markers}}" polyline="{{polyline}}"
bind-regionchange="onRegionChange">
  <!-- 跑步开始前的倒计时数字，在原生组件 map 上显示内容需要使用 cover-view -->
  <cover-view wx:if="{{status === 'starting'}}" class="counting-
  num">{{countingNum}}</cover-view>
  <!-- 在地图下方显示控制按钮 -->
  <cover-view class="control-btn flex flex-direction justify-between">
    <!-- 未开始跑步时，显示"开始跑步"和"跑步记录"按钮 -->
    <block wx:if="{{status === 'stop'}}">
      <cover-view class="cu-btn round lg bg-green shadow"
      bindtap="onClickRun">
        <!-- 将文字再封装一层 cover-view，否则在 Android 手机上面无法垂直居中文字
        -->
        <cover-view>开始跑步 </cover-view>
      </cover-view>
      <cover-view class="cu-btn round lg bg-grey shadow margin-top"
      bindtap="onClickRecord">
        <cover-view>跑步记录 </cover-view>
      </cover-view>
    </block>
    <!-- 正在跑步时，显示暂停跑步按钮 -->
    <block wx:elif="{{status === 'running'}}">
      <cover-view class="cu-btn round lg bg-yellow shadow"
      bindtap="onClickPause">
        <cover-view>暂停跑步 </cover-view>
      </cover-view>
```

```
      </block>
      <!-- 暂停跑步时，显示继续跑步和结束跑步按钮 -->
      <block wx:elif="{{status === 'pause'}}">
        <cover-view class="cu-btn round lg bg-green shadow"
        bindtap="onClickRun">
          <cover-view> 继续跑步 </cover-view>
        </cover-view>
        <cover-view class="cu-btn round lg bg-red shadow margin-top"
        bindtap="onClickStop">
          <cover-view> 结束跑步 </cover-view>
        </cover-view>
      </block>
    </cover-view>
</map>
```

为了让组件在页面中能够正常显示，还需要在WXSS文件中设置一些自定义样式。代码如下：

```
.container {
  width: 100%;
  height: 100%;
  display: flex;
  flex-direction: column;
  justify-content: center;
  align-items: center;
}
map {
  width: 100%;
  height: 100%;
}
.counting-num {
  position: fixed;
  top: 300rpx;
  width: 100%;
  text-align: center;
  font-size: 72pt;
}
.control-btn {
  width: 400rpx;
  position: fixed;
  bottom: 200rpx;
  left: 175rpx;
}
```

接下来就只需要完成页面中各个组件的回调函数和轨迹绘制的逻辑部分。

10.2.3　实现跑前倒计时功能

设置在"开始跑步"和"继续跑步"按钮上的回调函数为onClickRun，为了防止用户误触页面中的按钮，需要显示提示框，再次确认是否开始跑步。其代码如下：

```
onClickRun() {                    // 用户单击"开始跑步"或"继续跑步"按钮时回调该函数
  wx.showModal({                  // 显示提示弹窗，防误触
    title: '开始跑步',
    content: '准备好了吗？',
    confirmText: '开始跑步',
    confirmColor: '#39b54a',
    success: res => {
      if (res.confirm) {
        this.countDownToStart()      // 开始倒计时
      }
    }
  })
}
```

当用户选择确认开始跑步后，代码中调用了countDownToStart函数。这个函数主要用来实现3秒的倒计时功能。其代码如下：

```
countDownToStart() {              // 跑步前的倒计时
  if (this.data.status === 'stop' || this.data.status === 'pause') {
    this.setData({                // 转换状态为 starting，从 3 开始倒计时
      status: 'starting',
      countingNum: 3
    })
    setTimeout(this.countDownToStart, 1000)    // 设置 1 秒后再次调用本函数
  } else if (this.data.status === 'starting') {  // 定时再次调用本函数时进入
                                                  // 这个条件分支
    if (this.data.countingNum > 1) {
      this.setData({              // 更新倒计时数减 1，一直到 countingNum 为 1
        countingNum: this.data.countingNum - 1
      })
      setTimeout(this.countDownToStart, 1000)  // 设置 1 秒后再次调用本函数
    } else {
      this.startRunning()   // 倒计时结束
    }
  }
}
```

countDownToStart函数调用时会进入第一个if条件分支，首先将status转换为starting，同时将倒计时数字countingNum设置为3，并设置了1秒后再次调用countDownToStart函数。

1秒后再次调用countDownToStart函数时会进入第二个if条件分支，这个分支中的逻辑使每隔1秒countingNum就会减1，直到countingNum已经变成了1。当countingNum已经是1时，不再将countingNum减小为0，也不再设置定时器，而是调用startRunning函数将status转换为running。这样跑前倒计时的功能就完成了。

10.2.4　实现跑步轨迹绘制功能

startRunning函数要实现的功能非常多。除了将status转换为running，还需要在markers中添加用户的跑步起点，并设置定时器不断获取用户的定位信息，以绘制跑步轨迹。其完整代码如下：

```
startRunning() {          // 开始跑步或继续跑步
        // 1.转换状态，新增跑步轨迹
  let polyline = this.data.polyline
  polyline.push({          // 新增一条跑步轨迹
    points: [],          // 初始不包含坐标点
    color: "#39b54a",
    width: 3
  })
  this.setData({          // 转换状态为 running，并更新跑步轨迹
    status: 'running',
    polyline
  })
        // 2.立即获取定位并记录起点
  this.makeUserCenter(location => {    // 将用户位置设为中心，并回调函数
    let markers = this.data.markers    // 新增一个起点标记点
    const markerNo = Math.floor(markers.length / 2) + 1
    markers.push({
      latitude: location.latitude,
      longitude: location.longitude,
      callout: {          // 标记点上的文字气泡
        content: '起点 ' + markerNo,
        color: '#39b54a',
        display: 'ALWAYS'
      }
    })
    this.setData({                    // 更新标记点数据
      markers
```

```
  })
    this.recordPoint(location)        // 记录用户当前坐标点至跑步轨迹中
})
        // 3.设置定时器，2秒记录一次定位
  this.recordInterval = setInterval(() => {
    this.makeUserCenter(this.recordPoint)
  }, 2000)
}
```

　　startRunning函数可以分为三部分：第一部分实现status状态的转换，并新增了一条运动轨迹（每次暂停后继续跑步时都会开启一条新的跑步轨迹）；第二部分用于定位用户坐标并在markers中新增一个起点标记点；第三部分设置一个定时器，每隔2秒记录一次用户的定位信息，用于绘制用户的跑步轨迹。

　　如果弄清楚了polyline的结构，startRunning函数第一部分的代码就不难理解。polyline是一个数组，代表了多条轨迹，即polyline数组中的每一项都代表了一条跑步轨迹。跑步轨迹是一个Object类型的数据，其中的points属性是这条轨迹的坐标点数组，绘制轨迹时只需要向points数组中不断添加用户当前的定位坐标。

　　因此每次开始跑步（或暂停后继续跑步）时，为了新增一条跑步轨迹，都需要向polyline中新增一项，新增轨迹的points数组初始为空。

　　startRunning函数的第二部分使用了makeUserCenter函数，这个函数在之前就已经实现过，它可以将用户定位地点在地图中居中显示。这里使用makeUserCenter函数时，除了实现这个功能以外，还希望传入一个回调函数，并将定位数据回传到这个回调函数中。为了实现回调函数的功能，需要修改makeUserCenter函数的代码如下：

```
makeUserCenter(cb) {          // 地图居中显示用户定位地点
  wx.getLocation({            // 获取用户当前定位坐标
    type: 'gcj02',
    success: res => {
      this.setData({          // 更新用户定位坐标数据
        latitude: res.latitude,
        longitude: res.longitude
      })
      if (cb && typeof(cb) === 'function') {     // 调用回调函数（如果存在）
      cb(res)
      }
    }
  })
}
```

　　makeUserCenter函数新增了一个cb参数（callback的缩写）。如果调用makeUserCenter函数时不传入任何参数，则cb在if判断时即为false，makeUserCenter函数的功能还与之前一样。如果调用makeUserCenter函数时传入一个回调函数cb，则makeUserCenter会在获取定位数据后调用这个函数，并且传入res变量作为cb的参数。

修改完makeUserCenter函数后，再回到startRunning函数的第二部分。makeUserCenter的回调函数中参数被命名为location，它的值实际上就是cb(res)中的res。回调函数首先利用location变量中的坐标数据在markers数组中新增了一项，作为本次跑步轨迹的起点标记点。然后调用recordPoint函数将坐标数据同时加入跑步轨迹中。recordPoint函数的代码如下：

```
recordPoint(location) { // 记录用户当前坐标点至跑步轨迹中
  let polyline = this.data.polyline          // 获取所有跑步轨迹
  let points = polyline[polyline.length - 1].points   // 获取最后一条轨迹的
                                                        坐标点数组

  points.push({          // 在最后一条跑步轨迹中新增一个坐标点
    latitude: location.latitude,
    longitude: location.longitude
  })
  this.setData({         // 更新跑步轨迹数据
    polyline
  })
}
```

正如前面所说，向points数组中不断添加用户当前的定位坐标就是在绘制轨迹。startRunning函数的第二部分只向points数组中新增了一个坐标点。而startRunning函数的第三部分设置了一个定时器，每隔2秒执行一次，并不断地调用recordPoint函数向points数组中新增数据。这样一来轨迹绘制的功能就完成了。

10.2.5　实现暂停跑步功能

当用户单击"暂停跑步"按钮时会调用onClickPause函数。其代码如下：

```
onClickPause() {            // 用户单击暂停跑步按钮时回调此函数
  wx.showModal({            // 显示提示弹窗，防误触
    title: '暂停跑步',
    content: '休息一下吧',
    confirmText: '暂停跑步',
    confirmColor: '#fbbd08',
    success: res => {
      if (res.confirm) {
        clearInterval(this.recordInterval)   // 删除定时器
        this.recordInterval = null           // 清除定时器变量
        this.makeUserCenter(location => {    // 获取定位数据
          let markers = this.data.markers    // 新增一个终点标记点
          const markerNo = Math.floor(markers.length / 2) + 1
```

```
        markers.push({
          latitude: location.latitude,
          longitude: location.longitude,
          callout: {                    // 标记点上的文字气泡
            content: '终点' + markerNo,
            color: '#e54d42',
            display: 'ALWAYS'
          }
        })
        this.setData({              // 更新标记点数据，并转换状态为 pause
          markers,
          status: 'pause'
        })
      })
    }
  }
})
}
```

为了防止用户误触，onClickPause函数同样弹框提示用户再次确认操作。当用户确认暂停跑步后，首先将startRunning函数中设置的定时器删除，不再继续记录用户的运动轨迹。接下来再次调用makeUserCenter函数获取终点的定位数据，并添加到markers数组中。最后在更新数据时将status转换为pause，这样暂停跑步的功能就完成了。

此时，如果用户单击页面上的"继续跑步"按钮，则会再次调用onClickRun函数。在3秒倒计时后startRunning函数被调用，markers数组中将新增一个起点标记点，polyline数组中将新增一项数据，一条新的运动轨迹又将开始绘制。

10.2.6 实现数据上传功能

当用户单击"结束跑步"按钮时会调用onClickStop函数，此时需要上传运动轨迹数据到云开发数据库中，并将status转换为stop。onClickStop函数的代码如下：

```
onClickStop() {      // 用户单击"结束跑步"按钮时回调此函数
  wx.showModal({     // 显示提示弹窗，防误触
    title: '结束跑步',
    content: '跑完记得要拉伸哦',
    confirmText: '结束跑步',
    confirmColor: '#e54d42',
    success: res => {
      if (res.confirm) {
        const db = wx.cloud.database()      // 获取默认环境的数据库的引用
```

```
                db.collection('run').add({
                    data: {
                        polyline: this.data.polyline,
                        markers: this.data.markers,
                        createTime: db.serverDate()
                    },
                    success: res => {        // 保存成功后清理本地数据
                        this.setData({       // 清除跑步轨迹和标记点，并转换状态为 stop
                            status: 'stop',
                            polyline: [],
                            markers: []
                        })
                    },
                    fail: res => {           // 保存失败时提示用户
                        wx.showToast({
                            icon: 'none',
                            title: '保存数据失败'
                        })
                    }
                })
            }
        }
    })
}
```

可以看到，结束跑步时同样需要弹窗提示用户。当用户确认结束跑步时，调用云开发数据库的API将polyline、markers和当前的时间保存到run集合中，数据库会自动为该数据设置_openid属性，用于标记数据的创建者。如果保存数据成功，则将status转换为stop，同时清空页面中的标记点和运动轨迹。如果保存数据失败，则弹窗提示用户。

10.2.7　实现轨迹绘制页面的其他功能

现在轨迹绘制页面只剩下最后两个事件回调函数需要实现了。

第一个是map组件上设置的onRegionChange回调函数。为了方便用户找回自己的定位地点，当status为stop时，如果用户手动调整了地图的显示区域，则定时10秒后自动将地图显示区域移回用户定位地点。相关代码如下：

```
onRegionChange(e) {                        // 地图显示区域变化时回调该函数
    if (this.data.status === 'stop') {     // 未开始跑步时
        if (this.resetTimeout) {           // 显示区域发生任何改变都要清除未执行的定时器
            clearTimeout(this.resetTimeout)
```

```
      this.resetTimeout = null
    }
    // 只关注用户拖动或缩放地图的情况，操作结束时，定时10秒居中显示用户定位地点
    if (e.type === 'end' && (e.causedBy === 'drag' || e.causedBy ===
    'scale')) {
      this.resetTimeout = setTimeout(() => {        // 设置定时器
        this.resetTimeout = null
        this.makeUserCenter()
      }, 10000)
    }
  }
}
```

可以看到，为了防止这一功能影响用户的操作，每当用户调整地图显示区域时都要清除还未执行的定时器，并重新设置10秒的定时器完成该操作。

另一个需要实现的事件回调函数是onClickRecord。当用户单击"跑步记录"按钮时会回调该函数，实现跳转到跑步记录列表页的功能。其代码如下。

```
onClickRecord() {          // 用户单击"跑步记录"按钮时回调此函数
  wx.navigateTo({
    url: '/pages/record/list'
  })
}
```

这样，轨迹绘制页的功能就已经完成。

10.2.8　实现跑步记录列表页

跑步记录列表页的功能非常简单，从云开发数据库的run集合中获取用户的跑步记录数组，并在页面中显示成列表即可。

首先，在app.json的pages属性中新增一个页面pages/record/list。

接下来，修改pages/record/list.json文件，重新设置页面导航栏标题。代码如下：

```
{
  "navigationBarTitleText": "跑步记录",
  "usingComponents": {}
}
```

然后，在页面JS文件中实现分页获取数据的功能。代码如下：

```
const util = require('../../utils/util.js')     // 引入util文件

Page({
  data: {
```

```
    pageData: [],          // 跑步记录列表
    nextPage: 0            // 页码，从 0 开始
  },
  onLoad() {
    this.getNextPageData()
  },
  onReachBottom() {
    this.getNextPageData()
  },
  getNextPageData() {
    const PAGE_COUNT = 20                    // 使用常量表示每一页显示的数据的数量
    const db = wx.cloud.database()    // 获取数据库的引用
    db.collection('run').count().then(res => {   // 获取集合中记录的数量
      const totalCount = res.total
      const totalPages = Math.ceil(totalCount / PAGE_COUNT)  // 计算总页数，
                                                             // 小数向上取整

      if (this.data.nextPage < totalPages) {           // 当下一页存
                                                       // 在时

        db.collection('run')
          .skip(this.data.nextPage * PAGE_COUNT)  // 跳过已经获取的数据
          .limit(PAGE_COUNT)              // 获取新的 20 条数据
          .get().then(res2 => {           // 为了防止命名冲突，返回值命名为 res2
            res2.data.map(item => {  // 在每个跑步记录中新增一个
                                     // createTimeStr 属性
              item.createTimeStr = util.getReadableTime(item.createTime)
            })
            // 将已有的 pageData 与新获得的 20 条数据合并成一个新的数组
            const pageData = this.data.pageData.concat(res2.data)
            this.setData({
              pageData,                   // 将合并后的数据更新到 data 对象中
              nextPage: this.data.nextPage + 1   // 将 nextPage 更新为下一页
            })
          })
      } else {
        console.log('no more data')  // 数据已经全部加载完毕
      }
    })
  }
})
```

分页功能的实现在云开发数据库的章节中已经介绍过了，这里不再赘述。需要注意的是，

小程序中获取到服务端数据后执行了这样一段代码。

```
res2.data.map(item => { // 在每个跑步记录中新增一个createTimeStr属性
  item.createTimeStr = util.getReadableTime(item.createTime)
})
```

util.getReadableTime函数可以将传入的date数据转换为形如"2019-01-01 23:59:59"格式的字符串，它定义在utils/util.js文件中。其代码如下：

```
export function getReadableTime(t) {
  const year = t.getFullYear()
  const month = alignNumber(t.getMonth() + 1)
  const date = alignNumber(t.getDate())
  const hours = alignNumber(t.getHours())
  const minutes = alignNumber(t.getMinutes())
  const seconds = alignNumber(t.getSeconds())
  return year + '-' + month + '-' + date + ' ' + hours + ':' + minutes +
  ':' + seconds
}
function alignNumber(n) {
  return (n < 10) ? ('0' + n) : ('' + n)
}
```

这样一来，每一条跑步记录数据中都会有一个createTimeStr属性，它在页面中可以作为跑步记录的标题。

最后为页面实现WXML代码即可。

```
<view class="cu-list menu">
  <block wx:for="{{pageData}}">
    <navigator url="/pages/record/record?recordId={{item._id}}"
    class="cu-item arrow">
      <view class="content">
        <text class="text-black">{{item.createTimeStr}}</text>
      </view>
    </navigator>
  </block>
</view>
```

可以看到，单击列表中的某一项时navigator组件会将小程序跳转至pages/record/record页面，并传入跑步记录的数据库id作为页面路径参数recordId的值。

10.2.9 实现跑步记录详情页

跑步记录详情页的路径为pages/record/record，首先在app.json的pages属性中添加这一项内容。

　　跑步记录详情页只需要显示跑步记录的轨迹，因此它的WXML文件内容非常简单，代码如下。

```
<map id="my-map" show-scale markers="{{markers}}" polyline="{{polyline}}"
include-points="{{includePoints}}">
</map>
```

　　其中，markers和polyline是从云开发数据库中获取的值，代表地图上应该显示的标记点和轨迹点。而includePoints表示页面中所有需要显示的坐标点，map组件会自动缩放以将所有的坐标点显示出来。includePoints是所有的标记点轨迹点的并集，需要由开发者来构造生成。

　　为了让map组件能够全屏显示，还需要为它设置WXSS样式。代码如下：

```
#my-map {
  width: 100%;
  height: 100%;
}
```

　　最后在JS文件中完成页面的逻辑即可。代码如下：

```
const util = require('../../utils/util.js')

Page({
  data: {
    polyline: [],        // 跑步轨迹
    markers: [],         // 标记点
    includePoints: []    // 需要显示的所有坐标点
  },
  onLoad: function (options) {
    if (options.recordId) {
      const db = wx.cloud.database()                    // 获取数据库的引用
      db.collection('run').doc(options.recordId).get({  // 根据 id 获取数据
        success: res => {
          // 设置地图需要显示的点，包括 markers 和 polyline 中的所有点
          let includePoints = res.data.markers.map(item => {
            return {
              latitude: item.latitude,
              longitude: item.longitude
            }
          })
          res.data.polyline.map(item => {
            includePoints = includePoints.concat(item.points)
          })
          // 更新数据
```

```
        this.setData({
          polyline: res.data.polyline,
          markers: res.data.markers,
          includePoints
        })
        // 动态设置导航栏标题
        wx.setNavigationBarTitle({
          title: util.getReadableTime(res.data.createTime)
        })
      }
    })
  }
 }
})
```

至此，跑步达人小程序全部完成。